U0198057

国家出版基金项目
NATIONAL PUBLICATION FOUNDATION

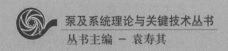

泵及系统理论与关键技术丛书

丛书主编 – 袁寿其

Inner Flow Characteristics and Hydraulic Design Method for Low Specific Speed Centrifugal Pumps

低比转速离心泵 内流特性与水力设计

张金凤　袁寿其　金实斌　著

江苏大学出版社
JIANGSU UNIVERSITY PRESS

镇江

图书在版编目(CIP)数据

低比转速离心泵内流特性与水力设计 / 张金凤，袁寿其，金实斌著. — 镇江：江苏大学出版社，2021.5
（泵及系统理论与关键技术丛书 / 袁寿其主编）
ISBN 978-7-5684-1470-8

Ⅰ．①低… Ⅱ．①张… ②袁… ③金… Ⅲ．①低比转数泵－离心泵－设计 Ⅳ．①TH311.022

中国版本图书馆 CIP 数据核字(2020)第 252078 号

低比转速离心泵内流特性与水力设计
Dibizhuansu Lixinbeng Neiliu Texing yu Shuili Sheji

著　　者/张金凤　袁寿其　金实斌
责任编辑/郑晨晖
出版发行/江苏大学出版社
地　　址/江苏省镇江市梦溪园巷 30 号(邮编：212003)
电　　话/0511-84446464(传真)
网　　址/http://press.ujs.edu.cn
排　　版/镇江市江东印刷有限责任公司
印　　刷/南京爱德印刷有限公司
开　　本/718 mm×1 000 mm　1/16
印　　张/22.5
字　　数/416 千字
版　　次/2021 年 5 月第 1 版
印　　次/2021 年 5 月第 1 次印刷
书　　号/ISBN 978-7-5684-1470-8
定　　价/118.00 元

如有印装质量问题请与本社营销部联系(电话：0511-84440882)

丛 书 序

泵通常是以液体为工作介质的能量转换机械,其种类繁多,是使用极为广泛的通用机械,主要应用在农田水利、航空航天、石油化工、冶金矿山、能源电力、城乡建设、生物医学等工程技术领域。例如,南水北调工程,城市自来水供给系统、污水处理及排水系统,冶金工业中的各种冶炼炉液体的输送,石油工业中的输油、注水,化学工业中的高温、腐蚀液体的输送,电力工业中的锅炉水、冷凝水、循环水的输送,脱硫装置,以及许多工业循环水冷却系统,火箭卫星、车辆舰船等冷却推进系统。可以说,泵及其系统在国民经济的几乎所有领域都发挥着重要作用。

对于泵及系统技术应用对国民经济的基础支撑和关键影响作用,也可以站在能源消耗的角度大致了解。据有关资料统计,泵类产品的耗电量约占全国总发电量的 17%,耗油量约占全国总油耗的 5%。由于泵及系统的基础性和关键性作用,从中国当前的经济体量和制造大国的工业能力角度看,泵行业的整体技术能力与我国的经济社会发展存在着显著的关联影响。

在我国,围绕着泵及系统的基础理论和技术研究尽管有着丰富的成果,但总体上看,与国际先进水平仍存在一定的差距。例如,消防炮是典型的泵系统应用装备,作为大型设施火灾扑救的关键装备,目前 120 L/s 以上大流量、远射程、高射高的消防炮大多使用进口产品。又如,现代压水堆核电站的反应堆冷却剂泵(又称核主泵)是保证核电站安全、稳定运行的核心动力设备,但是具有核主泵生产资质的主要是国外企业。我国在泵及系统产业上受到的能力制约,在一定程度上说明对技术应用的基础性支撑仍旧有很大的"强化"空间。这主要反映在一方面应用层面还缺乏关键性的"软"技术,如流体机械测试技术,数值模拟仿真软件,多相流动及空化理论、液固两相流动及流固耦合等基础性研究仍旧薄弱,另一方面泵系统运行效率、产品可靠性与寿命等"硬"指标仍低于国外先进水平,由此也导致了资源利用效率的低下。按照目前我国机泵的实际运行效率,以发达国家产品实际运行效率和寿命指标为参照对象,我国机泵现运行效率提高潜力在 10% 左右,若通过泵及系统关键集成技术攻关,年总节约电量最大幅度可达 5%,并且可以提高泵产品平均使用寿命一倍以上,这也对节能减排起到非常重要的促进作用。另外,随着国家对工程技术应用创新发展要求的提高,泵类流体机械在广泛领域应用中又存在着显著个性化差异,由此不断产生新的应用需求,这又促进了泵类机械技术创新,如新能源领域的光伏泵、熔盐泵、LNG 潜液泵,生物医学工程领域的人工心脏泵,海水淡化泵系统,煤矿透水抢险泵系统等。

可见,围绕着泵及系统的基础理论及关键技术的研究,是提升整个国家科研能力和制造水平的重要组成部分,具有十分重要的战略意义。

在泵及系统领域的研究方面,我国的科技工作者做出了长期努力和卓越贡献,除了传统的农业节水灌溉工程,在南水北调工程、第三代第四代核电技术、三峡工程、太湖流域综合治理等国家重大技术攻关项目上,都有泵系统科研工作者的重要贡献。本丛书主要依托的创作团队是江苏大学流体机械工程技术研究中心,该中心起源于 20 世纪 60 年代成立的镇江农机学院排灌机械研究室,在泵技术相关领域开展了长期系统的科学研究和工程应用工作,并为国家培养了大批专业人才,2011 年组建国家水泵及系统工程技术研究中心,是国内泵系统技术研究的重要科研基地。从建立之时的研究室发展到江苏大学流体机械工程技术研究中心,再到国家水泵及系统工程技术研究中心,并成为我国流体工程装备领域唯一的国际联合研究中心和高等学校学科创新引智基地,中心的几代科研人员薪火相传,牢记使命,不断努力,保持了在泵及系统科研领域的持续领先,承担了包括国家自然科学基金、国家科技支撑计划、国家 863 计划、国家杰出青年基金等大批科研项目的攻关任务,先后获得包括 5 项国家科技进步奖在内的一大批研究成果,并且 80% 以上的成果已成功转化为生产力,实现了产业化。

近年来,该团队始终围绕国家重大战略需求,跟踪泵流体机械领域的发展方向,在不断获得重要突破的同时,也陆续将科研成果以泵流体机械主题出版物形式进行总结和知识共享。"泵及系统理论及关键技术"丛书吸纳和总结了作者团队最新、最具代表性的研究成果,反映在理论研究及关键技术优势领域的前沿性、引领性进展,一些成果填补国内空白或达到国际领先水平,丰富的成果支撑使得丛书具有先进性、代表性和指导性。希望丛书的出版进一步推动我国泵行业的技术进步和经济社会更好更快发展。

国家水泵及系统工程技术研究中心主任
江苏大学党委书记、研究员

前　　言

低比转速离心泵具有流量小、扬程高的特点,广泛应用于农业排灌、城市供水、锅炉给水、消防、石油化工等领域,但低比转速离心泵存在 3 个典型问题:一是效率低,能耗大;二是轴功率曲线较陡,易发生原动机过载;三是扬程曲线易产生驼峰,使得泵机组运行不平稳。针对这些典型问题,国内外很多高校、科研院所、企业的学者、专家和技术人员都对低比转速离心泵进行了大量卓有成效的研究。

本书围绕低比转速离心泵在应用中存在的 3 个典型问题,采用计算流体力学和流动测量技术,深入分析了不同设计方案在小流量驼峰工况附近、设计工况附近、大流量易空化等工况下低比转速离心泵的内部流动特性,完善了加大流量设计法,大幅度提高了低比转速离心泵效率;阐述了低比转速离心泵驼峰现象发生的机理,并提出可能的控制方案;拓展了离心泵无过载理论与设计方法;深入探讨了带分流叶片离心泵内流特性,完善了分流叶片偏置设计方法,并基于企业委托的设计课题,对各部分研究内容进行了试验验证,给出了许多实用的设计方法和参数选择范围。

本书是在江苏大学许多学者、专家的指导和帮助下完成的,曹武陵研究员(带分流叶片离心泵设计)、陆伟刚研究员(系列 TS 泵设计)、王洋研究员(多个设计实例的加工和测试)、潘中永副研究员(加大流量设计参数统计分析)、李亚林副研究员(PIV 测试)等都给予了指导和帮助。本书在倪永燕、张翔、付跃登、沈艳宁、张伟捷、袁野、叶丽婷、冒杰云、张云蕾、李贵东、蔡海坤等课题研究的基础上,经过系统整理而成,在此对他们一并表示感谢。

最后衷心感谢国家出版基金项目、国家科学技术学术著作出版基金、国家重点研发计划资助项目"流体机械复杂流体力学行为精细化分析与诊断方法"(2018YFB06061001)、"危化品泄漏事故消防应急处置特种装备研究"(2017YFC0806604)、国家自然科学基金项目"带分流叶片离心泵流固耦合诱导振动特性研究"(编号 51009072)和福建经贸委项目"TS 系列高效离心泵"

（编号 2011060）的支持。

　　由于作者水平和试验条件有限，书中某些观点难免存在不足之处，不少结论还有待进一步验证完善，恳请读者不吝指教。

著　者

2020 年 9 月于江苏大学

主要符号表

符号	名称	单位	符号	名称	单位
Q	流量	m³/h	P_{max}	最大轴功率	kW
H	扬程	m	Q_{max}	最大轴功率出现流量点	m³/h
P	功率	kW			
n_s	比转速		k	湍动能	m²/s²
n	转速	r/min	ε	湍动能耗散率	m²/s³
η	效率	%	u	流体时均速度	m/s
η_m	机械效率	%	p	压力	Pa
η_v	容积效率	%	ΔP_{df}	圆盘摩擦损失	kW
η_h	水力效率	%	ΔZ	蜗壳出口与叶轮进口的垂直距离	m
φ	流量系数				
ψ	扬程系数		M	力矩	N·m
g	重力加速度	m/s²	ω	叶轮旋转角速度	rad/s
D_2	叶轮外径	mm	μ	黏性系数	Pa·s
D_{si}	分流叶片进口直径	mm	μ_t	湍流黏度	Pa·s
b_2	叶片出口宽度	mm	Re	雷诺数	
β	叶片安放角	(°)	t	时间	s
Z	叶片数		T	周期	s
K_Q	流量放大系数		Δt	时间步长	s
K_{ns}	比转速放大系数		u,v,w	直角坐标系速度分量	m/s
K_{b2}	叶片出口宽度放大系数		v_u	圆周速度分量	m/s
			v_r	径向速度分量	m/s

I

续表

符号	名称	单位	符号	名称	单位
v_{m}	轴向速度分量	m/s	下标		
w	相对速度	m/s	0	关死点,坐标原点	
x,y,z	直角坐标		1	叶轮进口,位置1	
φ_1	进口排挤系数		2	叶轮出口,位置2	
δ_{n}	距离壁面的法向距离	m	th	理论值	
ρ	液体密度	kg/m³	d	设计点	
F_{t}	泵体喉部面积	mm²			
C_p	压力系数				

目 录

7 带分流叶片离心泵非定常流动特性分析 195

绪 论

1.1 引言

泵作为重要的能量转换装置和流体输送能量提供者,是仅次于电机应用最广泛的通用机械,其耗电量约占全国总发电量的 17%,在石油和化工工业中分别高达 59% 和 26%。离心泵是应用最广泛的泵,约占泵类总量的 70%,而其中大部分是低比转速离心泵。

低比转速离心泵是离心泵中效率偏低的一类泵产品,因其具有流量小、扬程高的特点而广泛应用于农业排灌、城市供水、锅炉给水、消防、石油化工等领域。低比转速离心泵由于叶片出口宽度较小、叶轮外径较大、叶轮流道狭长等,圆盘摩擦损失和水力损失较大,因而存在 3 个典型问题:一是效率低,能耗大;二是轴功率曲线较陡,易发生原动机过载;三是扬程曲线易产生驼峰,使得泵机组运行不平稳。针对这些问题,近年来本课题组对低比转速离心泵水力设计理论、内部流动特性和高效无过载设计实践等进行了较长期、系统、深入的研究。

1995 年,欧洲泵制造商协会(Europump)、美国水力学会(Hydraulic Institute)和美国能源部(U. S. Department of Energy)开始致力于水泵系统的能源消耗问题,并成立了产品寿命周期成本(Life Cycle Cost,简称 LCC)委员会,旨在对泵用户、制造商和工程师们宣传泵及泵系统的寿命周期成本的概念[1]。

对泵系统应用 LCC 理论分析得知,在泵产品的寿命周期内,能源消耗和维护所占的成本远远高于用户购买泵产品的成本(见图 1-1),消耗成本中 80%～85% 用于支付能源费用。因此,若要从根本上实现泵系统的节能降耗,除了选择智能控制设备、变频器等设备外,泵水力设计的研究至关重要[1-4]。LCC 理论在泵系统的应用中也必将带来巨大的社会和经济效益。

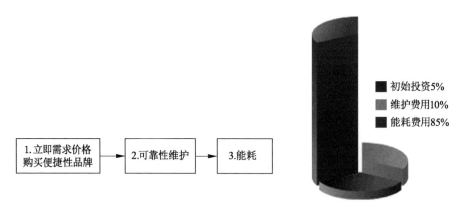

初始投资5%

维护费用10%

能耗费用85%

1.立即需求价格 购买便捷性品牌 → 2.可靠性维护 → 3.能耗

(a) 用户购买考虑因素的次序　　　　　　　(b) 寿命周期内泵产品消耗成本比例

图 1-1　用户购买泵产品时考虑因素的次序及实际成本消耗比例

因此,本书通过离心泵全流场内部三维复杂湍流的研究,不断完善低比转速离心泵的设计理论与方法,提高低比转速离心泵的效率,并尽可能避免扬程-流量曲线出现驼峰,实现功率无过载。为了更好地理解和研究低比转速离心泵内部流动情况,先对国内外离心泵的内流机理和设计方法的研究现状做简要回顾。

1.2　离心泵内部流动研究进展

1.2.1　离心泵内部流动测试研究进展

在离心泵内部流场研究的各种方法中,试验测试是最基本和最可信的方法。离心泵内部流动研究可追溯到 20 世纪 20 年代,从传统的非光学测量技术发展到高响应、非接触的现代流动显示技术,包括激光多普勒测速(LDV)技术、相位多普勒(PDPA)技术、粒子图像测速(PIV)技术等[5]。近十几年以来发展的现代流动显示技术一般均兼有定性显示和定量测量的性能,有的已实现了对非定常复杂流动的空间结构的瞬态显示与测量[6,7]。这些技术应用在离心泵内部流场测试中,有助于认识离心泵内部流动的流场结构和能量损失机理,进而提升离心泵设计水平。

20 世纪 80 年代初期,众多学者应用传统的流场显示技术研究了离心泵内部流动[8-15],揭示了离心泵叶轮内部的真实流动与基于势流流动分析结果的明显差别，发现流道出口附近吸力面侧流速明显低于压力面侧。Moore[11]采用热线风速仪首先观测到"射流-尾迹"结构。陈次昌[16]把 Moore 对旋转水槽的研究方法推广到离心泵并进行了实验验证，通过多种测试手段，研究了流量大小、叶轮的开式或闭式结构、叶片出口安放角等对"射流-尾迹"结构的影响，并对其机理进行较深入分析。

20 世纪 80 年代中后期，激光测速技术成为人们研究内部流场的主要测试手段，也为离心泵设计发展提供了新的契机。学者通过广泛的研究，进一步确认了"射流-尾迹"结构的存在，研究了其发生的位置和部分影响因素[17-23]，并对不同工况下离心泵叶轮与蜗壳间的流动干扰进行测试研究[24-32]，发现吸力面的压力波动大于压力面，最大的压力波动出现在吸力面进口处，当叶轮与蜗壳导叶间的径向间隙增大时该压力波动减小，且当径向间隙增大到一定值后，蜗壳对叶轮内流的影响不再显著，但叶轮出流仍不对称。Xu 等[33]用 PIV 技术研究发现离心泵流场中固体粒子的密度、尺度等物理量对流体运动有重要影响，还分析了开式叶轮效率低于闭式叶轮，且易于磨损的原因。李森虎等[34,35]、Yoshida[36]和黄建德[37,38]对离心泵和诱导轮内部空化空泡的产生和发展进行了观测。李文广等[39,40]和朱宏武等[41]对输送黏油的离心泵内部流动进行测量，探索流体黏性对离心泵内部流场结构和流动分布的影响。

1.2.2　离心泵内部流动数值模拟现状

叶片的弯曲和叶轮的高速旋转使得离心泵内部流动比较复杂，呈现高度湍流状态。随着测试技术的发展和实验研究的深入，离心泵叶轮内部的数值模拟工作也开始逐步展开，并且随着计算机及流体力学的发展，离心泵内流场的数值模拟，已由无黏性发展到黏性，由二维、准三维发展到三维全流场[42,43]。

受对湍流基础理论认知的局限性、计算方法和技术的制约，以及流体机械内部流场的复杂性影响，以叶轮机械为对象的内部流动数值研究仍然处于不断发展和完善的阶段，相关的研究课题也受到国内外学者的普遍关注。

20 世纪 80 年代以前主要研究叶轮机械内流无黏数值模拟。受计算机技术的制约，这个时期的内流数值模拟通常简化为二维不可压缩势流、准三维或全三维势流，以流函数、势函数或 Euler 方程为控制方程进行求解。1952 年，吴仲华提出了两类流面理论[44]，将三维实际流动简化为流面上的二维流动进行求解，通过两类流面的相互迭代（或耦合）模拟流体机械内部流场，满足了当时模拟理想流体三维流动时对计算机内存和计算量的要求。一些数值计算方法如曲率法[45,46]和准正交面法,也应用到叶轮内部流动计算中。非黏性计算在一定程度上可以反映实际的流动,因此近期国内还有不少学者采用这类方法模拟叶轮内部流动[47-50]。

在 1980—1990 年间,离心泵叶轮内流数值模拟有了新的发展,不再停留在势流阶段,而是开始综合考虑内流的黏性、回流及旋涡对内流的影响,计算机技术的发展也使得更为复杂的数值计算方法开始出现,包括势流-边界层迭代解法[51]、"射流-尾迹"模型[52]、涡量-流函数法[53]等。这些方法的计算量较少,近期在国内外仍有较为广泛的应用,尤其是势流-边界层迭代解法。

从 20 世纪 90 年代开始,大容量、高速度计算机的出现及并行计算技术的发展,极大地推动了计算流体力学的发展,叶轮机械内流数值模拟进入了三维黏性数值模拟时期,通过直接求解雷诺时均方程,结合湍流模型计算叶轮内的三维黏性流动成为叶轮机械内部流动数值模拟的主流。这个时期的数值模拟方法、离散格式、湍流模型和网格生成等的发展现状及趋势可参考文献[54],在此不再赘述。

随着计算方法的成熟和标准化,已经逐步发展成为通用商业软件,如FLUENT、STAR - CD、CFX、NUMECA 等,这些商用软件极大地推动了流体机械的数值模拟工作的开展。通过"数值实验",可以充分认识流动规律,更方便地评价、选择多种设计方案进行优化,并大幅度减少实验室和测试等实体实验研究工作量,在降低设计成本、缩短开发周期及提高自主开发能力等方面都起到了重要作用[55]。

计算流体力学(Computational Fluid Dynamics,CFD)技术在离心泵中的应用也经历了从 20 世纪 70 年代的无黏流体模型到目前的雷诺时均 N - S 方程求解,在泵内部流场数值模拟中较常采用的是考虑旋转和曲率影响修正的 k - ε 湍流模型和著名的压力修正法 SIMPLE 算法。CFD 从研究内容上主要分为以下几个方面。

(1) 内部流场的可视化

内部流场可视化采用不同湍流模型对设计或非设计工况进行稳态和非稳态计算,从而了解离心泵内部流动结构,并与现有理论进行相互验证[56-60]。例如通过数值计算得到"射流-尾迹"结构,与 PIV 测试相互呼应,从而完善"射流-尾迹"理论[61,62];可以使叶轮出口的"滑移"可视化,让人们对滑移系数和泵扬程的计算等有了新的认识;可以模拟得到离心泵内流场中不合理分布,使得人们在分析泵内水力损失时,有的放矢[63,64]。随着人们对湍流认识的加深,已经有部分学者可以通过数值模拟对多相流进行计算,模拟多相流的流动分布规律[65-68],甚至可以模拟气泡在离心泵内部的发生、发展和溃灭的过程,为解答百年来的"空化"难题提供了新的契机[69—72]。

(2) 动静干涉精确化数值模拟

离心泵中旋转叶轮与静止蜗壳的相对位置变化会产生强烈的流动非定常现象,被称作动静干涉。动静干涉被认为是泵内高幅值流动诱导脉动与振动的主要来源,这会严重影响泵的运行稳定性[73,74]。目前,国内外学者已通过 LDV 和 PIV 流场观测技术、压力脉动试验测量和 CFD 数值模拟等方法对离心泵内非定常流动特性进行了富有成效的研究。Sinha 等[75]利用 PIV 对全透明导叶式离心泵进行测量,结果显示离心泵内部流动主要受叶轮、导叶的尾流与流动分离现象影响。Westra 等[76,77]采用 PIV 与 CFD 技术对导叶式离心泵内部流动进行了研究,观测到二次流的产生与发展过程并指出"射流-尾迹"随流量的变化规律。Wu 等[78]利用 PIV 对离心泵内瞬态流场进行了测量。离心泵内部复杂流动具有 3 个显著特点:强旋转、大曲率和多壁面,对二次流及其与主流相互作用的预测精度非常依赖于湍流模型[79]。近年来,对旋转机械的精细模拟主要采用的湍流模型有 SST $k-\omega$、LES 大涡、DES 分离涡、SST-SAS 尺度自适应等[80—83],研究结果表明,上述湍流模型对 y^+ 的要求较高,在网格相关质量得到保证及边界与初始条件合理的前提下,SST $k-\omega$ 可以较好地处理近壁面流动,较雷诺时均 RANS 湍流模型,LES 大涡模拟可以捕捉更精细的涡结构,瞬态信息更为精确,DES 与 SST-SAS 都将 RANS 和 LES 相结合,计算成本较 LES 更低,对高速瞬态与大分离流动模拟表现良好。

在动静干涉方面,针对汽轮机、风机、压缩机和水轮机的研究较多,且发展得比较成熟。李新宏等[84]和王企鲲等[85,86]对离心通风机流场进行了数值模拟,证实了蜗壳的非对称性导致叶轮与蜗壳相互作用时会引起整个流场非对称的流动特征,并提出一种考虑进口非均匀流动的蜗壳流场计算方法。席光等[87]在国内首次对动、静叶片数不等的二维离心式动、静相干叶排内部的非定常流动进行了数值研究,研究结果可为优化叶轮与叶片扩压器的匹配提供有益参考。

文献[61,62,88—90]中对有径向导叶和离心叶轮相互干涉进行了非稳态模拟,对叶轮出口和导叶进口的周向不均匀性进行了分析。文献[91—99]中对离心泵内的全三维紊流场进行模拟,采用时间冻结或滑移网格等方法处理叶轮与蜗壳间的动静耦合,揭示了蜗壳内部二次流影响区域主要集中在靠近叶轮出口的径向位置,并指出考虑动静耦合能更好地预测离心泵内部的流动。耿少娟等[100]针对无短叶片、有长短叶片和短短叶片 3 种叶轮的离心泵,采用非定常 CFD 方法数值分析了设计工况点的整机全三维流场,并对一个压力波动周期内,由于叶片和隔舌相对位置不同引起的内部流场变化给出了相应的分析结果,从动力学角度对降低泵的振动和噪声提供了有益的分析结果。

研究表明,动静干涉作用与叶片尾缘处涡脱及其与定子的碰撞密切相关[101,102],也就意味着叶片尾缘形状会对离心泵性能与非定常脉动产生直接影响。Gao 等[103]对低比转速离心泵叶片尾缘的不同位置进行切削,通过数值模拟与试验研究发现,切削压力面可以降低额定流量下的压力与涡量脉动幅值,从而提高离心泵效率。Ni 等[104]研究了核泵扩散导叶尾缘倒圆与压力面切削对其内部不稳定流动的影响。Zhang 等[105]具体研究了叶片压力面尾缘切削对离心泵非定常压力脉动与不稳定流动的影响。

离心泵中长短叶片设计可以改善"射流-尾迹"现象,起到提高扬程、扩大高效区、改善抗空化性能的作用,但叶片数的增加会改变内部动静干涉作用[106-108]。综上所述,叶片尾缘形状对离心泵动静干涉有直接影响,但目前关于长短叶片尾缘形状对其动静干涉影响的研究还不深入。后续也将通过对叶片尾缘的不同位置、厚度进行切削,研究不同方案下非定常压力与涡量分布状况,揭示长短叶片尾缘形状对离心泵性能与动静干涉的影响,为改善离心泵动静干涉问题提供水力设计参考依据。

(3) 辅助离心泵的优化设计

离心泵的研究和设计从最初的经验设计到半经验半理论设计;设计工具从手工设计、二维 CAD 辅助设计,发展到现在的三维参数化造型[109];研究和设计的理论基础从一元流动理论、二元流动理论,发展到现在的通过三维CFD 数值模拟和流场测试技术进行辅助优化设计。例如,Joseph 等[110]给出了适用于离心泵和混流泵的考虑非设计工况的设计方法,并自行编写了PUMPA 设计程序,三维数值模拟也被纳入,用于验证设计的合理性;PaBruker 等[111]、Sloteman 等[112]和 Goto 等[113]通过三维实体造型、CFD 数值模拟对叶轮的轴面和叶片型线进行反设计;Susanne 等[114]通过初步三维参数化造型、准三维数值模拟到全三维数值模拟的 3 个设计阶段的不断迭代实现泵叶片的优化设计;Goto 等[115]采用全三维的方法对泵叶轮中的分流叶片进行了设计,并结合 CFD 方法对分流叶片进行修正和分析,提高了叶轮的吸入性能,还设计了一套基于全三维反问题设计、三维 CAD 设计和 CFD 计算的泵转轮水力设计系统。该系统通过三维 CAD 建模、自动生成网格、采用 CFD 分析和三维反问题计算相结合的方法得到可靠、高效的叶轮。

由于 CFD 能很好地模拟离心泵叶轮内部流动,全三维设计方法已成为泵内数值研究的重要方向,对进一步提高叶轮性能、降低实验成本有重要意义。叶轮三维设计方法的新发展主要分为两大类:一类是正反问题相结合迭代求解的设计方法,正问题的三维解为叶轮的反问题设计提供参考和依据;另一类主要是从反问题出发直接研究叶轮的设计方法。这类设计方法还存在着不少限制,研究也进行得相对不够充分。完善并发展全三维设计方法已成为水力机械发展的迫切需要。

1.3　低比转速离心泵设计方法的现状及趋势

1.3.1　低比转速离心泵设计方法概述

低比转速离心泵因具有流量小、扬程高的优点而应用广泛。由叶片泵的欧拉方程可知,要实现高扬程,可增大叶轮直径和叶片出口角,提高转速及增加叶片数等。但这些措施在增加泵扬程的同时又带来新的问题,叶轮直径 D_2 增大,泵的圆盘损失亦增大;增大叶片出口角 β_2,则相应的叶片包角减小,叶片变短,流道狭长,扩散严重;过高的泵转速将使叶轮内液体质点所受的离心力和哥氏力增大,叶片进口易产生二次回流,叶片出口吸力面与压力面速度梯度过大,易产生"射流-尾迹"等;而过多的叶片数 Z 则会增加叶片进口的排挤。因此按传统的设计方法,低比转速离心泵外特性呈现效率偏低,扬程-流量曲线易出现驼峰,小流量工况易产生不稳定,功率-流量曲线随流量的增大而急剧上升,在大流量区电动机易过载等问题。

为了改善低比转速离心泵的性能,国内学者从 20 世纪 70 年代起就开展了实验研究,已研制出一批水力性能较好的低比转速离心泵。目前低比转速离心泵设计方法主要包括加大流量设计法、无过载设计法、面积比设计法、分流叶片(又称短叶片或辅助叶片,本书统称分流叶片)偏置设计法等[116-118]。

① 加大流量设计法。这种方法采用加大叶片出口安放角 β_2、叶片出口宽度 b_2、泵体喉部面积 F_t,减小叶轮外径 D_2 和减少叶片数 Z 等措施以提高低比转速泵的效率,通过增大流量(或比转速)设计一台流量较大的泵,利用大泵的效率曲线在设计点包络小泵的效率曲线而提高效率。但采用加大流量设计法后,扬程-流量曲线变得平坦,相同流量下的轴功率增大,泵在大流量区易超载;小流量时加大流量设计的大泵效率却比普通设计方法设计的小泵低,且大泵作小泵用不经济。

② 无过载设计法。该方法主要是为了解决低比转速泵在大流量区易超载问题,通过减小 β_2, b_2, F_t 等参数,设计出具有陡降扬程曲线和饱和轴功率特性的离心泵。其缺点是流道较狭窄,包角较大,不利于铸造,且效率下降。

③ 面积比设计法。该方法的原理是寻求叶轮与泵体的最佳匹配,把叶轮

与泵体作为整体考虑,用叶轮的特征面积(叶轮叶片间的出口面积)和泵体特征面积(泵体喉部面积)之比 Y(面积比)来反映叶轮特性与泵体特性的匹配,研究 Y 的变化对泵性能及泵设计参数的影响[119,120]。设计中根据不同要求选择不同面积比。例如,Y 值过小时,泵是无过载的,但此时泵效率相对较低,也可能引起制造困难;相反,Y 值过大时,泵效率虽较高,但轴功率可能是过载的。

④ 分流叶片偏置设计法。其目的是改善离心泵叶轮和泵体内的速度和压力分布,以提高泵的性能;其依据是叶轮内速度和压力分布随叶轮流道形状和叶片形状而变化;其实质是设计一台具有优良水力性能的泵;其方法是综合考虑设计工况和流道几何形状及其工艺性的优化设计;其主要措施是在两相邻长叶片中间设置分流叶片,并向长叶片吸力面偏置;其不良后果是可能带来铸造工艺的困难。

综上所述,前 3 种设计方法分别是从效率、无过载、叶轮与泵体匹配等不同研究层面提出的,有针对性,但亦存在较大的局限性。而分流叶片设计理念则从改善叶轮内部流场、压力场出发,通过在长叶片间设置分流叶片冲刷尾流,有效地防止尾流的产生和发展,增大了有限叶片滑移系数,从而增加泵扬程、减小叶轮外径,可有效改善流速分布,提高泵性能。

1.3.2　分流叶片在离心泵中的应用现状

关于分流叶片离心叶轮外特性的研究,最早可追溯到 20 世纪 70 年代,苏联的 Хлопенков[121,122] 和 Веселов[123] 指出,通过焊接不同的分流叶片结构,泵扬程可以增加 20%～95%,在大流量区效率提高 12%～18%,空化、噪音也得到了改善。Jakipse 等[124] 研究表明,在设计离心压缩机和火箭推动泵时采用分流叶片,可以相对减小进口堵塞,增大过流能力,减小空化发生的可能性,同时还可以提高泵性能,减小压力脉动,扩大泵的运行范围。Chiang 等[125] 提议采用分流叶片作为一种备用的不稳定运行引起的振动控制装置,并建立了一个预测分流叶片和转动叶轮间的不可压气动稳定性的数学模型,结果表明,这个采用分流叶片的叶轮变得稳定可靠地运行。Gölcü 等[126] 研究比转速为 152 的深井泵中分流叶片对叶轮性能的影响,并通过外特性实验证明其减小能量消耗的情况,但其扬程和效率略有降低。

我国最早对离心泵叶轮分流叶片进行研究的是博山水泵厂[127]。此后,很多研究人员在低比转速离心泵上进行分流叶片设计的实验研究,探索了分流叶片在提高低比转速离心泵效率和抗空化性能方面的作用,而且大多数研究都认可了分流叶片在提高泵效率[116,128-130] 和抗空化方面的作用[131-133]。陈松山等[134]设计了$L_9(3^3)$正交试验,结果表明分流叶片设置虽对泵扬程有一定提高,但效率影响差异较大。周德峰[135]采用双级叶轮加大叶片出口安放角β_2的方法来提高扬程,并推荐分流叶片和前弯起点为$(0.65\sim0.75)D_2$。查森等[136]在研究提高低比转速离心泵效率时,提出了超短叶片偏置设计法。

针对分流叶片设计理论方面的研究,王乐勤等[137-139]对带分流叶片叶轮流道内顺着液流运动方向运动微团进行分析,推导得出带分流叶片叶轮出口叶片数应满足的条件,并研制了n_s分别为21和43的两台低温高速带分流叶片叶轮离心泵;针对超低比转速泵在小流量时不稳定的问题,采用了高速诱导轮,提出了以效率为目标函数,以抗空化性能和工作稳定性为约束条件的带分流叶片叶轮优化设计方法。朱祖超等[140-144]和崔宝玲[145]较系统地研究了长、中、短叶片相结合的复合式叶轮,根据势流微元流动分析和经验设计提出了采用变螺距诱导轮与带分流叶片叶轮相结合的方法来设计高温高速、低温高速离心泵的思路,分析中、短叶片对改善和稳定液流在叶轮流道中的流动机理,总结了带分流叶片叶轮设计参数经验确定方法和约束条件。徐洁等[146,147]、李文广[148]利用奇点分布法数值模拟了带分流叶片叶轮内部流场。倪永燕等[149]采用滑移理论分析分流叶片对叶轮流场的作用,从数学和物理原理方面分析了分流叶片偏置的理论基础,并按照正相对速度分布原则进行优化设计。潘中永等[150]提出了以叶轮流道出口不出现回流区域为目标建立叶片数计算公式及考虑叶片排挤系数的分流叶片进口直径确定方法。Miguel等[151]采用数值模拟方法分析了分流叶片对叶轮及含蜗壳的整体流场性能的影响情况,说明分流叶片能在设计工况改善叶轮出口流动,提高泵的性能。何有世[152]和袁寿其等[153]对带分流叶片离心泵叶轮内流场进行了三维湍流数值模拟,并与PIV流场测试相互验证,揭示了分流叶片在离心泵内流场中改善"射流-尾迹"结构的作用,为分流叶片的优化设计提供了宝贵的资料。Kergourlay等[154]对有、无分流叶片的离心泵进行了多工况的数值模拟,并采用压力传感器测量了泵内多点的压力波动,与模拟值对比有较好的一致性,研究肯定了分流叶片对改善泵内压力分布均匀性、减小压力脉动方面的积极作用。

总结上述文献,带分流叶片的离心泵的研究主要集中在外特性实验研究、内部流场的数值模拟和PIV测量,但把带分流叶片叶轮机械内部流场分析和性能预测结合起来进行相关研究的还不多见,尤其在低比转速离心泵中的相关研究尚未见报道。近年出现了内流场特性研究,但还只是初步的研究,对于分流叶片几何特征对叶轮内流场影响规律的认识还不够深刻。随着泵内部流动的三维、湍流、非线性和非定常特性的揭示,带分流叶片的离心泵内流场数值模拟的趋势有：① 探求考虑旋转哥氏力、离心力、曲率及逆压梯度影响的湍流模式，且结合现代测试技术对内流场湍流特征的揭示来完善流动模型；② 充分利用现有的通用数值计算商业软件资源，通过对控制方程源项的修正、边界条件合理的设置来实现分流叶片的多目标、多约束的优化，建立叶轮几何设计参数与内特性、外特性的关系，最终解决在给定外特性设计参数下，能合理地确定泵的各部件几何参数，预测泵的内外特性等问题；③ 分流叶片离心泵反问题设计方法研究等。

1.4　主要研究内容

综上所述，目前针对低比转速离心泵的研究内容主要有以下两方面：

① 系统地研究适用于低比转速离心泵设计理论与方法，探索高效无过载设计方法及低比转速离心泵在生产实践中存在的 3 个典型问题。泵的效率较低、扬程曲线易出现驼峰和轴功率曲线较陡易产生过载现象，且提高效率与改善驼峰和轴功率无过载特性之间既有矛盾又有联系，因而其 4 种设计方法，即加大流量设计法、无过载设计法、分流叶片偏置设计法和面积比设计法，既相互对立又相互统一。因此需要系统地研究这 4 种设计方法的原理、程序、优缺点及其相互联系，以便人们能全面了解低比转速离心泵的各种设计方法及其应用场合。

② 获取精确的离心泵叶轮内部流动特性。因为离心泵叶轮内的真实流动存在尾迹区，尾迹区在叶轮出口处的前盖板表面和叶片负压面附近，叶轮中的损失和熵增集中在尾迹区。因此，为了进一步提高离心泵的性能，应尽量缩小尾迹区及避免流动分离。低比转速离心泵的效率可以通过适当处理这类泵的流道的边界层来加以提高。然而如何获取精确的内流特性，以及如何控制离心泵叶轮内的尾迹流，至今仍是研究热点。其中在流道内设置分流叶片，因增加分流叶片后将改变叶轮内的流场分布，改善效率和驼峰性能，但其改善机理的认知仍不够深入，需要进一步较全面地探讨分流叶片偏置对泵性能的影响及控制边界层的途径。

因此，本课题组多年来持续对低比转速离心泵进行全面系统、细致的研究，采用多方案设计的外特性试验、PIV 内流测试、定常/非定常数值计算和多个委托课题实践，总结归纳如下：

① 基于离心泵基本方程和旋转流道的转子焓方程，分析离心泵叶轮内部流动机理，包括"射流-尾迹"结构、边界层和二次流及叶轮内的分离流动等，为后期数值模拟分析分流叶片对离心叶轮的内流影响规律奠定理论基础；对离

心泵叶轮内的黏性损失进行了分析,尤其重点介绍了低比转速离心泵中占比较大的圆盘摩擦损失公式,为后期低比转速泵圆盘摩擦损失的预测以及全流场性能预测提供依据。

② 在总结现有研究成果的基础上,较完整地阐述了低比转速离心泵加大流量设计的基本原理和基本方法,列出主要几何参数选择的原则,并给出设计实例。

③ 总结无过载离心泵理论与设计方法,给出主要几何参数的选择原则;介绍了前置导叶的无过载离心泵设计方法和无过载排污泵设计方法,并分别给出设计实例。

④ 搭建了 PIV 内流测试平台,并对某一低比转速离心泵进行了定常/非定常全流场精细化的数值模拟。通过与 PIV 测试数据进行对比分析,进行了网格无关性分析、对比了不同湍流模型对计算结果的影响;重点分析了驼峰发生区附近工况内部流动特性,并基于 DES 和 HBM 方法对小流量工况非定常流动特性进行了深入研究,分析内部流动特性与其外特性的内在关系,掌握控制非稳态流动的方法和途径,提出具有更高效率且无驼峰特性的设计方法,为带分流叶片低比转速离心泵的性能预测和优化设计提供依据。

⑤ 基于多方案正交试验设计方案的 CFD 数值模拟和外特性测试方法,总结归纳了分流叶片的主要设计参数(包括分流叶片的叶片数、周向偏置度、进口直径以及偏转角度)的设计理论和方法,给出主要参数的取值原则。并基于全流场的数值模拟,预测分析了离心泵内黏性损失,并与常用圆盘摩擦损失的经验分析值进行对比,验证了数值计算方法的可靠性。

⑥ 分析了带分流叶片离心泵叶轮内部流动特性和非定常压力脉动特性,探究分流叶片的添置对压力脉动和外特性平稳运行的影响规律;分析了分流叶片对径向力、空化性能的影响规律,以及分流叶片尾缘位置和形状对压力脉动和外特性的影响规律。

⑦ 通过对比不带分流叶片及带不同分流叶片数的高速泵,分析分流叶片及分流叶片数对其压力脉动特性的影响规律;并搭建高速泵开式试验台,采用高频动态压力传感器测量了其进出口监测点压力脉动特性;二者对比分析,得到添置分流叶片有利于高速离心泵多方面性能的提升。

⑧ 基于改进 BP 神经网络的带分流叶片离心泵性能预测,得到的预测模型可较准确地预测外特性;对带分流叶片离心泵无过载特性进行了理论推导和分析,得到其存在无过载特性的理论方程组;对考虑叶轮和蜗壳匹配影响实现高效无过载性能进行了多方案设计,探索了多工况高效无过载低比转速离心泵的优化设计方案,均通过数值计算和试验验证,得到了一些有益的结论。

参考文献

［1］ Belgium Brussels European Commission. Study on improving the energy efficiency of pumps ［R］. Brussels, 2001.

［2］ Chaware D K, Shukla D K, Swamy R B. Centrifugal pump selection and upgrading for revised operating conditions ［J］. Hydrocarbon Processing, 2005(3): 47－52.

［3］ Garrison A W. Energy comparison VFD vs. on-off controlled pumping stations ［J］. Scientific Impeller, 1998(50): 29－38.

［4］ Europump, Hydraulic Institute. Pump life cycle costs: a guide to LCC analysis for pumping systems ［M］. New Jersey:［s. n.], 2001.

［5］ 袁建平,袁寿其,何志霞,等. 离心泵内部流动测试研究进展［J］. 农业机械学报, 2004, 35(4): 188－203.

［6］ 范洁川. 近代流动显示技术 ［M］. 北京:国防工业出版社, 2002.

［7］ 杨敏官,王军锋,罗惕乾. 流体机械内部流动测量技术 ［M］. 北京:机械工业出版社, 2006.

［8］ Fischer M, Thoma D. Investigation of the flow condition in a centrifugal pump ［J］. Transactions of the ASME, 1957: 1821－1839.

［9］ Acosta A J, Bowerman R D. An experimental study of centrifugal pump impellers ［J］. Transactions of the ASME, 1957, 79 (4): 1821－1839.

［10］ Fowler H S. The distribution and stability of flow in a rotating passage ［J］. Transactions of the ASME, Journal of Engineering for Power, 1968(90): 229－236.

［11］ Moore J. A wake and an eddy in a rotating radial flow passage. Part 1: Experimental observations ［J］. Transactions of the ASME, Journal of Engineering for Power, 1973(95): 205－212.

［12］ Adler D, Levy Y. A laser doppler investigation of the flow inside a back swept, closed, centrifugal impeller ［J］. Journal of Mechanical Engineering Science, 1979,21(1): 1－6.

［13］ Lennemann E, Howard J H G. Unsteady flow phenomena inrotating centrifugal impeller passage ［J］. Transactions of the ASME, Journal of Engineering for Power, 1970(92): 65－72.

[14] Howard J H G, Kittmer C W. Measured passage velocities in a radial impeller with shrouded and unshrouded configurations [J]. Transactions of the ASME, Journal of Engineering for Power, 1975 (97): 207 – 213.

[15] Johnson M W, Moore J. The influence of flow rate on the wake in a centrifugal impeller [J]. Transactions of the ASME, Journal of Engineering for Power, 1983,105(1): 33 – 39.

[16] 陈次昌, 金树德, 崔韵春, 等. 离心泵叶轮内部流动计算 [J]. 排灌机械, 1992(3): 21 – 27.

[17] Hamkins C P, Flack R D. Laser velocimeter measurements in shrouded and unshrouded radial flow pump impeller [J]. Transactions of the ASME, Journal of Turbomachinery, 1987,109(1): 70 – 76.

[18] Arndt N, Acosta A J, Brennen C E. Experimental investigation of rotor-stator interaction in a centrifugal pump with vaned diffusers [J]. Transactions of the ASME, Journal of Turbomachinery, 1990,112(1): 98 – 108.

[19] Rohne K H, Banzhaf M. Investigation of the flow at the exit of an unshrouded centrifugal impeller and comparison with the classical jet-wake theory [J]. Transactions of the ASME, Journal of Turbomachinery, 1991(113): 654 – 659.

[20] Bwalya A C, Johnson M W. Experimental measurements in a centrifugal pump impeller [J]. Journal of Fluid Engineering, 1996,118 (4): 692 – 697.

[21] 黄建德. 离心泵进口回流的发生机理及预估[J]. 上海交通大学学报, 1998, 32 (7): 5 – 9.

[22] 薛敦松, 李振林, 孙自祥. 非设计工况下低比转速泵叶轮内不稳定流动和湍流度试验[J]. 工程热物理学报, 1994, 15(2):161 – 165.

[23] Dong R, Chu S, Katz J. Effect of modification to tongue and impeller geometry on unsteady flow, pressure fluctuations, and noise in a centrifugal pump [J]. Transactions of the ASME, Journal of Turbomachinery, 1997,119(3): 506 – 515.

[24] Beaudoin R J, Miner S M, Flack R D. Laser velocimeter measurements in a centrifugal pump with a synchronously orbiting impeller [J]. Transactions of the ASME, Journal of Turbomachinery, 1992, 114

(4): 340 - 349.

[25] Chu S, Dong R, Katz J. Relationship between unsteady flow, pressure fluctuations, and noise in a centrifugal pump [J]. Transactions of the ASME, Journal of Turbomachinery, 1995,117(1):24 - 35.

[26] Guo S J, Okamoto H. An experimental study on the fluid forces induced by rotor-stator interaction in a centrifugal pump [J]. International Journal of Rotating Machinery, 2003,9(2): 135 - 144.

[27] Sinha M. Rotor-stator interactions, turbulence modeling and rotating stall in centrifugal pump with diffuser vanes [D]. Baltimore, Maryland: Johns Hopkins University, 2005.

[28] Stoffel B, Ludwig G, Weiss K. Experimental investigations on the structure of part-load recirculations in centrifugal pump impellers and the role of different influence [C]. The 16th IAHR Symp, San Paulo, 1992.

[29] Nicholas P, Poul S L, Christian B J. Flow in a centrifugal pump impeller at design and off-design conditions—part I: Particle Image Velocimetry (PIV) and Laser Doppler Velocimetry (LDV) Measurements [J]. Journal of Fluids Engineering, 2003, 125 (1): 61 - 72.

[30] Hajem M E, Akhras A, Champagne J Y, et al. Rotor-stator interaction in a centrifugal pump equipped with a vaned diffuser [J]. Proceedings of the Institution of Mechanical Engineers, 2001, 215 (5): 809 - 817.

[31] Wuibaut G, Bois G, Dupont P, et al. PIV measurements in the impeller and the vaneless diffuser of a radial flow pump in design and off-design operating conditions [J]. Transactions of the ASME, Journal of Fluids Engineering, 2002, 124(9): 791 - 797.

[32] Sankovic J M, Kadambi J R, Mehul M. PIV investigation of the flow field in the volute of a rotary blood pump [J]. Transactions of the ASME, Journal of Fluids Engineering, 2004, 12(9): 730 - 734.

[33] Xu H, Jiao C G. The application of PIV in the study of solid particles velocity field in centrifugal pumps [C]. The 3rd International Conference on Pumps and Fans, Beijing, 1998.

[34] 李森虎, 谷传纲, 苗永淼. 带前置诱导轮离心泵的汽蚀可视化实验研究

[J]. 流体机械,1997,25(5):36-40.

[35] 李森虎,谷传纲,苗永淼. 离心泵内:汽蚀特性的可视化实验研究 [J]. 水泵技术,1997(5):14-16.

[36] Yoshida Y, Tsujomoto Y. Effects of alternate leading edge cutback on unsteady cavitation in 4-bladed inducers [J]. Journal of Fluids Engineering, 2001,123(4):762-770.

[37] 黄建德. 诱导轮泵的汽蚀特性和内部流场的研究 [J]. 工程热物理学报, 1997, 18(2):181-185.

[38] 黄建德. 诱导轮形状对汽蚀特性的影响 [J]. 航空动力学报, 2000, 15 (2):142-146.

[39] 李文广,薛敦松. 离心泵输送粘性油时叶轮内部流动测量 [J]. 机械工程学报, 2000, 32 (6):33-36.

[40] 李文广. 离心泵叶轮内部清水流动实验研究 [J]. 水利学报, 1998, 32 (11):29-32.

[41] 朱宏武,薛敦松,董守平. 用 PIV 技术研究离心泵扩散段第八断面内流场 [J]. 工程热物理学报, 1995, 16 (4):440-443.

[42] 陈乃祥,吴玉林. 离心泵 [M]. 北京:机械工业出版社,2002.

[43] 侯树强,王灿星,林建忠. 叶轮机械内部流场数值模拟研究综述 [J]. 流体机械, 2005, 33(5):30-35.

[44] Wu C H. A general theory of three-dimensional flow in subsonic and supersonic turbomachines of axial, and mixed-flow types [J]. National Advisory Committee for Aeronautics, 1952, 74(1):363-380.

[45] Novak R A. Streamline curvature computing procedures for fluid flow problems [J]. Journal of Engineering for Gas Turbines and Power, 1967, 89(4):478-480.

[46] Novak R A, Hearsey R M. A nearly three-dimensional introblade computing system for turbomachinery [J]. Journal of Fluids Engineering, 1977, 99(1):67-74.

[47] 陈胜利,吴达人. 离心泵叶轮内流场的计算 [J]. 水泵技术, 1988(2):1-7.

[48] 陈元先,赖斌. 离心压气机叶轮三元流场计算 [J]. 航空学报, 1995, 16 (1):42-46.

[49] 张莉,陈汉平,徐忠. 离心压缩机叶轮内部流场的准三元迭代数值分析 [J]. 风机技术, 2000(5):3-7.

[50] 陈倩，章本照，崔良成. 离心风机三元流场的准正交面法计算 [J]. 杭州应用工程技术学院学报，2000，12(S1)：21-23.

[51] Epureanu B I, Hall K C, Dowell E H. Reduced-order models of unsteady viscous flows in turbomachinery using viscous-inviscid coupling [J]. Journal of Fluids and Structures, 2001 (15)：255-273.

[52] 袁卫星，张克危，贾宗谟. 离心泵射流-尾迹模型的三元流动计算 [J]. 水泵技术，1990 (1)：12-18.

[53] 朱刚，王少平，沈孟育，等. 叶轮机内部流场的修正 Taylor-Galerkin (MDTGFE)有限元法 [J]. 上海力学，1994，15(4)：58-63.

[54] 何有世，袁寿其，陈池. CFD 进展及其在离心泵叶轮内流计算中的应用 [J]. 水泵技术，2002(3)：23-26.

[55] 周继良，郑洪涛，谭智勇. CFD 在水泵设计中的应用 [J]. 汽轮机技术，2004，46(1)：23-24.

[56] Chisachi K, Hiroshi M, Akira M. Large-eddy simulation of unsteady flow in a mixed-flow pump [J]. International Journal of Rotating Machinery, 2003,9(5)：345-351.

[57] Sun J, Tsukamoto H. Off-design performance prediction for diffuser pumps [J]. Journal of Power and Energy, 2001,215(2)：191-201.

[58] Kaupert K A, Holbein P, Staubli T. A first analysis of flow field hysterics in a pump impeller [J]. Journal of Fluids Engineering, 1996, 118：685-691.

[59] Fatsis A, Pierret S, Van den B R. Three-dimensional unsteady flow and forces in centrifugal impellers with circumferential distortion of the outlet static pressure[J]. Journal of Turbomachinery, 1997, 119(1)：94-102.

[60] Chisachi K, Hiroshi M, Akira M. Large-eddy simulation of unsteady flow in a mixed-flow pump[J]. International Journal of Rotating Machinery, 2003,9：345-351.

[61] Shi F, Tsukamoto H. Numerical study of pressure fluctuations caused by impeller-diffuser interaction in a diffuser pump stage [J]. Transaction of ASME, Journal of Fluids Engineering, 2001, 123(3)：466-474.

[62] Hajem M E, Akhras A, Champagne J Y. Rotor-stator interaction in a centrifugal pump equipped with a vaned diffuser [J]. Proceeding of the Institution of Mechanical Engineers, 2001,215(6)：809-817.

[63] 沈天耀. 离心叶轮的内流理论基础 [M]. 杭州：浙江大学出版社，1986.

[64] Zhou W D, Zhao Z M, Lee T S, et al. Investigation of flow through centrifugal pump impellers using computational fluid dynamics [J]. International Journal of Rotating Machinery, 2003, 9(1)：49 - 61.

[65] 刘小兵，程良骏. 固液两相流中 $k - \varepsilon$ 双方程湍流模式及在水涡轮机械流场中的应用 [J]. 四川工业学院学报，1995, 14 (2)：76 - 86.

[66] 李金海，李龙. 离心泵固液两相流模型的研究与进展 [J]. 化工装备技术，2005, 26(6)：52 - 55.

[67] 吴玉林，葛亮，陈乃祥. 离心泵叶轮内部固液两相流动的大涡模拟 [J]. 清华大学学报(自然科学版)，2001, 41(10)：93 - 96.

[68] 周力行. 湍流两相流动与燃烧的数值模拟 [M]. 北京：清华大学出版社，1997.

[69] Ruchonnet N. Hydroacoustic modeling of rotor stator interaction in Francis pump-turbine [C]. Meeting of WG on Cavitation and Dynamic Problems in Hydraulic Machinery and Systems, Barcelona, 2006.

[70] Christophe S, Henda D, Francis D, et al. Effect of cavitation on the structure of the boundary layer in the wake of a partial cavity [C]. The 6th International Symposium on the Cavitation (CAV2006), Wageningen, the Netherlands, 2006.

[71] Hofmann M, Stoffel B, Coutier-Delgosha O, et al. Experimental and numerical studies on a centrifugal pump with two-dimensional curved blades in cavitating condition [J]. Journal of Fluids Engineering, 2003, 125(6)：970 - 978.

[72] Hirschi R, Dupont Ph, Avellan F, et al. Centrifugal pump performance drop due to leading edge cavitation：numerical predictions compared with model tests [J]. Journal of Fluids Engineering, 1998, 120(12)：705 - 711.

[73] Brennen C E. Hydrodynamics of pumps [M]. Oxford：Concepts Nrec & Oxford University Press, 2011.

[74] Santos I F, Rodriguez C G, Egusquiza E. Frequencies in the vibration induced by the rotor-stator interaction in a centrifugal pump turbine [J]. Transactions of the ASME, Journal of Fluids Engineering, 2007, 129(11)：1428 - 1435.

[75] Sinha M, Katz J. Quantitative visualization of the flow in a centrifugal pump with diffuser vanes-1: On flow structures and turbulence [J]. Journal of Fluids Engineering, 2000, 122(1):97 – 107.

[76] Westra R W, Broersma L, Van Andel K, et al. Secondary flows in centrifugal pump impellers: PIV measurements and CFD computations [C]. The ASME Fluids Engineering Division Summer Conference 2009, Colorado, USA, 2009.

[77] Westra R W, Broersma L, Van Andel K, et al. PIV measurements and CFD computations of secondary flow in a centrifugal pump impeller [J]. Journal of Fluids Engineering, 2010, 132(6):061104.

[78] Wu Y L, Liu S H, Yuan H J, et al. PIV measurement on internal instantaneous flows of a centrifugal pump [J]. Science China Technological Sciences, 2011, 54(2):270 – 276.

[79] 王福军. 流体机械旋转湍流计算模型研究进展 [J]. 农业机械学报, 2016, 47(2):1 – 14.

[80] 祝磊, 袁寿其, 袁建平, 等. 不同径向间隙对离心泵动静干涉作用影响的数值模拟 [J]. 农业机械学报, 2011, 42(5): 49 – 55.

[81] 黄先北, 刘竹青, 杨魏, 等. 基于大涡模拟的离心泵动静干涉数值分析 [J]. 中国科技论文, 2016, 11(19): 2256 – 2259.

[82] Riera W, Marty J, Castillon L, et al. Zonal detached-eddy simulation applied to the tip-clearance flow in an axial compressor [J]. American Institute of Aeronautics and Astronautics Journal, 2016, 54(8):2377 – 2391.

[83] Xia L S, Cheng Y G, Zhang X X, et al. Numerical analysis of rotating stall instabilities of a pump-turbine in pump mode [J]. IOP Conference Series: Earth and Environmental Science, 2014, 22(3):1 – 10.

[84] 李新宏, 何慧伟, 宫武旗, 等. 离心通风机整机定常流动数值模拟[J]. 工程热物理学报, 2002, 23(4): 59 – 62.

[85] 王企鲲, 戴韧, 陈康民. 离心风机梯形截面蜗壳内旋涡流动的数值分析 [J]. 工程热物理学报, 2004, 25(1): 68 – 70.

[86] 王企鲲, 戴韧, 陈康民. 蜗壳进口周向非均匀流动的数值研究[J]. 工程热物理学报, 2003, 24(2): 63 – 65.

[87] 席光, 党政, 王尚锦. 离心式动/静相干叶排内部非定常流动的数值计算 [J]. 西安交通大学学报, 2002, 36(1): 12 – 15.

[88] Dawes W N. A simulation of the unsteady interaction of a centrifugal

impeller with its vaned diffuser: flow analysis [J]. Journal of Turbomachinery，1995,117(4)：213 – 222.

[89] Zhu B S, Kamemoto K. Numerical simulation of unsteady interaction of centrifugal impeller with its diffuser using advanced vortex method [J]. Acta Mech Sinica, 2005, 21：40 – 46.

[90] Guleren K M，Pinarbasi A. Numerical simulation of the stalled flow within a vaned centrifugal pump [J]. Journal of Mechnical Engineering Science,2004,218(4):425 – 436.

[91] Chu S, Dong R, Katz J. Relationship between unsteady flow, pressure fluctuation, and noise in a centrifugal pump—part B: Effects of blade-tongue interactions [J]. Journal of Fluids Engineering, 1995, 117(1)：30 – 35.

[92] 郭鹏程，罗兴绮，刘胜柱. 离心泵内叶轮与蜗壳间耦合流动的三维紊流数值模拟 [J]. 农业工程学报,2005, 21 (8)：1 – 5.

[93] 唐辉，何枫. 离心泵内流场的数值模拟 [J]. 水泵技术，2002(3)：3 – 14.

[94] Gonzales J, Fernandez J, Blanco E. Numerical simulation of the dynamic effects due to impeller-volute interaction in a centrifugal pump [J]. Journal of Fluids Engineering, 2002,124(2)：348 – 355.

[95] Yuan S Q, Zhang J F, Tang Y, et al. Research on the design method of the centrifugal pump with splitter blades [C]. ASME Fluids Engineering Division Summer Meeting, Vail, Colorado, USA, 2009.

[96] Marigorta E B, Fernez-Francos J, Parrondo-Gayo J L. Numerical simulation of centrifugal pumps with impeller-volute interaction [C]. ASME Fluids Engineering Summer Conference (FEDSM'00), Boston, Mass, USA, 2000.

[97] 徐朝晖，吴玉林，陈乃祥，等. 高速泵内三维非定常动静干扰流动计算 [J]. 机械工程学报，2004，40(3)：1 – 4.

[98] Miguel A, Farid B, Smaïne K, et al. Numerical modelization of the flow in centrifugal pump: volute influence in velocity and pressure fields [J]. International Journal of Rotating Machinery，2005(3)：244 – 255.

[99] Oh J S, Ro S H. Application of time marching method to incompressible centrifugal pump flow [C] // Proceedings of the 2nd International Symposium on Fluid Machinery and Fluid Engineering. Beijing: Tsing Hua University Press, 2000：219 – 225.

[100] 耿少娟，聂超群，黄伟光，等. 不同叶轮形式下离心泵整机非定常流场的数值研究[J]. 机械工程学报，2006，42(5)：27-31.

[101] Jens K，Eduardo B，Raúl B，et al. PIV measurements of the unsteady flow structures in a volute centrifugal pump at a high flow rate [J]. Experiments in Fluids，55(10)：1820-1-1820-14.

[102] Gao Z X，Zhu W R，Lu L，et al. Numerical and experimental study of unsteady flow in a large centrifugal pump with stay vanes [J]. Journal of Fluids Engineering，2014，136(7)：071101-1-071101-10.

[103] Gao B，Zhang N，Li Z，et al. Influence of the blade trailing edge profile on the performance and unsteady pressure pulsations in a low specific speed centrifugal pump[J]. Journal of Fluids Engineering，2016，138(5)：051106.

[104] Ni D，Yang M G，Gao B，et al. Numerical study on the effect of the diffuser blade trailing edge profile on flow instability in a nuclear reactor coolant pump[J]. Nuclear Engineering and Design，2017，322(10)：92-103.

[105] Zhang N，Liu X，Gao B，et al. Effects of modifying the blade trailing edge profile on unsteady pressure pulsations and flow structures in a centrifugal pump[J]. International Journal of Heat and Fluid Flow，2019，75(2)，227-238.

[106] 吴贤芳，刘厚林，杨洪镔，等. 基于粒子图像测速的离心泵叶轮内流动分离测试与分析[J]. 农业工程学报，2014，30(20)：51-57.

[107] 张金凤，王文杰，方玉建，等. 分流叶片离心泵非定常流动及动力学特性分析[J]. 振动与冲击，2014，33(23)：37-41.

[108] 张云蕾，袁寿其，张金凤，等. 分流叶片对离心泵空化性能影响的数值分析[J]. 排灌机械工程学报，2015，33(10)：846-852.

[109] 刘厚林，袁寿其，施卫东，等. 离心泵水力元件三维实体造型的研究[J]. 水泵技术，2003(3)：22-24.

[110] Joseph P V. Centrifugal and axial pump design and off-design performance prediction[C]. The 1994 Joint Subcommittee and User Group Meetings，Sunnyvale California，1994.

[111] PaBruker H，Van denbraembussche R A. Inverse design of centrifugal impellers by simultaneous modification of blade shape and meridional contour[C]. The 45th ASME International Gas Turbine &

Aeroengine Congress, Munich, Germany, 2000.

[112] Sloteman D, Sad A, Cooper P. Designing custom pump hydraulic using traditional method [C]. ASME Fluids Engineering Division Summer Meeting, New Orleans, La, USA, 2001.

[113] Goto A, Zangeneh M. Hydrodynamic design of pump diffuser using inverse design method and CFD[J]. Journal of Fluids Engineering, 2002,124(2):319 - 328.

[114] Susanne T, Rudolf S. Optimization of hydraulic machinery bladings by multilevel CFD techniques [J]. International Journal of Rotating Machinery, 2005(2): 161 - 167.

[115] Goto A, Nohmi M, Sakurai T, et al. Hydrodynamics design system for pumps based on 3D CFD, and inverse design method [J]. Journal of Fluids Engineering, 2002,124(2):329 - 335.

[116] 袁寿其. 低比速离心泵理论与设计[M]. 北京:机械工业出版社, 1997.

[117] 李昳, 袁寿其. 低比转速离心泵水力设计进展[J]. 排灌机械, 2000, 18(1): 9 - 17.

[118] 袁寿其, 张玉臻. 低比转速泵水力设计原则及优化思想[J]. 农业机械学报, 1997, 28(2): 155 - 159.

[119] 杨军虎, 张人会, 王春龙, 等. 低比转速离心泵的面积比原理[J]. 兰州理工大学学报, 2006, 32(5): 53 - 55.

[120] 袁寿其, 曹武陵, 陈次昌, 等. 面积比原理和泵的性能[J]. 农业机械学报, 1993, 24(2): 36 - 40.

[121] Хлопенков П Р, 庄长融. 关于离心泵的结构优化问题[J]. 排灌机械, 1988, 6(6): 13 - 17.

[122] Хлопенков П Р. 设计高效离心泵叶轮的物理原理[J]. 水泵技术, 1982 (1): 46 - 49.

[123] Веселов В И, 庄长融. 叶片出口角 β_2 对低比数离心泵性能的影响[J]. 排灌机械, 1988, 6 (2): 12 - 15.

[124] Jipikse D, Marcher W D, Furst R B. Centrifugal pump design and performance[M]. White River Junction: Concepts ETI Inc. , 1997.

[125] Chiang H W D, Fleeter S. Flutter control of incompressible flow turbomachine blade rows by splitter blades[J]. Journal de Physique. Ⅲ, 1994, 4(4): 783 - 804.

[126] Gölcü M, Pancar Y, Sekmen Y. Energy saving in a deep well pump with splitter blade[J]. Energy Conversion and Management, 2006 (47): 638 - 651.

[127] 博山水泵厂. 低比转速离心泵的试验研究[J]. 水泵技术, 1972 (8): 1 - 22.

[128] 王集忖. 低比转速离心泵的几个试验[J]. 水泵技术, 1982 (1): 33 - 36.

[129] 查森, 杨敏官. 低比转速离心泵提高效率的研究[J]. 江苏理工学院学报, 1986, 7(4): 1 - 12.

[130] 文培仁, 张兴仁. 小流量化工用离心泵的开发研究[J]. 流体工程, 1993, 21(4): 1 - 6.

[131] 王福星, 孙彦君, 白广明, 等. 采用复合叶片式叶轮提高风力离心泵水力性能[J]. 排灌机械, 1996, 14(2): 10 - 11.

[132] 梁永仪, 张挺. 间隔式切割叶片对离心泵性能的影响[J]. 流体工程, 1993, 21(10): 11 - 13.

[133] 张成冠. 采用长短叶片改善水泵转轮空化和磨损性能的试验研究[J]. 水泵技术, 1997(6): 11 - 13.

[134] 陈松山, 周正富, 葛强, 等. 长短叶片离心泵正交试验研究[J]. 扬州大学学报(自然科学版), 2005, 8(4): 45 - 48.

[135] 周德峰. 叶片出口角对离心泵扬程的影响[J]. 排灌机械, 1987, 5(2): 6 - 9.

[136] 查森, 杨敏官. 低比转速离心泵提高效率的研究[J]. 江苏理工学院学报, 1986, 7(4): 1 - 12.

[137] 王乐勤, 朱祖超. 低比转速两级带分流叶片叶轮高速离心泵的研制[J]. 浙江大学学报(自然科学版), 1997, 31(5): 688 - 694.

[138] 王乐勤, 朱祖超. 低比转速低温高速离心泵带分流叶片叶轮的设计与工业应用[J]. 低温工程, 1998(3): 32 - 37.

[139] 王乐勤, 朱祖超, 汪希萱. 低比转速高速带分流叶片叶轮离心泵的优化设计分析[J]. 浙江大学学报, 1997, 31(4): 490 - 497.

[140] 朱祖超, 王乐勤, 周响乐. 低比转速高速带分流叶片叶轮离心泵的经验设计[J]. 流体机械, 1996, 24(2): 18 - 21.

[141] 朱祖超, 王乐勤. 超低比转速低温离心泵的设计理论及工程实现[J]. 低温工程, 1998(1): 31 - 35.

[142] 朱祖超, 王乐勤. 低温高速离心泵的研制与应用[J]. 低温工程, 1998

(4)：29－36.

[143] 朱祖超. 超低比转速高速离心泵的理论研究及工程实现[J]. 机械工程学报，2000，36(4)：30－34.

[144] 朱祖超. 超低比转速高速带分流叶片叶轮离心泵的设计方法[D]. 杭州：浙江大学，1997.

[145] 崔宝玲. 高速诱导轮离心泵的理论分析与数值模拟[D]. 杭州：浙江大学，2006.

[146] 徐洁. 低比转速离心泵复合式叶轮内部流动的数值计算[D]. 兰州：甘肃理工大学，2001.

[147] 徐洁，谷传纲. 长短叶片离心泵叶轮内部流动的数值模拟[J]. 化工学报，2004，55(4)：541－544.

[148] 李文广. 特低比转速离心泵叶轮内部流动分析[J]. 水泵技术，2005 (1)：1－6.

[149] 倪永燕. 低比转速离心泵带分流叶片叶轮内部流场的数值计算[D]. 兰州：兰州理工大学，2004.

[150] 潘中永，袁寿其，刘瑞华，等. 离心泵带分流叶片叶轮短叶片偏置设计研究[J]. 排灌机械，2004，22(3)：1－4.

[151] Miguel A，Farid B，Gerald K，et al. 3D quasi-unsteady flow simulation in a centrifugal pump. Influence of splitter blades in velocity and pressure fields[C]. The ASME Heat Transfer/Fluids Engineering Summer Conference，Charlotte，2004.

[152] 何有世. 带分流叶片的离心泵叶轮内三维不可压湍流场的数值模拟[D]. 镇江：江苏大学，2005.

[153] 袁寿其，何有世，袁建平，等. 带分流叶片的离心泵叶轮内部流场的PIV测量与数值模拟[J]. 机械工程学报，2006，42(5)：60－63.

[154] Kergourlay G，Younsi M，Bakir F，et al. Influence of splitter blades on the flow field of a centrifugal pump：Test-analysis comparison[J]. International Journal of Rotating Machinery，2007(85024)：1－13.

② 离心泵理论特性和黏性损失分析

为了改善低比转速离心泵效率低、扬程曲线易出现驼峰、小流量工况易产生不稳定、功率随流量的增大急剧上升和大流量区电动机易过载等问题，有必要对叶轮内的真实流动产生的损失及其诱导的不稳定特性进行深入分析。离心泵叶轮出口处的前盖板表面和叶片负压面附近存在尾迹区，叶轮中的损失和熵增集中在尾迹区。为了进一步提高离心泵的性能，应尽力缩小尾迹区并避免流动分离，因此需要建立离心泵基本性能与能量损失的定量评价指标，对离心叶轮内的流动结构及损失机理进行分析。

2.1 离心泵基本方程和 Rothalpy(转子焓)方程

2.1.1 离心泵基本方程

为了与后期数值计算结果对应起来，更好地理解各个速度分量所代表的扬程意义，将欧拉方程进行重组得

$$H_t = \frac{u_2 v_{u2} - u_1 v_{u1}}{g} \tag{2-1}$$

式中：H_t 为理论扬程，m；u_2 为叶轮出口圆周速度，m/s；v_{u2} 为叶轮出口绝对速度圆周分量，m/s；u_1 为叶轮进口圆周速度，m/s；v_{u1} 叶轮进口绝对速度圆周分量，m/s。

由速度三角形(见图 2-1)有

$$w_1^2 = v_1^2 + u_1^2 - 2 \cdot u_1 \cdot v_1 \cdot \cos \alpha_1 = v_1^2 + u_1^2 - 2u_1 v_{u1}$$

$$w_2^2 = v_2^2 + u_2^2 - 2 \cdot u_2 \cdot v_2 \cdot \cos \alpha_2 = v_2^2 + u_2^2 - 2u_2 v_{u2}$$

则式(2-1)可写为

$$H_t = \frac{u_2^2 - u_1^2}{2g} + \frac{v_2^2 - v_1^2}{2g} - \frac{w_2^2 - w_1^2}{2g} \tag{2-2}$$

式中：$\dfrac{u_2^2 - u_1^2}{2g}$ 为周向速度变化带来的压力头；$\dfrac{v_2^2 - v_1^2}{2g}$ 为绝对速度变化带来的压力头；$\dfrac{w_2^2 - w_1^2}{2g}$ 为相对速度变化带来的压力头。

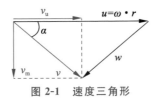

图 2-1　速度三角形

2.1.2　旋转流道内的 Rothalpy 方程

为了更清楚地比较流场性能，引入 Rothalpy[1] 作为能量损失的定量评价，对于稳定的旋转流场，其定义式为

$$I = \frac{p}{\rho} + \frac{1}{2}w^2 - \frac{1}{2}u^2 + gz \tag{2-3}$$

式中：p 为静压，Pa；w 为相对速度，m/s；ρ 为密度，kg/m³；u 为圆周速度，m/s。

根据伯努利方程，离心泵上、下游的能量转换关系为

$$(E_2 - I_2) - (E_1 - I_1) = gH_t \tag{2-4}$$

式中：E_1 为泵进口能量，J/kg；E_2 为泵出口能量，J/kg；I_1 为泵进口 Rothalpy，J/kg；I_2 为泵出口 Rothalpy，J/kg；H_t 为泵扬程，m。

由

$$E - I = \frac{p}{\rho} + \frac{v^2}{2} + g \cdot z - \left(\frac{p}{\rho} + \frac{w^2}{2} - \frac{\omega^2 \cdot r^2}{2} + g \cdot z \right) \tag{2-5}$$

可得

$$E - I = \frac{v^2}{2} - \frac{w^2}{2} + \frac{\omega^2 \cdot r^2}{2} = \frac{v^2}{2} - \frac{w^2}{2} + \frac{u^2}{2}$$

由速度三角形（见图 2-1）知：$\dfrac{v^2}{2} = \dfrac{v_u^2}{2} + \dfrac{v_m^2}{2}$，可得

$$\frac{w^2}{2} = \frac{w_u^2}{2} + \frac{w_m^2}{2} = \frac{(u - v_u)^2}{2} + \frac{v_m^2}{2}$$

即

$$\frac{w^2}{2} = \frac{u^2}{2} - uv_u + \frac{v_u^2}{2} + \frac{v_m^2}{2}$$

由

$$E - I = \frac{v^2}{2} - \frac{w^2}{2} + \frac{u^2}{2} = \frac{v_u^2}{2} + \frac{v_m^2}{2} - \frac{u^2}{2} + uv_u - \frac{v_u^2}{2} - \frac{v_m^2}{2} + \frac{u^2}{2}$$

可得

$$E - I = uv_u \tag{2-6}$$

则式(2-4)变为

$$(E_2 - I_2) - (E_1 - I_1) = gH_t = u_2 v_{u2} - u_1 v_{u1} \qquad (2\text{-}7)$$

上式即水泵的欧拉方程表达式。

(1) 沿着流线的 Rothalpy

沿流线的 Rothalpy 如图 2-2 所示。

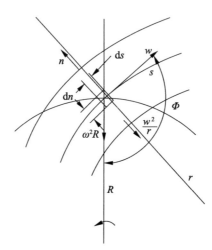

图 2-2　沿着流线的 Rothalpy

沿着旋转流道内某一流线的作用力为 $F_s = ma_s$，即

$$-\frac{\partial p}{\partial s}\mathrm{d}s\mathrm{d}n b = \rho \mathrm{d}n\mathrm{d}s b a_s \qquad (2\text{-}8)$$

由

$$-\frac{\partial p}{\partial s} = \rho\left(w\frac{\partial w}{\partial s} + \omega^2 r\cos\varPhi\right)$$

知

$$\frac{\partial p}{\rho} = -\partial s\left(w\frac{\partial w}{\partial s} + \omega^2 r\cos\varPhi\right)$$

得

$$\frac{\partial p}{\rho} = -w\partial w - \omega^2 r\partial s\cos\varPhi \qquad (2\text{-}9)$$

令 $\partial s\cos\varPhi = -\partial r$ 可得

$$\frac{\mathrm{d}p}{\rho} + w\mathrm{d}w - \omega^2 r\mathrm{d}r = 0 \qquad (2\text{-}10)$$

对式(2-10)进行积分，可得 Rothalpy 方程

$$\int_s \left(\frac{\mathrm{d}p}{\rho} + w\mathrm{d}w - \omega^2 r\mathrm{d}r\right)\mathrm{d}s = 0$$

即

$$\frac{p}{\rho} + \frac{w^2}{2} - \frac{\omega^2 r^2}{2} = I = \mathrm{const} \qquad (2\text{-}11)$$

这个方程也成为旋转坐标系下不可压流体的伯努利方程，即 Rothalpy 方程。

（2）垂直于流线方向的加速度

$$a_n = -\frac{w^2}{r} + 2\omega w - \omega^2 r \sin \Phi \tag{2-12}$$

等式(2-12)的右边第一项表示离心加速度；第二项表示哥氏加速度；第三项表示离心加速度。

作用于旋转流道内的垂直于流线的力 $F_s = ma_n$ 可以表示为

$$-\frac{\partial p}{\partial n} dndsb = \rho dndsba_n \tag{2-13}$$

将式(2-10)代入式(2-13)，可得

$$-\frac{\partial p}{\partial n} = \rho \left(-\frac{w^2}{r} + 2\omega w - \omega^2 r \sin \Phi \right) \tag{2-14}$$

同理可推导垂直方向的 Rothalpy 方程：

$$\frac{1}{\rho} \frac{\partial p}{\partial n} + w \frac{\partial w}{\partial n} - u \frac{\partial u}{\partial n} = 0$$

即

$$\frac{\partial p}{\partial n} = \rho \left(u \frac{\partial u}{\partial n} - w \frac{\partial w}{\partial n} \right) \tag{2-15}$$

将 $\partial n = \frac{\partial r}{\sin \Phi}, u = \omega r$ 代入式(2-15)右侧可得垂直方向的 Rothalpy 方程：

$$\frac{\partial p}{\partial n} = \rho \left(\omega^2 r \sin \Phi - w \frac{\partial w}{\partial n} \right) \tag{2-16}$$

由牛顿第二定律可以推得下式：

$$-\frac{\partial p}{\partial n} = \rho \left(-\frac{w^2}{r} + 2\omega w - \omega^2 r \sin \Phi \right) \tag{2-17}$$

整理式(2-16)和式(2-17)，可得

$$\frac{\partial w}{\partial n} = 2\omega - \frac{w}{r} \tag{2-18}$$

式(2-18)是由 Rothalpy 方程推导得出的垂直流线方向的相对速度变化规律，如图 2-3 所示，从叶片压力面到吸力相对速度的变化是逐渐减小的，叶片压力面相对速度变化较大，比较容易出现分离流动。要获得比较理想化的相对速度分布，就要使相对速度在压力面附近的变化减小，分流叶片的加入能否使得相对速度变化更加趋于均匀化是后期研究需要关注的。

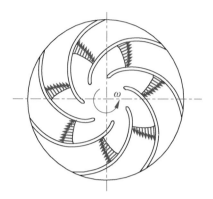

图 2-3　垂直流线方向的相对速度变化规律

2.2　离心泵叶轮内部流动机理分析

叶轮叶片的形状和叶轮内部的流动状态决定了叶轮能量转换的大小和效率的高低。离心泵内部流动十分复杂,它是有黏性影响的、不稳定的三维湍流,尤其在叶轮出口处,是不同于一维理论分析的高度不均匀的湍流。此部分的研究主要围绕以下 3 个方面进行:①"射流-尾迹"结构;② 边界层和二次流;③ 叶轮内的分离流动。

2.2.1　"射流-尾迹"结构

在叶轮内,当出现流动加速或者压力增大时,叶轮内会出现分离流动,并沿着从"低能区"到"高能区"的法线方向,由"剪切层"或"分流流线"明显划分为"低能区"和"高能区"2 个区域,如图 2-4 所示。图 2-3 中也已给出了这个趋势,加速以及相应的压力升高方向,由叶片的吸力面指向压力面。在叶片吸力面分离出的"低能区"内,流动是稳定的,但压力面上的边界层是不稳定的,且有沿着叶轮后盖板向前盖板迁移的趋势。叶轮内的这种流动状态:一个稳定的"分离出的低能区域",或者称作叶片吸力面的"尾迹"结构,以及主流或者称为压力面上的"射流"结构的组合形式,被称为"射流-尾迹"结构。

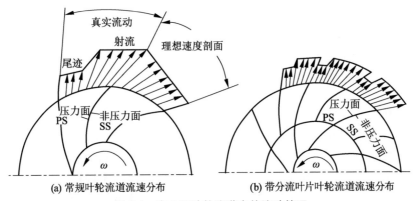

(a) 常规叶轮流道流速分布　　　　　(b) 带分流叶片叶轮流道流速分布

图 2-4　离心泵叶轮流道内的流动情况

通常,离心泵叶轮叶片都是后弯的,因此分离流动流线的出口液流角度 β 相对于旋转的切线方向是比较大的,而这种流态结构在离心泵中是不希望出现的。据分析,采用分流叶片设计可以有效缓解"射流-尾迹"结构。

2.2.2　边界层和二次流

当液流进入叶轮叶片作用区域后,会发生由轴向到径向的转向,这个过程中不可避免地会出现边界层的发展和二次流现象。二次流本质上是由旋涡引起的环流,如果沿着主流方向存在旋涡,由旋涡引起的与主流方向相垂直的流动即为二次流。

关于二次流的形成及其对尾迹流的影响,国内外很多学者做了研究,定性来讲可用下式来分析叶轮旋转中的二次流[2]:

$$-\frac{\partial}{\partial s}\left(\frac{\Omega_s}{w}\right)=\frac{2}{\rho\omega^2}\left(\frac{1}{R_n}\frac{\partial I}{\partial b}+\frac{\omega}{w}\frac{\partial I}{\partial z}\right) \tag{2-19}$$

式中:Ω_s 为相对流线的旋转分量;$\dfrac{\partial I}{\partial b}$,$\dfrac{\partial I}{\partial z}$ 分别为 I 对法线方向和旋转轴方向的偏导数。

式(2-19)表明相对流线发现的旋涡由 2 个因素产生:一个是半径 R_n 的流线曲率引起的;另一个是旋转角速度 ω 引起的。罗士倍(Rossby)数可以用来衡量曲率和旋转对叶轮中不同区域引起的二次流的影响程度。

$$Ro=\frac{W}{2\omega R_n} \tag{2-20}$$

Ro 表征由曲率引起的惯性力(离心力)和旋转引起的哥氏力之比。其中,w 为相对速度,R 为叶片的曲率半径。具有低 Ro 数的叶轮,其流动中的二次流主要由旋转引起,尾迹主要出现在叶片吸力面上;具有高 Ro 数的叶轮,曲率的影响占主导地位。

同时,对于离心泵后弯式叶片,考虑流线曲率和旋转对边界层的稳定性的影响,引入 Richadson 数 Ri[2]:

$$Ri = 2\left(\frac{\overline{w}}{R} - \omega\right)\frac{\partial \overline{w}}{\partial y}$$ (2-21)

低比速离心泵流量小、扬程高,叶轮流道内的液流相对速度 w 与旋转角速度相比是个较小的数值,因此对于压力面上的边界层 $Ri < 0$,而对叶片吸力面上的边界层 $Ri > 0$,也即压力面上边界层是不稳定的,而背面上的边界层是稳定的。由于受到叶轮流道内二次流的影响,压力面不稳定边界层里的低能微团就会通过前后盖板进入吸力面的边界层,致使吸力面的边界层越来越厚,而压力面上的边界层很薄,边界层里的液流速度较低,而边界层外主流的速度较高,这样就形成了"射流-尾迹"结构。

在叶轮流道内,随着叶片上"边界层"的发展,会产生很大的摩擦损失。"二次流"的出现也会带来很多不良影响,恶化泵性能。例如,促使叶轮内流动的不稳定,诱使前盖板进口位置处出现"分离流",也会影响叶轮内流动的转向和压力的增大。

2.2.3 叶轮内的分离流动

要说明离心叶轮吸力的分离流动,须引入叶片载荷的概念。叶片载荷定义为叶片压力面和吸力面相对速度的差值。它与液体流过叶轮,叶片对液体做功密切相关。因为叶片载荷和叶片两侧压差的作用,所以压力面上的速度比对应的相同半径的吸力面上的速度低。如果叶片载荷太大,压力面上的速度可能低至 0,也就有可能发生流动分离。流动分离是必须避免的,因而研究叶片载荷,可以定量地分析叶轮内流动分离的发生。通过分析某一半径处圆环的角动量变化原理,可大致估计分离流的发生,如图 2-5 所示。

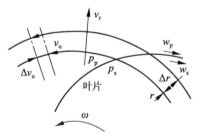

图 2-5 叶片两侧压力差分析

Δr 内角动量的变化为 $\rho(\Delta v_r \cdot r)$,则叶片两侧的压差为

$$p_p - p_s = \frac{\Delta T}{z \Delta r B r} = \frac{Q}{2\pi B r} \cdot \frac{2\pi}{z} \cdot \frac{\rho(\Delta v_u \cdot r)}{\Delta r} = \frac{2\pi}{z} v_r \frac{\rho(\Delta v_u \cdot r)}{\Delta r} \quad (2\text{-}22)$$

说明液体获得的能量基本与叶片两侧压差成正比,也即与叶片载荷成正比。在叶轮流道内,两叶片之间的周向压力降近似于"线性"。这也就对应于叶轮内叶片压力面到吸力面上速度的增加。如果叶片载荷和叶片间的压差非常大,叶片压力面上的速度变小甚至减小至 0 后,会导致流动分离。通常说来,叶片载荷提供了一种辨别流动分离的依据。

若要设计性能良好的离心泵,则应使得叶片载荷、叶片压力面和吸力面的速度差变化均匀,且在出口处逐渐变小。

2.3 离心泵叶轮内的黏性损失

以往的泵设计理论都是基于一元无黏假设的,而现在采用 CFD 三维湍流场计算,二者之间需要黏性分析进行连接和相互验证。

轴功率 P_{sh} 是指输入到泵轴上的总功率,但只有部分功率 P_{net} 被传输到被输送液体对液体做功(即提升扬程),其余功率则被用于克服泵内的各种损失,即

$$P_{sh} = P_{net} + \Delta P \quad (2\text{-}23)$$

式中:ΔP 为泵内的总损失功率,包括消耗在轴承、密封上的机械损失,消耗在边界层耗散和混合损失,叶轮外表面的圆盘摩擦损失,以及泄漏引起的容积损失。本书忽略因轴承和密封而引起的机械损失。轴功率与轴上扭矩的关系为

$$P_{sh} = \omega M_{sh} \quad (2\text{-}24)$$

有用轴功率 P_{net} 被定义为泵进出总压差,可以由泵扬程 H 表示,乘以流量 Q(单位:m^3/s),则可表示为

$$P_{net} = \rho g Q H \quad (2\text{-}25)$$

则泵的效率可以表示为

$$\eta = \frac{P_{net}}{P_{sh}} \quad (2\text{-}26)$$

在此给出其他各项损失的经验公式,为后期与 CFD 计算进行对比分析做准备。

2.3.1 基本概念

(1) 轴功率

取如图 2-6 所示的封闭整个叶轮的一个控制体 V，由边界 $A_1 \sim A_4$ 组成封闭环，应用积分形式的角动量守恒定律得到

$$M_{sh} + \int_A rF_{s,\theta}dA = \frac{\partial}{\partial t}\int_V \rho rv_\theta dV + \int_A \rho rv_\theta (\boldsymbol{v} \cdot \boldsymbol{n})dA \qquad (2\text{-}27)$$

式中：$\boldsymbol{n}$ 为指向外侧的法向矢量；$\boldsymbol{v}$ 为绝对速度矢量；r 为半径；F_s 为表面力。

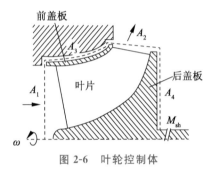

图 2-6　叶轮控制体

由于叶轮的轴对称性，只有 θ 向的壁面剪切分量 τ_w。因为我们更关心时均的流动，式(2-27)右侧对时间的偏微分项可以认为是 0，忽略不计。同时壁面剪切力对边界 A_1 和 A_2 的作用也可以忽略不计，如果再忽略掉边界 A_1 和 A_2 上边界层的影响，则式(2-27)可以简化为

$$M_{sh} = M_{E,Q+Q_{leak}} + M_{df} \qquad (2\text{-}28)$$

其中，

$$M_{E,Q+Q_{leak}} = \rho\int_{A_1+A_2} rv_\theta(\boldsymbol{v} \cdot \boldsymbol{n})dA \qquad (2\text{-}29)$$

$M_{E,Q+Q_{leak}}$ 为无黏性的欧拉动量，可以理解为叶轮叶片作用于流量为 $Q+Q_{leak}$ 液体的动量。

$$M_{df} = -\int_{A_3+A_4} r\tau_w dA \qquad (2\text{-}30)$$

M_{df} 为壁面剪切力作用于叶轮外表面的动量，即圆盘摩擦动量。

(2) 泵扬程和效率

与动量 $M_{E,Q+Q_{leak}}$ 相关的叶轮扬程为

$$H_{E,Q+Q_{leak}} = \frac{\omega M_{E,Q+Q_{leak}}}{\rho g(Q+Q_{leak})} \qquad (2\text{-}31)$$

叶轮扬程即叶轮把大小为 $M_{E,Q+Q_{leak}}$ 的动量全部转换（没有损失）为叶轮的动压。实际上，由于泵内各个过流部件的水力损失包括边界层的耗散损失和混合水力损失等，因而扬程没有按式（2-31）计算的高，即

$$H = H_{E,Q+Q_{leak}} - \Delta H_{hydr} \tag{2-32}$$

因此泵的效率可写为

$$\eta = \frac{\omega \cdot M_{E,Q+Q_{leak}} \cdot \dfrac{Q}{Q+Q_{leak}} - \rho g Q \Delta H_{hydr}}{\omega (M_{E,Q+Q_{leak}} + M_{df})} \tag{2-33}$$

将式（2-24）、式（2-25）和式（2-27）代入式（2-33）可得

$$\eta = \frac{\omega M_{sh} - \Delta P}{\omega M_{sh}} \tag{2-34}$$

由式（2-28）和式（2-33），ΔP 可以表示为

$$\Delta P = \Delta P_{leak} + \Delta P_{hydr} + \omega M_{df} \tag{2-35}$$

其中，

$$\Delta P_{leak} = \rho g (H_{E,Q+Q_{leak}} - \Delta H_{hydr,i}) Q_{leak} \tag{2-36}$$

$$\Delta P_{hydr} = \rho g (Q+Q_{leak}) \Delta H_{hydr,i} + \rho g Q \Delta H_{hydr,v} \tag{2-37}$$

式中：$\Delta H_{hydr,i}$ 和 $\Delta H_{hydr,v}$ 分别为叶轮和蜗室内的水力损失。

2.3.2　水力损失

水力损失是指泵内部流动中的压力损失。最主要的部分为边界层的能量耗散损失和过流中突然扩散或者突然收缩处的混合损失：

$$\Delta P_{hydr} = \Delta P_{diss} + \Delta P_{mix} + \Delta P_{exp} + \Delta P_{contr} \tag{2-38}$$

ΔP 代表功率损失，式（2-38）右边各项的意义如下：

（1）边界层的耗散损失 ΔP_{diss}

由边界层的摩擦带来的压力损失，即 ΔP_{diss}，在二维分析中，沿着固壁的稳态流的功率变化，如图 2-7 所示，可以表示为[3]

$$\frac{\mathrm{d}P}{\mathrm{d}x} = \frac{\mathrm{d}}{\mathrm{d}x} \int_0^\delta \left(p + \frac{1}{2}\rho v^2\right) v \mathrm{d}y \tag{2-39}$$

式中：v 为沿壁面的切向速度，m/s；δ 为边界层的厚度，m。

注意：式（2-39）仅局限于边界层范围内的功率计算，在边界层的外边界处功率和速度分别为 P_e 和 v_e，则

$$\frac{\mathrm{d}P_e}{\mathrm{d}x} = -\frac{\mathrm{d}}{\mathrm{d}x}\left(\frac{1}{2}\rho v_e^2\right) \tag{2-40}$$

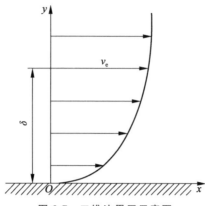

图 2-7　二维边界层示意图

假设压力与 y 坐标无关,则式(2-39)可以变形为

$$\frac{\mathrm{d}P}{\mathrm{d}x} = -\frac{\mathrm{d}}{\mathrm{d}x}\int_0^\delta \frac{1}{2}\rho(v_\mathrm{e}^2 - v^2)v\mathrm{d}y = -\frac{1}{2}\rho\frac{\mathrm{d}}{\mathrm{d}x}(v_\mathrm{e}^3\delta_3) \tag{2-41}$$

对于不可压流体,δ_3 为边界层的能量厚度,定义为

$$\delta_3 = -\frac{1}{v_\mathrm{e}^3}\int_0^\delta (v_\mathrm{e}^2 - v^2)v\mathrm{d}y \tag{2-42}$$

Schichting1979 年提出如下计算式:

$$\frac{\mathrm{d}}{\mathrm{d}x}(v_\mathrm{e}^3\delta_3) = v_\mathrm{e}^3 C_\mathrm{D} \tag{2-43}$$

式中:C_D 为能量耗散系数。

把式(2-43)代入式(2-39),可得

$$\frac{\mathrm{d}P}{\mathrm{d}x} = \frac{1}{2}\rho v_\mathrm{e}^3 C_\mathrm{D} \tag{2-44}$$

对式(2-44)进行面积分,可以获得三维边界层的耗散功率损失:

$$\Delta P_\mathrm{diss} = \frac{1}{2}\rho\int_S v_\mathrm{e}^3 C_\mathrm{D}\mathrm{d}S \tag{2-45}$$

对旋转的稳定流场边界层的类似推导见 2.1 节,得到对于旋转坐标系:

$$I = \frac{p}{\rho} + \frac{w^2}{2} - \frac{\omega^2 r^2}{2}$$

旋转流道内的损失与熵增变化没有联系,但与 Rothalpy(转子焓)密切相关。

$$\frac{\mathrm{d}P}{\mathrm{d}x} = \frac{\mathrm{d}}{\mathrm{d}x}\int_0^\delta\Big[p + \frac{1}{2}\rho(w^2 - \omega^2 r^2)\Big]w\mathrm{d}y \tag{2-46}$$

在边界层外边界处，在旋转坐标系下，静压和速度有关：

$$\frac{\mathrm{d}P_e}{\mathrm{d}x} = \frac{\mathrm{d}}{\mathrm{d}x}\left(-\frac{1}{2}\rho w_e^2 + \frac{1}{2}\rho\omega^2 r^2\right) \tag{2-47}$$

假设压力与 y 坐标无关，则将式(2-47)代入式(2-46)可得

$$\frac{\mathrm{d}P}{\mathrm{d}x} = -\frac{\mathrm{d}}{\mathrm{d}x}\int_0^\delta \frac{1}{2}\rho(w_e^2 - w^2)w\mathrm{d}y \tag{2-48}$$

则旋转流道内的边界层耗散功率损失为

$$\Delta P_{\mathrm{diss}} = \frac{1}{2}\rho\int_S w_e^3 C_D\mathrm{d}S \tag{2-49}$$

Denton[4]研究表明，湍流边界层的耗散系数对边界层的状态(加速或者减速)非常敏感，他建议对于雷诺数在 1 000 数量级的湍流边界层，耗散系数取值 0.003 8；对于加速流，取值为 0.002；对于减速流，取值 0.005。对于离心泵内部流动，是充分发展的湍流，对于不同流量叶轮和蜗壳内耗散系数可取相同数值进行分析。

（2）混合损失 ΔP_{mix}

在泵内主要有 2 种形式的混合损失：口环泄漏的回流与叶轮进口均匀来流的混合；叶轮叶片出口尾迹与周围流体的混合。对于 2 种形式的混合损失，可以由简单的模型估算。

① 口环泄漏的混合损失

由轴向动量守恒可知

$$(p_2 + \rho v_{a,2}^2)A_2 = (p_3 + \rho v_{a,3}^2)A_3 \tag{2-50}$$

式中：p 为静压，Pa；v_a 为轴向速度分量，m/s；A 为过流面积，m²。下标 2,3 代表意义如图 2-8 所示。假设叶轮进口前没有预旋，则 3 处的周向速度可以表示为

$$v_{\theta,\mathrm{leak}}Q_{\mathrm{leak}} = v_{\theta,3}(Q + Q_{\mathrm{leak}}) \tag{2-51}$$

假设 $A_2 = A_3$，联立由式(2-50)和式(2-51)，则总的压力损失可以表示为

$$\Delta p_0 = \frac{1}{2}\rho v_{a,3}^2\frac{(2\varepsilon + \varepsilon^2)}{(1+\varepsilon)^2} - \frac{1}{2}\rho v_{\theta,\mathrm{leak}}^2 Q_{\mathrm{leak}}\left(\frac{\varepsilon}{1+\varepsilon}\right)^2 \tag{2-52}$$

其中，

$$\varepsilon = \frac{Q_{\mathrm{leak}}}{Q} \tag{2-53}$$

由图 2-9 研究表明，对于 T 型管路，当支路 A_1 面积足够小的时候，公式(2-50)的第一项理论求得的数值与实验值有较好的一致性[5]。对应的混合损失可写为

$$\Delta P_{\mathrm{mix}} = \Delta p_0(Q + Q_{\mathrm{leak}}) = \frac{1}{2}\rho v_{a,3}^2 Q_{\mathrm{leak}}\frac{2+\varepsilon}{1+\varepsilon} - \frac{1}{2}\rho v_{\theta,\mathrm{leak}}^2 Q_{\mathrm{leak}}\frac{\varepsilon}{1+\varepsilon} \tag{2-54}$$

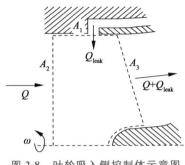

图 2-8　叶轮吸入侧控制体示意图

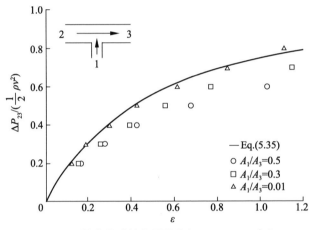

图 2-9　混合导致的总压损失(Michel,1978 年)

② 叶轮叶片出口尾迹涡带来的混合损失

这是泵叶轮中很重要的一项损失,Denton[4]给出了如下计算经验公式:

$$\Delta P_{\text{mix}} = (Q + Q_{\text{leak}}) \frac{1}{2} \rho v_{\text{ref}}^2 \left[-\frac{C_{p\delta} \delta}{b_2} + \frac{2\theta}{b_2} + \left(\frac{\delta^* + \delta}{b_2} \right)^2 \right] \qquad (2\text{-}55)$$

式中:δ 为叶片厚度,m;b_2 为叶片出口宽度,m;δ/b_2 代表叶轮的堵塞程度;θ 为靠近叶片出口处压力面和吸力面的边界层动量厚度之和;δ^* 为靠近叶片出口处压力面和吸力面的边界层位移厚度之和;$C_{p\delta}$ 为压力系数,且

$$C_{p\delta} = \frac{p_\delta - p_{\text{ref}}}{\frac{1}{2} \rho v_{\text{ref}}^2} \qquad (2\text{-}56)$$

式中:p_δ 为在刚脱离叶片出口钝边位置处的静压;p_{ref},v_{ref} 分别为叶片靠近出

口的参考位置处的静压和速度。通常，$C_{p\delta}$ 是负值，因为叶片出口位置后的压力值低于周围的压力，一般 $C_{p\delta}$ 的取值约为 -0.15。式(2-55)中，$-\dfrac{C_{p\delta}\delta}{b_2}$ 表示作用在叶片出口边的低压，$\dfrac{2\theta}{b_2}$ 表示边界层外的混合损失，$\left(\dfrac{\delta^* + \delta}{b_2}\right)^2$ 表征了叶片和边界层的阻塞效果。

（3）突然扩散损失和突然收缩损失

① 突然扩散损失 ΔP_{exp}

根据动量平衡分析，由突然扩散引起的动能耗散可表示为

$$\Delta P_{exp} = \frac{1}{2}\rho Q(v_1 - v_2)^2 \tag{2-57}$$

式中：v_1，v_2 分别为经过扩散段前、后的速度值，这就是"Bordacarnot 损失"。v_1，v_2 可以由连续性方程求得，且有如下关系：

$$v_2 = v_1 \gamma_e \tag{2-58}$$

式中：γ_e 为过流截面的斜率，$\gamma_e = \dfrac{A_1}{A_2}$。

② 突然收缩损失 ΔP_{contr}

ΔP_{contr} 的计算是一项比较复杂且困难的工作，因为在收缩段后面会引起"Vena Contracta 现象"，可用经验公式表示，即

$$\Delta P_{contr} = \frac{1}{2}\rho Q K_c(\gamma_c) v_2^2 \tag{2-59}$$

式中：v_2 为经过收缩段后的速度值；K_c 为突然收缩的耗散系数，是 γ_c 的函数；γ_c 为过流截面的斜率，$\gamma_c = A_2/A_1$。当 $\gamma_c = 0$ 时，$K_c = 0.5$；当 $\gamma_c = 1$ 时，$K_c = 0$，K_c 的取值范围为 $[0,1]$。

2.3.3　圆盘摩擦损失 ΔP_{df}

低比转速离心泵一直存在效率太低的缺点。损失极值法是为提高泵效率而建立起来的一种优化的设计方法。它的基本思想就是通过正相对速度分布的设计理论及水力与几何参数的优化组合，使损失取得最小值，从而使泵取得最好的性能指标。因此，这就需要对某一确定水力参数下的各种损失与叶轮的几何关系进行分析。

泵的损失有机械损失（圆盘摩擦损失）、容积损失和水力损失，其中圆盘摩擦损失与叶轮直径的 5 次方成正比。由于低比转速离心泵叶轮的特点，圆盘摩擦损失是所有损失中最主要的损失，所占比重最大。

由旋转的圆盘摩擦带来的扭矩可以表示为

$$M_{df} = \int_A \tau r \, dA \tag{2-60}$$

式中：τ 为周向壁面剪切力，可以表示为

$$\tau = \frac{1}{2} \rho Q C_f v^2 \tag{2-61}$$

式中：v 为边界层外侧的相对液体流速；C_f 为表面摩擦系数；A 为沾湿的面积。

把式（2-61）代入式（2-60），假设 C_f 为常数，并对半径 r 进行面积分得到圆盘一侧的摩擦扭矩：

$$M_{df} = \frac{1}{5} \pi \rho C_f \, \omega^2 r^5 \tag{2-62}$$

式中：$v = \omega r$，且 Daily 和 Nece 的研究给出了与摩擦系数 C_f 近似的系数 C_m，$C_m = \frac{2\pi}{5} C_f$，则有

$$M_{df} = \frac{1}{2} \rho C_m \, \omega^2 r^5 \tag{2-63}$$

对封闭的光滑旋转圆盘的后续研究表明，C_m 与圆盘半径 r，旋转角速度 ω 和前后间隙 h 有关，这与 C_f 为常数的假设是相互矛盾的，且与下列 4 种流态有关[6]：

流态 1：在狭小间隙内的层流；

流态 2：在大间隙内的层流；

流态 3：在狭小间隙内的湍流；

流态 4：在大间隙内的湍流。

对于小间隙，壁板两侧的边界层会混合在一起，但在大间隙内，壁板两侧的边界层仍是独立存在的，经过前人的一系列研究给出了下列经验公式：

$$\text{流态 1：} C_m = \frac{\pi}{G Re} \qquad \begin{cases} G < 1.62 Re^{-5/11} \\ G < 188 Re^{-9/10} \end{cases} \tag{2-64a}$$

$$\text{流态 2：} C_m = \frac{1.85 G^{1/10}}{Re^{1/2}} \qquad \begin{cases} G > 1.62 Re^{-5/11} \\ G > 0.57 \times 10^{-6} Re^{15/16} \\ Re < 1.58 \times 10^5 \end{cases} \tag{2-64b}$$

$$\text{流态 3：} C_m = \frac{0.04}{G^{1/6} Re^{1/4}} \qquad \begin{cases} G < 0.57 \times 10^{-6} Re^{15/16} \\ G < 0.402 Re^{-3/16} \\ G > 188 Re^{-9/10} \end{cases} \tag{2-64c}$$

$$\text{流态 4：} C_m = \frac{0.051 G^{1/10}}{Re^{1/5}} \qquad \begin{cases} G > 0.402 Re^{-3/16} \\ Re > 1.58 \times 10^5 \end{cases} \tag{2-64d}$$

式中：G 为间隙系数，$G = \dfrac{h}{r}$；Re 为雷诺数，$Re = \dfrac{\omega r^2}{v}$。

通常，泵叶轮外表面的形状并不是规则的圆盘，和上述表达式之间也有偏差，但一般会假设这个偏差在允许范围内，且假设这个圆盘上，系数 C_m 不变〔根据式(2-64)进行估算〕，则圆盘摩擦扭矩可改写为

$$M_{df} = \frac{5}{4\pi}\rho C_m \int_A \omega^2 r^3 \mathrm{d}A \qquad (2\text{-}65)$$

上式积分要根据叶轮表面的实际情况进行。由圆盘摩擦引起的功率损失可写为

$$\Delta P_{df} = \omega \cdot M_{df} \qquad (2\text{-}66)$$

2.3.4 轴功率及效率估算

根据式(2-24)和式(2-28)，可得

$$P_{sh} = \omega \cdot M_{E,Q+Q_{leak}} + \omega \cdot M_{df} \qquad (2\text{-}67)$$

综合式(2-32)和式(2-33)，可得

$$H = \frac{\omega \cdot M_{E,Q+Q_{leak}}}{\rho g(Q+Q_{leak})} - \Delta H_{hydr} \qquad (2\text{-}68)$$

由式(2-25)和式(2-26)可以求得泵的效率，即

$$\eta = \frac{\rho g Q H}{P_{sh}} \qquad (2\text{-}69)$$

由上面的分析可以看出，轴功率的计算可以在不明确水力损失的基础上进行，只要根据上面各节研究给出的经验公式，分别求得泄漏损失、边界层耗散损失和圆盘摩擦损失等，并通过数值计算和试验数值的对比，验证数值计算的有效性，即可估算轴功率，从而估算泵效率。

参考文献

[1] Kruyt N P. Fluid mechanics of turbomachines Ⅱ [DB/OL]. [2009 - 4 - 20]. https：// www. docin. com/9 - 1474368243. html.

[2] 沈天耀. 离心叶轮的内流理论基础[M]. 杭州：浙江大学出版社,1986.

[3] Bartholomeus Petrus Maria van Esch. Simulation of three-dimentinal unsteady flow in hydraulic pumps[D]. Enschede：University of Twente, 1997.

[4] Denton J D. Loss mechanisms in turbomachines [J]. Journal of Turbomachinery, 1993(115)：621 - 656.

[5] Miller D S. Internal flow system[M]. 2th ed. Bedfordshire：BHR Group Limited, 1990.

[6] Owen J M，Rogers R H. Flow and heat transfer in rotating-disc systems，volume 1：Rotor-stator system [M]. Taunton：Research Studies Press，1989.

③
低比转速离心泵加大流量设计法

低比转速离心泵广泛应用于国民经济的各个领域,但采用普通的离心泵水力设计方法设计的低比转速离心泵效率较低,为了提高低比转速离心泵的效率,国内外众多学者和科技人员进行了大量研究,并在实践中逐步形成了一种旨在提高低比转速离心泵效率的加大流量设计法。

3.1　加大流量设计法的基本原理

加大流量设计法是提高低比转速离心泵运行效率最有效且最直接的手段。目前,该方法主要是依靠实验研究和统计分析离心泵的外特性和设计参数之间的关系,从而得到流量放大系数和比转速放大系数的分布规律。文献[1]统计和总结了相关研究成果,可作为低比转速离心泵加大流量设计的主要依据。

加大流量设计法的指导思想是:对给定的设计流量和比转速进行放大,用放大了的流量和比转速来设计一台较大的泵。由于较大泵的效率曲线基本上包络了较小泵的效率曲线(在小流量区则相反,见图 3-1),因而不但提高了最高效率和设计点效率,而且还提高了整个使用范围内的平均效率。

图 3-2 所示是根据 528 台比转速小于 210 的泵统计得到的泵

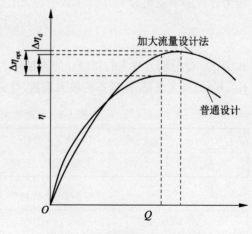

图 3-1　加大流量设计法原理图

总效率、流量与比转速的关系曲线[2]。从图 3-2 中可以看出，对于中低比转速离心泵(n_s＜210)而言，随着比转速和流量的增大，泵的总效率会增大。特别是在比转速小于 50 时增大的速度很快，但是比转速超过 100 以后增加的速度就不明显了。

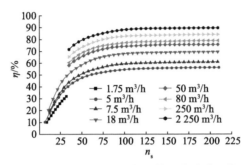

图 3-2　泵总效率、流量与比转速的统计规律

3.2　加大流量设计的基本方法及放大系数的优化

3.2.1　加大流量设计的基本方法

在大量试验的基础上，对现有相关设计系数进行修正，使之适合于低比转速离心泵的加大流量设计，然后采用修正过的系数，综合各种因素，设计出较为合理的流动组合和几何参数组合，用公式表示为

$$Q_0 = K_Q Q \tag{3-1}$$

$$n_{s0} = K_{ns} n_s \tag{3-2}$$

式中：Q_0，Q 分别为放大的和设计的流量；n_{s0}，n_s 分别为放大的和设计的比转速；K_Q，K_{ns} 分别为流量、比转速的放大系数，可分别按表 3-1 和表 3-2 取值[1]。

表 3-1　流量放大系数 K_Q

$Q/(\text{m}^3/\text{h})$	3～6	7～10	11～15	16～20	21～25	26～30
K_Q	1.70	1.60	1.50	1.40	1.35	1.30

表 3-2　比转速放大系数 K_{ns}

n_s	23～30	31～40	41～50	51～60	61～70	71～80
K_{ns}	1.48	1.37	1.28	1.21	1.17	1.14

另一方面，从图 3-3 的无量纲效率曲线可以看出，离心泵的比转速越大，其效率曲线就越陡峭，也就是说，当流量加大引起比转速加大以后，虽然效率曲线的高效区包络了原来没有加大流量设计时的效率曲线，但是在小流量区域，结果恰恰相反。也就是说，在小流量区域，效率不仅没有增加反而会降低。因此，流量的加大程度是有限制的。

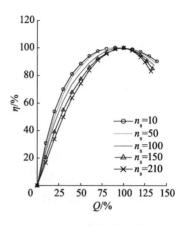

图 3-3　无量纲效率曲线

3.2.2　放大系数的优化

根据加大流量设计法的基本原理，文献 [2] 以在实际运行点上获得最高的运行效率为约束条件，建立了求解流量放大系数和比转速放大系数的封闭约束方程。数值求解结果与经验设计参数和水力模型的取值基本一致，是对低比转速离心泵加大流量设计法的进一步完善。

（1）目标函数的建立

由文献 [2] 的实验分析得到目标函数

$$\eta_0(K_Q, K_{ns})\Big|_{\max} = f(K_Q, K_{ns}) \tag{3-3a}$$

式（3-3a）就是低比转速离心泵加大流量设计法的目标函数的数学表示形式。即对于要求的运行点，存在唯一的流量放大系数 K_Q 和比转速放大系数 K_{ns}，使得设计得到的泵在要求的运行点能够得到最大的实际运行效率。上式可进一步改写为

$$\frac{\partial \eta_0(K_Q, K_{ns})}{\partial n_{s0}} = 0 \tag{3-3b}$$

（2）方程的封闭

对于某一设计点，其最大效率以及相应的效率-流量曲线都有对应的曲线，即存在经验关系式：

$$\eta_0 = f_1(Q_0, n_{s0}) \tag{3-4}$$

上式可以改写为

$$\eta_0 = f_1(K_Q, K_{ns}) \tag{3-5a}$$

同时，可计算实际运行点（即原设计点）的效率：

$$\eta = f_1(Q, n_s) \tag{3-5b}$$

另外，在新的设计点设计得到的离心泵必须满足实际运行点的扬程-流量的要求，也就是说，在新设计点得到的离心泵的扬程-流量曲线应该通过原设

计点,离心泵的扬程-流量曲线可以通过图 3-4 所示的无量纲曲线得到,即存在关系式

$$H_0 = g(Q_0) \tag{3-6}$$

上式可改写为

$$K_{ns} = g(K_Q) \tag{3-7}$$

由式(3-3b)、式(3-5a)、式(3-5b)和式(3-7)组成的方程组中共有 η、η_0,K_Q 和 K_{ns} 4 个未知量,方程是封闭的,可以进行数值求解。

确立 K_Q 和 K_{ns} 之间的关系就可以在数值求解时指定数值搜索的范围。

任意放大了的比转速为

$$n_{s0}\Big|_{rand} = K_{ns}\Big|_{rand} \cdot n_s \tag{3-8}$$

根据比转速计算公式,得到与放大了的比转速 $n_{s0}\Big|_{rand}$ 对应的流量放大系数为

$$K_Q\Big|_{rand} = \frac{Q_0}{Q} = \left(\frac{H_0}{H}\right)^{\frac{3}{2}} \cdot \left(\frac{n_{s0}}{n_s}\right)^2 \tag{3-9a}$$

图 3-4 所示为中低比转速离心泵的无量纲扬程-流量特性曲线。从图中可以看出,对于加大流量设计的泵,加大流量前后的扬程具有下述关系:

$$H_0 < H$$

因此式(3-9a)就变为

$$1 < K_Q\Big|_{rand} \leqslant \left(\frac{n_{s0}}{n_s}\right)^2 = K_{ns}^2\Big|_{rand} \tag{3-9b}$$

由于新的比转速下的扬程-流量曲线必须经过要求的运行工况点,如图 3-5 所示,因而 K_Q 和 K_{ns} 是唯一对应的。式(3-9b)为计算算法提供了一个优化范围。

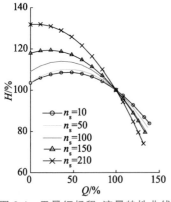
图 3-4　无量纲扬程-流量特性曲线

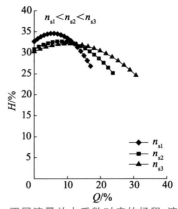
图 3-5　不同流量放大系数对应的扬程-流量曲线

（3）计算结果

根据前述的加大流量法设计原理，以式（3-3b）、式（3-5a）、式（3-5b）和式（3-7）为约束方程组，分别对转速为 1 450，2 900，3 500 r/min，流量取值范围为 3 m³/h≤Q≤30 m³/h，比转速取值范围为 23≤n_s≤90 的工况进行数值求解。计算结果表明流量放大系数和比转速放大系数以及在运行工况点的效率只与比转速和流量有关。计算结果如图 3-6 所示。

图 3-6 中由"×"重叠而成的曲线是流量在 3 m³/h≤Q≤30 m³/h 范围内，计算得到的流量放大系数 K_Q 和比转速放大系数 K_{ns} 之间的关系曲线。从图中可以看出，这种函数关系与流量和比转速没有相关性，两者之间是唯一相互确定的，而且符合关系式（3-7）。图中的黑色三角形表示的各点是文献［3］中列举的优秀水力模型的对应点，可以看出两者非常吻合。

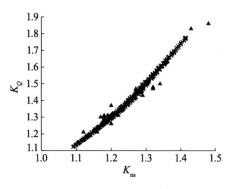

图 3-6 K_Q-K_{ns} 关系曲线

图 3-7 所示为在不同流量工况下比转速放大系数 K_{ns} 和流量放大系数 K_Q 与比转速 n_s 的关系。图 3-7a 中的折线为文献［1］推荐的 K_{ns} 值，可以得出文献［2］的优化结果与其推荐值基本一致。图 3-6 和图 3-7 中的图形之间是线性相关的，也就是说，利用其中的任意 2 个图形就可以得到第三个图形。

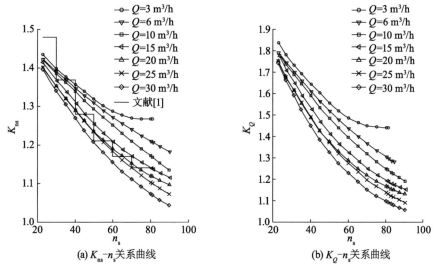

图 3-7 K_{ns}，K_Q 与比转速和流量的关系曲线

图 3-8 为加大流量设计后泵在原设计工况点的预测效率。表 3-3 是具体的数据。

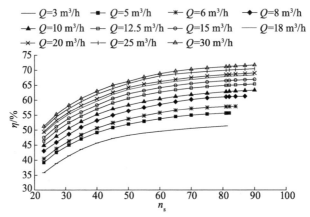

图 3-8　加大流量设计后泵在原设计工况点的预测效率

表 3-3　加大流量设计后泵在原设计工况点的预测效率(计算结果)　　　%

比转速 n_s	流量 $Q/(\text{m}^3/\text{h})$										
	3	5	6	8	10	12.5	15	18	20	25	30
23	35.81	39.21	40.51	43.09	44.90	46.33	47.53	48.92	49.47	50.60	51.23
27	38.90	42.56	43.79	45.92	47.92	49.74	51.15	52.48	53.21	54.42	55.24
31	41.46	45.03	46.31	48.64	50.62	52.48	53.94	55.27	55.97	57.23	58.29
35	43.60	47.06	48.42	50.95	52.85	54.61	55.99	57.35	58.21	59.54	60.62
40	45.70	49.18	50.67	53.21	55.19	57.02	58.36	59.64	60.49	62.00	63.01
45	47.22	50.80	52.42	54.95	57.07	59.09	60.57	61.89	62.60	63.91	65.03
50	48.28	51.98	53.73	56.39	58.36	60.61	62.15	63.52	64.24	65.57	66.28
55	49.02	52.92	54.81	57.56	59.53	61.74	63.21	64.63	65.38	66.98	67.71
60	49.59	53.78	55.81	58.60	60.47	62.69	64.18	65.50	66.22	68.06	68.86
65	50.11	54.48	56.63	59.51	61.22	63.45	64.94	66.25	66.95	68.77	69.72
70	50.57	54.99	57.22	60.25	61.85	64.06	65.57	66.87	67.56	69.22	70.32
75	50.97	55.35	57.60	60.78	62.30	64.54	66.07	67.38	68.06	69.59	70.76
81	51.37	55.64	57.89	61.17	62.85	64.97	66.53	67.88	68.56	70.01	71.18
82		55.68	57.93	61.21	62.93	65.00	66.59	67.94	68.62	70.07	71.27

比转速 n_s	流量 $Q/(\text{m}^3/\text{h})$										
	3	5	6	8	10	12.5	15	18	20	25	30
84			57.98	61.28	63.06	65.08	66.71	68.07	68.75	70.19	71.38
87				61.36	63.22	65.27	66.86	68.23	68.92	70.35	71.57
90					63.35	65.40	66.97	68.38	69.08	70.50	71.75

3.3 主要几何参数的选择原则

加大流量法设计中主要几何参数的选择原则就是尽量减少损失,提高泵的效率。泵内的损失主要有机械损失、容积损失和水力损失。对低比转速离心泵而言,机械损失主要是圆盘摩擦损失,它与叶轮外径的 5 次方成正比,且比转速越低,圆盘摩擦损失就越大(见表 3-4)。因此,设计应力求减少圆盘摩擦损失。

表 3-4 圆盘摩擦损失与比转速之间的关系

n_s	30	40	50	60	70	80
圆盘摩擦损失/轴功率	28.5%	20.4%	15.7%	12.7%	10.6%	9.1%

对单级低比转速离心泵来说,其容积损失一般很小,但泵内的水力损失相当复杂,无论是沿程损失,还是撞击损失和旋涡损失等,至今都不能很好地加以计算和预测。叶轮出口流体速度较高,在泵体内的水力摩擦损失也比较大。因此,为了提高低比转速离心泵的效率,主要任务是减少叶轮圆盘摩擦损失和泵体内的水力损失,具体措施有以下几个方面。

3.3.1 选择较大的叶片出口安放角 β_2

离心泵大多采用 $\beta_2 < 90°$ 的后弯叶片。Stepanoff 经过大量试验研究认为, $\beta_2 \approx 22.5°$ 时泵效率最高,当 β_2 增加到 $27°$ 时效率也几乎没有影响。Pfleiderer 的研究认为, $\beta_2 \approx 30°$ 时可获得较好的流道形状和较高的效率。表 3-5 给出了 β_2 的推荐值。

表 3-5 β_2 的推荐值

n_s	23~30	31~40	41~50	51~60	61~70	71~80
β_2	38°~40°	35°~38°	32°~36°	30°~34°	28°~32°	25°~30°

3.3.2 选择较大的叶片出口宽度 b_2

低比转速离心泵叶轮的几何特征除叶轮外径较大之外，还有叶轮的轴面流道较狭窄，即 b_2 较小。叶片出口宽度一般离心泵采用下式计算叶片出口宽度：

$$\begin{cases} b_2 = K_{b2}\sqrt[3]{\dfrac{Q}{n}} \\ K_{b2} = 0.64\left(\dfrac{n_s}{100}\right)^{5/6} \end{cases} \tag{3-10a}$$

特罗斯科兰斯基和拉扎尔基维茨[4]推荐的计算低比转速泵 b_2 的经验公式为

$$\begin{cases} b_2 = K'_{b2}\sqrt[3]{\dfrac{Q}{n}} \\ K'_{b2} = 0.70\left(\dfrac{n_s}{100}\right)^{0.65}, n_s < 80 \end{cases} \tag{3-10b}$$

或

$$\begin{cases} b_2 = K''_{b2}\sqrt[3]{\dfrac{Q}{n}} \\ K''_{b2} = 0.78\left(\dfrac{n_s}{100}\right)^{0.5}, n_s < 120 \end{cases} \tag{3-10c}$$

图 3-9 所示为根据式(3-3b)、式(3-5a)、式(3-5b)和式(3-7)，在流量分别为 $3,5,6,8,12.5,18,25,30\ \mathrm{m^3/h}$ 时计算得到的 K_{b2} 的值(图中表示为 K''')。从图 3-9 可看出，K_{b2} 不仅与比转速有关，还与运行点要求的流量有关。本书的求解结果基本在根据经验公式(3-10b)和式(3-10c)计算得出的结果之间，如表 3-6 所示。

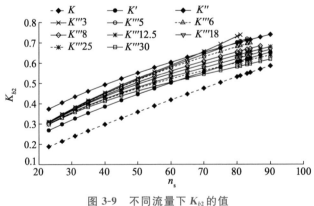

图 3-9 不同流量下 K_{b2} 的值

表 3-6 出口宽度 b_2 的选用值与计算值的比较

序号	型号	$Q/$ (m^3/h)	$n/$ (r/min)	n_s	b_2/mm		
					实际选用	$K_b=$ $0.64\left(\dfrac{n_s}{100}\right)^{5/6}$	$K_{b2}'=$ $0.70\left(\dfrac{n_s}{100}\right)^{0.65}$	$K_{b2}''=$ $0.78\left(\dfrac{n_s}{100}\right)^{0.5}$
1	中水 83-01	25.00	2 950	22.2	8.0	2.4	3.5	4.8
2	IS50-32-250	12.5	2 900	23.0	5.0	2.0	2.9	4.0
3	IS65-32-315	25.0	2 900	23.0	8.0	2.5	3.6	5.0
4	IS50-32-200	12.5	2 900	33.0	4.0	2.7	3.6	4.8
5	IS65-40-250	25.0	2 900	33.0	7.0	3.4	4.6	6.0
6	IS80-50-315	50.0	2 900	33.0	8.0	4.3	5.7	7.6
7	IB50-32-250	23.2	2 900	34.0	5.0	3.4	4.6	5.9
8	IB50-32-200	20.4	2 900	45.0	5.0	4.1	5.2	6.5
9	50BPZ$_{6z}$-45	19.8	3 000	46.0	6.0	4.1	5.2	6.4
10	IB50-32-160	12.5	2 900	47.0	6.0	3.6	4.6	5.7
11	IS80-50-250	50.0	2 900	47.0	6.5	5.8	7.2	9.0
12	IS100-65-315	100.0	1 450	47.0	12.5	7.2	11.5	14.3
13	IS125-100-400	100.0	2 900	47.0	15.0	9.1	9.1	11.4
14	50BPZ42-35	20.5	2 600	52.0	5.5	4.8	5.9	7.3
15	IB65-40-200	32.7	2 900	55.0	7.0	5.7	6.9	8.4
16	WB-120(750A)	8.0	2 800	60.0	5.0	3.9	4.6	5.6
17	中水 83-02	50.0	2 900	62.3	8.0	7.4	8.7	10.3
18	IS50-32-125	12.5	2 900	66.0	6.8	4.8	5.9	6.8
19	IS65-50-160	25.0	2 900	66.0	8.5	6.1	7.2	8.5
20	IS80-65-200	50.0	2 900	66.0	8.5	7.6	9.0	10.7
21	IS100-65-250	100.0	2 900	66.0	13.0	9.6	11.3	13.5
22	IS125-100-315	200.0	2 900	66.0	14.0	12.1	14.3	16.9
23	IS150-125-400	200.0	1 450	66.0	21.5	15.3	18.0	21.4
24	IB65-40-200	45.7	2 900	67.0	10.0	7.5	8.8	10.4
25	50BPZ32-20	20.0	2 400	69.0	8.0	6.2	7.2	8.6
26	WB-95(370B)	6.0	2 800	74.0	5.0	4.1	4.8	5.6
27	IB65-50-160	32.4	2 900	77.0	10.0	7.5	8.6	9.9

　　最后还需指出的是,选用此表时应综合考虑各个几何参数和各种改进泵性能的措施,才能合理选取叶片出口宽度。另外,表 3-6 推荐的 b_2 的计算公

式不是唯一的。

3.3.3 选择较大的泵体喉部面积 F_t

泵的两大水力部件是叶轮和泵体,而决定泵体水力性能的最主要因素是其喉部面积 F_t。蜗壳和导叶的设计主要是用速度系数法求出泵体喉部的流速 v_t,然后根据泵的设计流量计算泵体喉部面积 F_t。这种方法虽简单实用,但大量的试验已经表明,对低比转速泵而言,按一般教材和设计手册推荐的速度系数确定的喉部面积均偏小,不能适应加大流量设计法的需要,不利于提高低比转速泵的性能。

在加大流量法设计中,由于选择了较大的 β_2 和 b_2,因而必然要求选择较大的 F_t 以实现参数匹配。如果 F_t 过小,泵体中的流速就较高,从而水力损失也大。对低比转速泵而言,泵体内的水力损失仅次于叶轮圆盘摩擦损失,对泵的性能具有举足轻重的影响。当然,增加 F_t 后,在提高泵效率的同时,还将使最高效率点向大流量方向移动,使扬程-流量曲线变得更加平坦,相同流量下的轴功率也有所增加。F_t 的最佳计算公式为

$$F_t = \frac{Q}{v_t} \tag{3-11}$$

式中:v_t 为泵体的喉部流速,m/s。

$$v_t = K_{v_t} \sqrt{2gH} \tag{3-12}$$

式中:K_{v_t} 为速度系数。

研究认为,对于 $40 \leqslant n_s \leqslant 50$ 的泵,F_t 在计算的基础上增大 $20\% \sim 25\%$ 是较合适的,或选择 K_{v_t} 的取值范围为 $[0.38, 0.50]$。一般而言,F_t 可比计算值增加 $10\% \sim 40\%$,视具体设计参数和叶轮几何参数而定,以使叶轮和泵体相匹配。

3.3.4 选择较少的叶片数 Z

一般来说,泵的叶片数与其比转速、叶片负荷和扬程有关。国内优秀低比转速泵模型的统计表明,其叶片数基本在 $4 \sim 6$ 范围内,以 $Z = 6$ 为多数,且有比转速越低叶片数越少的趋势。这虽与过去的经验和理论相矛盾,但却已被实践所证实了的。

3.3.5 控制流道面积变化

离心泵的流道是扩散型通道,控制流道面积扩散的程度是提高泵性能的有力措施。两叶片间流道有效部分出口面积 F_{II} 和进口面积 F_I 之比对泵的

性能有重要影响，F_{II}/F_{I} 的推荐取值范围为 1.2～1.5。当 F_{II}/F_{I} 大于 1.5 时，由于流道扩散剧烈会引起效率下降。

3.3.6 其他措施

除了上述 5 项措施外，还有一些其他提高离心泵性能的措施，例如，叶片进口前伸；减小叶轮进口直径以减少泄漏损失，叶轮进口直径计算系数 K_0 的推荐选用范围为 3.5～4.2；叶轮轴面流道和平面流道面积变化应均匀，以保证速度变化和能量转换也比较均匀；叶轮进口流道形状尽量呈正方形以减小湿周和摩擦损失；参考已有的性能优秀的模型泵几何特征等。

3.4 TS65-32-250 型离心泵改进设计实例

TS65-32-250 型离心泵原型叶轮设计参数如下：额定流量 $Q_d = 24$ m³/h，转速 $n = 2\,900$ r/min，扬程 $H = 85.6$ m，比转速 $n_s = 31$。由于原型泵属于低比转速离心泵，流道狭长，且扬程效率均低于设计要求，因此应结合加大流量设计法与无过载设计方法（后续第 4 章详述），提高离心泵的效率并考虑无过载特性[5]。在流量为 21～25 m³/h 时，推荐的流量放大系数为 1.35[1]，因此重选设计流量为 30 m³/h。叶轮直径极限尺寸为 259 mm，设计 7 个叶轮，叶轮水体图如图 3-10 所示，主要的几何参数如表 3-7 所示。

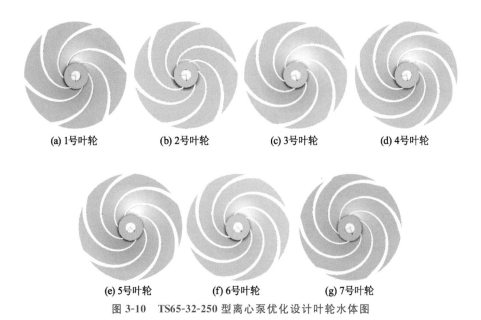

(a) 1号叶轮　　(b) 2号叶轮　　(c) 3号叶轮　　(d) 4号叶轮

(e) 5号叶轮　　(f) 6号叶轮　　(g) 7号叶轮

图 3-10　TS65-32-250 型离心泵优化设计叶轮水体图

表 3-7　原型泵及 7 个优化方案中叶轮几何参数

类型	D_2/mm	Z	$\beta_2/(°)$	$\theta/(°)$	b_2/mm
原型泵叶轮			32	165	5
1 号叶轮			30	140	6
2 号叶轮			30	140	5
3 号叶轮	259	6	25	150	6
4 号叶轮			20	170	6
5 号叶轮			20	160	6
6 号叶轮			20	170	7
7 号叶轮			15	170	6

原型泵选取叶片出口宽度为 5 mm。1 号叶轮通过增加出口宽度实现加大流量设计[1]，取 $\beta_2=30°$。2 号叶轮采用无过载设计方法，略微减小了叶片出口安放角，同时减小了叶片包角与出口宽度。3 号、4 号叶轮叶片的出口宽度相同，4 号叶片出口安放角较小，同时增大了叶片包角。5 号叶轮在 4 号叶轮的基础上减小了叶片包角。6 号叶轮在 4 号叶轮的基础上进一步增大了叶片出口宽度。7 号叶轮进一步减小叶片出口安放角度。

通过定常 CFD 计算得到 7 个方案的性能，具体模型网格无关性分析、计算设置等详见参考文献[5]。对比原型泵叶轮在对应工况点的计算性能如表 3-8 所示。6 号、7 号叶轮效率加权平均值更高，说明 6 号、7 号叶轮扬程、效率等性能更好，但是功率比原型泵叶轮有所降低。2 号与 3 号叶轮的功率超过原型泵叶轮。6 号、7 号叶轮的效率在各个工况点的加权平均值更高，2 号叶轮各个工况点的扬程加权平均值最高。

表 3-8　优化方案与原型泵 CFD 预测性能比较

流量/ (m^3/h)	1 号叶轮			2 号叶轮			3 号叶轮		
	扬程/m	效率/%	功率/kW	扬程/m	效率/%	功率/kW	扬程/m	效率/%	功率/kW
12	−5.10	5.48	−0.25	−2.16	5.54	0.21	−5.54	5.42	0.34
18	0.1	5.67	−0.18	4.14	4.65	0.33	4.84	4.22	0.43
24	4.08	4.92	−0.23	12.99	5.11	0.22	10.73	5.21	0.52
30	7.32	3.31	−0.21	19.83	5.19	0.16	15.53	5.39	0.46
36	−1.50	2.24	−0.14	25.32	4.71	0.26	19.91	4.61	0.46
平均值	0.98	4.324	−0.202	12.024	5.04	0.236	9.094	4.97	0.442

流量/ (m³/h)	4 号叶轮			5 号叶轮			6 号叶轮			7 号叶轮		
	扬程/ m	效率/ %	功率/ kW	扬程/ m	效率/ %	功率/ kW	扬程/ m	效率/ %	功率/ kW	扬程/ m	效率/ %	功率/ kW
12	−8.13	5.68	−0.15	−9.23	5.82	−0.05	−4.31	5.67	−0.12	−9.19	5.50	−0.11
18	−3.83	4.33	−0.18	−5.14	4.45	−0.14	0.13	5.94	−0.16	−4.83	5.89	−0.12
24	2.08	4.72	−0.13	3.12	4.82	−0.21	7.73	12.82	−0.21	2.36	10.82	−0.14
30	9.35	5.31	−0.11	11.83	5.11	−0.21	13.53	11.83	−0.15	10.34	9.83	−0.12
36	14.50	5.24	−0.14	16.32	5.14	−0.14	21.91	11.40	−0.21	16.57	8.40	−0.26
平均值	2.794	5.056	−0.142	3.38	5.07	−0.15	7.798	9.532	−0.17	3.05	8.088	−0.15

　　方案 1,2,4,5,6 在设计工况下中截面上的流线分布如图 3-11 所示。中截面上的相对速度分布如图 3-12 所示。方案 1 叶轮流动中出现局部回流现象,方案 2 叶轮压力面附近出现了明显的旋涡区,出现较强的湍流脉动。方案 4 和方案 5 叶轮流道内出现局部脱流现象,方案 6 内部流线与叶片弯曲形状一致,叶片对水流方向的控制能力强,说明叶片设计更适合流体的三维运动规律,具有更加良好的过流特性。4 号、5 号、6 号叶轮的出口速度更大,其在设计点的流量、扬程高于 1 号和 2 号叶轮。

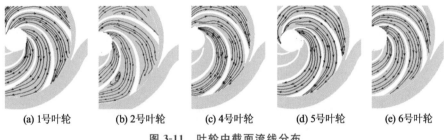

(a) 1号叶轮　　　(b) 2号叶轮　　　(c) 4号叶轮　　　(d) 5号叶轮　　　(e) 6号叶轮

图 3-11　叶轮中截面流线分布

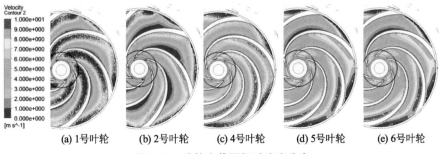

(a) 1号叶轮　　　(b) 2号叶轮　　　(c) 4号叶轮　　　(d) 5号叶轮　　　(e) 6号叶轮

图 3-12　叶轮中截面相对速度分布

各方案模拟结果与设计参数国标要求、原型泵模拟结果作对比,如图3-13a 所示。2 号、3 号叶轮叶片出口安放角较大,其扬程-流量曲线高于其他方案的,采用较小出口安放角的 3 号方案的扬程-流量曲线更为陡峭。1 号叶轮叶片的出口宽度大于 2 号叶轮,1 号叶轮在小流量区的扬程低于 2 号叶轮,在大流量区的性能较好。5 号叶轮包角较大,沿程损失大,其扬程-流量曲线低于 4 号叶轮。6 号叶轮进一步增加出口宽度,扬程-流量曲线向上平移。7 号叶轮进一步减小出口安放角,其扬程-流量曲线比 5 号叶轮更陡峭。

如图 3-13b 所示,出口安放角选取 30°、包角选取 140°时,出口宽度为6 mm 的 1 号叶轮效率低于出口宽度为 5 mm 的 2 号叶轮。从 3 号、5 号、7 号叶轮的效率-流量曲线对比可以看出,在一定范围内,减小出口安放角,增加包角,能够提高离心泵效率。在每个工况点 6 号叶轮的效率均高于 4 号叶轮的,说明采用加大流量设计法,可以提高离心泵效率。出口宽度同为 6 mm 的7 号、4 号、5 号叶轮效率递减,可见采用无过载设计法可以提高离心泵效率。

如图 3-13c 所示,出口宽度不变时,减小叶片出口安放角,同时增大叶轮包角,功率-流量曲线向下移动。包角相同,安放角较小时,离心泵大流量区功率增加较缓慢。出口安放角相同时,包角大的叶轮大流量区功率增加较快。出口宽度增加,其他参数不变的情况下,出口宽度大的叶轮功率较大。

根据数值模拟结果可以看出,6 号叶轮具有较好的外特性。

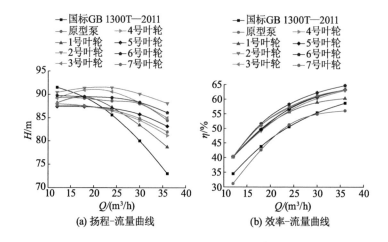

(a) 扬程-流量曲线　　　　　(b) 效率-流量曲线

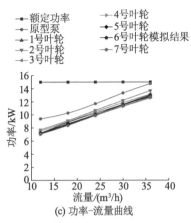

图例：
- 额定功率
- 原型泵
- 1号叶轮
- 2号叶轮
- 3号叶轮
- 4号叶轮
- 5号叶轮
- 6号叶轮模拟结果
- 7号叶轮

(c) 功率-流量曲线

图 3-13　TS65-32-250 型离心泵优化方案外特性比较

为了验证数值模拟结果,需对优化设计方案进行实验验证。实验验证装置中的电磁流量计(图 3-14a)和实验泵(图 3-14b)由福建省离心泵质检中心设计,具有国家标准 1 级精度 (GB 3216—2005)与国际标准 A 级精度 (ISO 9906:1999)。出口压力传感器的测量误差为 0.1%。流量采用涡轮流量计测量,系统测量不确定度为 0.2%。扭矩和转速采用电测法,测量误差为 0.2%。在实验过程中,对电动机的电流、电压等数值进行检测。按照公式,总的测量误差为系统和随机误差的平方和的平方根,即 0.25%。实验介质为 20 ℃的水,密度为 998 kg/m³。

(a) 电磁流量计　　　　　　　　(b) 实验泵

图 3-14　离心泵优化设计方案实验验证装置

综合考虑 5 个叶轮内的流场特性与外特性(如流量、扬程、功率),选择性能最好的 6 号叶轮作为最优方案。利用快速成型技术,加工 6 号叶轮与原型泵叶轮,试验性能曲线对比如图 3-15 所示。从图中可以看出,采用本书中的方法设计的 6 号叶轮具有最好的性能。在大流量工况时,6 号叶轮泵扬程较原型泵有了较大的提高,设计点扬程较原型泵对应工况点扬程提高了约 10 m,在 $1.0Q_d$~$1.5Q_d$ 内扬程高于设计参数,其余点效率略低于设计参数;在流量超过 $1.75Q_d$ 后,扬程-流量曲线剧烈下降,具有无过载离心泵的特征。在 $1.0Q_d$~$1.4Q_d$ 内设计点的效率高于设计参数,其余设计点的效率略低于设计参数。虽然其功率比原型泵有所增加,于流量 $1.5Q_d$ 处功率达到电动机额定功率。

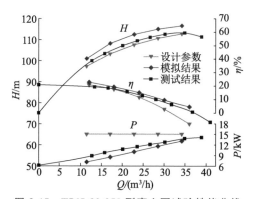

图 3-15　TS65-32-250 型离心泵试验性能曲线

　　TS65-32-250 型离心泵进行多工况设计后,在大流量区离心泵的扬程较原型泵有了较大的提高,设计点扬程较原型泵对应工况点扬程提高了约 10 m,效率满足设计要求,改进后的泵仍然具有良好的功率特性。

参考文献

[1] 袁寿其. 低比速离心泵理论与设计[M]. 北京:机械工业出版社,1997.

[2] Karassik I J, Krutzsch W C, Fraser W H, et al. Pump Handbook[M]. New York:McGraw-Hill Inc. , 1976.

[3] 倪永燕,袁寿其,袁建平,等. 低比转速离心泵加大流量设计模型[J]. 排灌机械工程学报,2008, 26(1):21 – 24.

[4] (波兰)特罗斯科兰斯基 A T,拉扎尔基维茨 S. 叶片泵计算与结构[M]. 耿惠彬,译. 北京:机械工业出版社,1981.

[5] 胡博. 中低比转速离心泵多工况水力设计[D]. 镇江:江苏大学,2013.

4

无过载离心泵理论和水力设计方法

用普通方法设计的离心泵,特别是低比转速离心泵,其轴功率随着流量的增大而不断增大,泵在大流量区运行易产生过载现象。这种现象对出口无调节阀的各类应用场合是力求避免的,因而近年来在实践中发展了离心泵无过载设计方法。采用该方法设计的离心泵能在大流量工况出现功率极值,也即随着流量的增大,功率增加的趋势变缓,可以避免电动机过载。本章总结了近年来有关低比转速离心泵无过载的理论和设计方法,可为类似研究提供理论依据和设计参考。

4.1 无过载离心泵及其设计方法的定义

无过载离心泵,顾名思义就是泵轴功率在全部使用工况下都不超过配套功率的离心泵。无过载离心泵又称为全扬程泵、全流量泵、功率曲线平坦的离心泵等。

如果按离心泵的最大轴功率配套电动机功率,无过载离心泵就不存在特殊的设计方法。但是为了避免"大马拉小车"的浪费,配套电动机功率与离心泵额定工况轴功率的比值一般在 1.2~1.3 之间,而有些离心泵,尤其是低比转速离心泵的轴功率随着扬程降低而增加的幅度比较大,其最大轴功率超过额定工况轴功率的 1.3 倍甚至 1.5 倍,在这个低扬程工况下使用就会发生过载而烧毁配套电动机。

把离心泵的最大轴功率控制在额定工况轴功率的 1.2 倍以内,从而保证离心泵在正常配套功率的情况下不烧毁配套电动机的特殊设计方法就是无过载离心泵的设计方法。

可见,无过载离心泵设计方法的实质就是减小离心泵的功率极大值。其主要应用是低比转速离心泵设计,目前对单级离心泵、多级离心泵和排污泵等都进行了深入研究。

4.2 单级单吸无旋进水的无过载离心泵理论及设计方法

低比转速离心泵一般是在最高效率点的右侧,有时甚至在零扬程的流量处达到最大轴功率值,根据出现最大轴功率点工况来确定原动机的配套功率显然是不合理的,因此最大轴功率的位置应尽可能接近设计点,若就在设计点则最好。由此首先需要确定离心泵最大轴功率处的流量,以及最大轴功率与设计点轴功率的比值。

泵的轴功率 P 可用下式表示:

$$P = \frac{\rho g Q H}{\eta} \tag{4-1}$$

对于非螺旋形吸水室(如小型潜水电泵等)在额定点可以认为叶轮进口无预旋,在其他工况,虽然叶轮进口速度圆周分量 $v_{u1} \neq 0$,但对低比转速离心泵而言,$v_{u1} \ll v_{u2}$,可设 $v_{u1} \approx 0$,这时泵的基本方程可简化为

$$H_t = \frac{u_2 v_{u2}}{g} \tag{4-2}$$

斯托道拉(Stodola)定义的滑移系数为

$$h_0 = \frac{u_2 - \Delta v_{u2}}{u_2} = 1 - \frac{\Delta v_{u2}}{u_2} = 1 - \frac{\pi}{Z} \sin \beta_2 \tag{4-3}$$

式中:Z 为叶片数。

推导得

$$v_{u2} = u_2 - \Delta v_{u2} - \frac{v_{m2}}{\tan \beta_2} = u_2 h_0 - \frac{v_{m2}}{\tan \beta_2} \tag{4-4}$$

将式(4-2)和式(4-4)代入式(4-1)得

$$P = \frac{\rho}{\eta_m \eta_v} Q u_2 \left(u_2 h_0 - \frac{v_{m2}}{\tan \beta_2} \right) = \frac{\rho}{\eta_m \eta_v} Q u_2^2 \left(h_0 - \frac{Q}{\eta_v u_2 \pi D_2 b_2 \psi_2 \tan \beta_2} \right) \tag{4-5}$$

令 $\dfrac{\mathrm{d}P}{\mathrm{d}Q} = 0$,得

$$h_0 = \frac{2 Q_{\max}}{\eta_v u_2 \pi D_2 b_2 \psi_2 \tan \beta_2} = \frac{2 v_{m2}}{u_2 \tan \beta_2} \tag{4-6}$$

而

$$\frac{\mathrm{d}^2 P}{\mathrm{d}Q^2} = \frac{\rho u_2^2}{\eta_m \eta_v} \left(-\frac{2}{\eta_v u_2 \pi D_2 b_2 \psi_2 \tan \beta_2} \right) < 0$$

故存在极大值,此极大值为最大值。此时有

$$\Phi_{\max} = \frac{1}{2} h_0 \tan \beta_2 \tag{4-7}$$

式中：Φ_{max} 为最大轴功率点的流量系数。

由式(4-6)和叶轮出口速度三角形可得如下关系：

$$\frac{v_{m2}}{\tan \beta_2} = \frac{u_2}{2} h_0 = \frac{u_2 - \Delta v_{u2}}{2} = w_{u2} = \frac{1}{2}(w_{u2} - v_{u2}) \qquad (4-8)$$

即

$$w_{u2} = v_{u2}$$

$$\frac{v_{m2}}{\tan \beta_2} = v_{u2} = \frac{v_{m2}}{\tan \alpha_2'}$$

也即

$$\beta_2 = \alpha_2' \qquad (4-9)$$

式(4-9)就是离心泵轴功率出现极值的理论条件。由于叶片出口安放角 β_2 等于出口绝对液流角 α_2'，因而在最大轴功率点，叶轮出口的速度三角形为等腰梯形。这是离心泵饱和轴功率产生极值的理论条件，也是无过载离心泵设计的理论基础[1]。

将 $Q = \eta_v v_{m2} \pi D_2 b_2 \psi_2$ 和式(4-7)代入式(4-5)得

$$P_{max} = \frac{\rho}{4\eta_m} u_2^3 \pi D_2 b_2 \psi_2 h_0^2 \tan \beta_2 \qquad (4-10)$$

最大轴功率的位置由式(4-7)得

$$Q_{max} = \frac{1}{2} h_0 \tan \beta_2 \eta_v \pi D_2 b_2 \psi_2 u_2 \qquad (4-11)$$

因此，对单级单吸无旋进水的离心泵，当出口安放角 $\beta_2 < 90°$ 时，离心泵轴功率曲线有极值，任意一台离心泵的最大轴功率值及其位置由下式预估：

$$P_{max} = \frac{\rho}{4\eta_m} K_3 u_2^3 D_2 b_2 \psi_2 h_0^2 \tan \beta_2 \qquad (4-12)$$

$$Q_{max} = \frac{1}{2} K_4 h_0 \tan \beta_2 \eta_v \pi D_2 b_2 \psi_2 u_2 \qquad (4-13)$$

式中：K_3，K_4 为修正系数，推荐 $K_3 = 1.0 \sim 1.1$，$K_4 = 1.05 \sim 1.15$。

4.2.1 低比转速无过载离心泵的约束方程组

文献[1]根据离心泵饱和轴功率特性产生的理论条件，推导出了无过载泵设计的约束方程组，并综合考虑几何参数对泵性能的影响，对现有的离心泵计算公式和有关系数进行了修正，提出了一套无过载离心泵的设计方法和程序。

$$\begin{cases} \Phi_{\max} = \dfrac{1}{2}h_0 \tan \beta_2 \\[2mm] \dfrac{b_2}{D_2} = 0.000\ 375\ 2n_s^{1.15}, \quad 20 < n_s < 80 \\[2mm] \tan \beta_2 = \dfrac{n_s^{0.85}}{204h_0 K_u^3} \\[2mm] 1.0 \leqslant Y = \dfrac{\pi D_2 b_2 \psi_2 \sin \beta_2}{F_t} \leqslant 2.0 \end{cases} \tag{4-14}$$

式中：K_u 为出口圆周速度系数。

4.2.2 设计系数和设计程序

对比转速 n_s 在 30～250 范围内的离心泵，根据约束方程组，对现有离心泵的设计系数做了适当修正，给出了适合于无过载离心泵设计的曲线图表，设计程序如下：

① 给定设计参数（Q, H, n, η, P 等）；

② 计算比转速 $n_s = \dfrac{3.65n \sqrt{Q}}{H^{3/4}}$；

③ 由图 4-1 可查得 K_u 和 b_2/D_2，由 K_u 可计算得到 D_2，从而求得 b_2。由图 4-2 可查得无量纲系数 φ 和 ω_s；

④ 由图 4-3 可查得 Φ 和 β_2，使所查得的 Φ 与设计点相接近；

⑤ 由图 4-4 可查得 h_0；

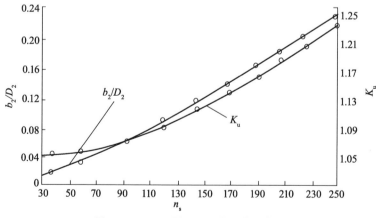

图 4-1 $n_s - K_u$ 及 $n_s - b_2/D_2$ 关系曲线

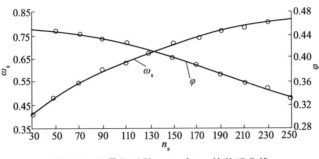

图 4-2　无量纲系数 φ, ω_s 与 n_s 的关系曲线

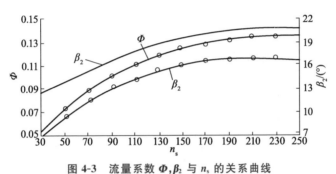

图 4-3　流量系数 Φ, β_2 与 n_s 的关系曲线

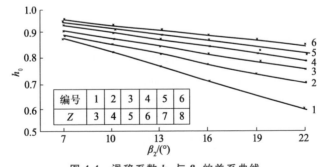

图 4-4　滑移系数 h_0 与 β_2 的关系曲线

⑥ 选择叶片数 Z，一般 Z 的取值范围为 3～8，以 $Z=4$ 为优；

⑦ 叶轮其他各主要几何参数的选择、叶片绘型方法、泵的结构设计及泵体或导叶的设计均与普通设计方法相同；

⑧ 将所选择的叶轮各主要几何参数代入约束方程组和 P_{max} 及 Q_{max} 预估

公式进行验算,如结果不理想,应修改有关参数,直到得到满意的结果。

4.2.3　主要几何参数的选择原则

（1）叶片出口角 β_2

由 $\Phi_{\max}=\dfrac{1}{2}h_0\tan\beta_2$ 可知,流量系数（或流量）越小,则 β_2 越小,即比转速 n_s 越小,β_2 越小。图 4-3 给出了不同 n_s 时 Φ 的推荐值以及由 $\Phi_{\max}=\dfrac{1}{2}h_0\tan\beta_2$ 计算求得的 β_2 值。为了获得无过载性能,β_2 的取值应很小,这对泵的其他参数的选取（如 H,η）及工艺性等是不利的。因而 β_2 的取值在推荐值和计算值之间即可,并与其他几何参数相协调。

（2）叶轮外径 D_2

叶轮外径 D_2 是影响扬程的主要参数,因无过载设计中选取较小的 β_2 等,应适当加大 D_2,一般比普通叶轮增加 5% 左右。

（3）叶片出口宽度 b_2

低比转速离心泵可适当增大 b_2 以提高其性能,可通过式（4-15）进行计算,即

$$\frac{b_2}{D_2}=\frac{K_{b2}}{K_{D2}}=\frac{0.70\left(\dfrac{n_s}{100}\right)^{0.65}}{9.35\left(\dfrac{n_s}{100}\right)^{-0.5}}=0.000\ 375\ 2n_s^{1.15} \tag{4-15}$$

（4）叶片数 Z

过去低比转速离心泵的叶片数较多,目前大多为 6 片。在无过载叶轮设计中,为了获得陡降的扬程-流量曲线（相应于平坦的轴功率曲线）,大幅度减少叶片数 Z 是有力措施之一。在无过载叶轮设计中,因 β_2 较小、包角 θ 较大,故叶片数 Z 太多,则流道狭长且堵塞严重;叶片数 Z 太少,则叶片对流体的控制不良,性能也不理想,本书推荐无过载叶轮片数 $Z=4$。

（5）叶片包角 θ

为了增加 H-Q 曲线的陡降程度,选取了很少的叶片数（$Z\approx4$）和较小的叶片出口角 β_2（$\leqslant20°$）,因而叶片的包角就较大,一般为 $\theta=150°\sim200°$,这一方面避免因 Z 过小带来的流体控制不良和流道扩散严重,另一方面也使泵的高效区扩大。但包角过大,又给制造带来了不便,经多次研究发现,包角 $\theta=140°\sim170°$ 时,泵的性能十分理想。

（6）叶片进口角 β_1

在无过载叶轮设计中,建议采用式（4-16）计算叶片进口角 β_1。

$$\sin \beta_1 = \frac{w_2}{w_1} \frac{v_{m1}}{v_{m2}} \sin \beta_2 \tag{4-16}$$

对于离心泵的扩散型通道，相对速度比值 w_1/w_2 可取为 $1.1 \sim 1.3$，β_2 按上述方法选取，v_{m1} 和 v_{m2} 可按初步设计确定。一般 $\beta_1 = 20° \sim 35°$，有时 β_1 达 $45°$，这时因冲角过大，虽然在小流量区性能欠佳，但在大流量区效率却相当高，经验表明，较大的 β_1 是可行的。

（7）叶片形状和进口边位置

对低比转速离心泵无过载叶轮，一般设计成圆柱叶片以利于铸造。另外，叶片进口边减薄并前伸对泵效率影响不明显，且此时包角 θ 也增大了，可能带来水力摩擦损失的增大，故叶片进口边只要适当前伸并减薄即可。

4.2.4 常规无过载设计实例

模型泵为 QYl5-34-3 型潜水电泵，设计参数：$Q = 15\ \text{m}^3/\text{h}$，$H = 34\ \text{m}$，$n = 2\ 860\ \text{r/min}$，$P = 3\ \text{kW}$，$\eta = 55\%$。根据计算得出 $n_s = 48$；根据图 4-1 至图 4-4 选择参数，并做适当修正，$K_u = 1.054$，$b_2/D_2 = 0.033$，$\Phi = 0.072$，$\beta_2 = 14°$，$b_2 = 6\ \text{mm}$，$D_2 = 180\ \text{mm}$，$Z = 4$，$h_0 = 0.81$，$\psi_2 = 0.89$，$\beta_1 = 32°$，$\theta = 177.7°$。试验结果如图 4-5 所示，由图可以看出，模型泵在额定点达到设计要求，在整个性能范围内有 $P_{\max} < P_{配}$，获得了优良的轴功率特性。叶轮的水力模型如图 4-6 所示。

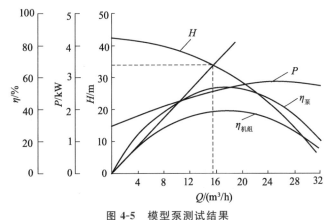

图 4-5　模型泵测试结果

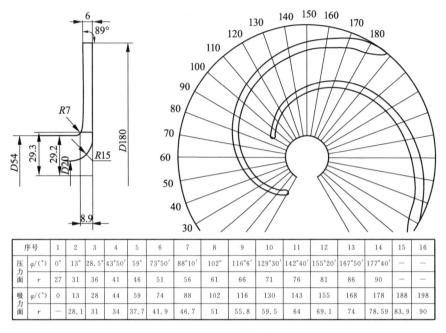

序号		1	2	3	4	5	6	7	8	9	10	11	12	13	14	15	16
压力面	$\varphi/(°)$	0°	13°	28.5°	43°50′	59°	73°50′	88°10′	102°	116°6′	129°30′	142°40′	155°20′	167°50′	177°40′	—	—
	r	27	31	36	41	46	51	56	61	66	71	76	81	86	90	—	—
吸力面	$\varphi/(°)$	0	13	28	44	59	74	88	102	116	130	143	155	168	178	188	198
	r	—	28.1	31	34	37.7	41.9	46.7	51	55.8	59.5	64	69.1	74	78.59	83.9	90

图 4-6　QY15-34-3 型叶轮水力模型

4.2.5　基于 CFD 辅助设计实例

（1）基于 CFD 流场模拟辅助泵优化设计流程

① CFD 辅助设计步骤

a. 绘制包括叶轮、泵体、进口段、出口段和叶轮前后腔体的水体三维图，在 CFX-A 中进行定常流场数值模拟。

b. 通过 CFD 预测得出原始方案的 H-Q，P-Q 及 η-Q 性能曲线，与样本及老产品的性能曲线进行比较，找出性能差异点。

c. 参考已有产品图纸和性能与样本要求的差距，针对提高扬程、提高效率或者减小功率等进行优化设计。

d. 通过 CFD 预测得出优化方案的 H-Q，P-Q 及 η-Q 性能曲线，与原始方案及样本性能进行对比。此过程可能需要多次优化和数值模拟，直至满足要求为止。

注意：模拟过程中三维模型的建立、网格的划分以及计算设置应保持一致，并保证同一系列和型号的产品由一人完成，最终方案由其他人员模拟对比验证。

② 初步优化方案的试验验证

为了节约成本,实现更大程度的通用化,大部分产品仅仅改变叶轮水力设计,泵体仍采用原泵体,仅一些性能差异过大的产品的叶轮和泵体采用了重新设计的方案。初步优化方案的试验验证过程首先完成基于CFD的选优,其次确定初步的方案,然后通过快速成型工艺加工叶轮,泵体采用铸造工艺,或者采用原有泵体结构,匹配试验,最后验证CFD预测性能。

③ 优选方案的确定

采用原始铸造工艺加工叶轮与蜗壳,试验测试其性能,并与快速成型叶轮性能对比,如果差别较大,则应改善铸造工艺,采用不锈钢的覆膜砂精密铸造或者石蜡精密铸造技术开模,重新进行样机叶轮生产,并进一步试验验证,直至找到满意的优化方案。

(2) 以 TS65-40-160 型离心泵为例说明优化流程

TS65-40-160 型离心泵的设计参数:$Q=30$ m³/h,$H=31$ m,$n=2\,900$ r/min,配套功率 $P=5.5$ kW,设计要求:在全扬程范围内 $P_{max} \leqslant 5.5$ kW;泵的效率不低于福建省地方标准 DB35/T 1016—2010 规定的 68.7%。

① 原始设计方案分析

a. 性能与要求差异。扬程:关死点扬程基本达标,但在设计点和大流量点扬程低于设计要求1~3 m,流量越大,差异越大,效率较低,但因厂家给出的是机组效率,无从判断泵效率;功率远远超过 5.5 kW。

b. 改进要点。微微提高扬程,大幅度提高效率,并偏重无过载特性的实现。因而改进的要点在于叶轮的水力优化,蜗壳仍采用原始蜗壳。

c. 原始方案主要设计参数。$D_2=168$ mm,$b_2=9$ mm,$D_j=72$ mm,$Z=6$,$\beta_2=31°$,$\theta=123°$,$D_3=180$ mm,允许最大叶轮直径为 170 mm。

② 初步优化——主要几何参数的确定

a. 比转速的计算。

$$n_s = \frac{3.65n\sqrt{Q}}{H^{3/4}} = \frac{3.65 \times 2\,900 \times \sqrt{30/3\,600}}{31^{3/4}} = 75.40$$

TS65-40-160 型离心泵属于低比转速离心泵的范畴,而且考虑原始方案存在功率较严重过载问题,改进的主要思路是实现全扬程无过载特性。

b. 叶片出口角 β_2。由低比转速离心泵无过载理论可知,为了获得无过载特性,需取较小的 β_2 值,这对泵的其他性能如 H、η 以及工艺性等是不利的,因而需与其他几何参数相协调。根据以往设计经验,综合考虑无过载性能和高效率,取 $\beta_2=15°$。

c. 叶轮外径 D_2。叶轮外径 D_2 是影响扬程的主要参数,因无过载设计中

选取较小的 β_2 等,应适当加大 D_2。一般比普通叶轮增加 5% 左右。但本设计的初衷是尽可能不改变蜗壳,因而叶轮的外径最大取值小于 170 mm,考虑加工和装配方便,取 $D_2=169$ mm。

d. 叶片出口宽度 b_2。低比转速离心泵可适当增加 b_2 以利提高性能和方便制造,亦可根据图 4-1 查得 b_2/D_2 的参考系数,根据所取 D_2 值计算所需的 b_2 值。由图 4-1 查得比转速 75.4 对应的 b_2/D_2 约为 0.04,因而粗略计算 $b_2=0.006\ 8$ mm。

还可以按低比转速离心泵常用的速度系数法估算:

$$b_2=K_{b2}\sqrt[3]{\frac{Q}{H}},\quad K_{b2}=0.7\left(\frac{n_s}{100}\right)^{0.55}$$

式中:$K_{b2}=0.7\left(\frac{n_s}{100}\right)^{0.55}=0.7\left(\frac{75.4}{100}\right)^{0.55}=0.6$,则

$$b_2=K_{b2}\sqrt[3]{\frac{Q}{H}}=0.6\times\sqrt[3]{\frac{30/3\ 600}{31}}=0.008\ 53\ \text{mm}$$

再参考原始设计出口宽度为 9 mm,因为偏向无过载设计,出口安放角 β_2 取了较小值,叶轮外径 D_2 基本没有加大,所以必须通过适当加大叶片出口宽度保证扬程要求,因而 D_2 取值 11 mm。

e. 叶片数 Z。在无过载叶轮设计中,由于 β_2 较小、包角 θ 较大,若 Z 太大则流道狭长且堵塞严重;若 Z 太小则叶片对流体的控制不良,性能也不理想,本书仍推荐采用原始叶片数 $Z=6$。

f. 叶片包角 θ。因为选取了较小的叶片出口角 β_2,为了获得较光顺的叶片型线,需要加大叶片包角,一般取 $\theta=140°\sim170°$,以增加流体控制能力和避免流道扩散严重,同时也可扩大泵的高效区。根据设计过程中方格网上型线的调整,取包角 $\theta=140°$。

g. 叶片进口角 β_1。在无过载叶轮设计中,可采用下式来计算叶片进口角 β_1,即

$$\sin\beta_1=\frac{w_2}{w_1}\frac{v_{m1}}{v_{m2}}\sin\beta_2$$

对于离心泵的扩散型通道而言,相对速度比值 w_1/w_2 可取 $1.1\sim1.3$,β_2 按上述方法选取,v_{m1} 和 v_{m2} 可按初步设计确定。一般 $\beta_1=20°\sim35°$,本书取 $\beta_1=28°$。

h. 叶片形状和进口边位置。低比转速离心泵叶轮的叶片一般设计成圆柱叶片以利于铸造。但考虑本叶轮进口直径(70 mm)比常规推荐值(60 mm)大一些,叶片进口适当扭曲并前伸仍可以铸造成型,而且通过叶片进口扭曲,可以改善叶轮内部流动分布,有利于提高扬程和效率。

j. 最大轴功率值及其位置的预测。对任意一台单级单吸无旋进水的离心泵而言，当出口安放角 $\beta_2 < 90°$ 时，离心泵轴功率曲线有极值，任意一台离心泵的最大轴功率值及其位置由式（4-12）和式（4-13）预估。计算得 $P_{max} = 5\,053.1$ W $< 5\,500$ W（配套功率），$Q_{max} = 63.5$ m³/h > 54 m³/h（最大流量点要求），在预期范围内，因而确定优化方案 1 的水力设计图如图 4-7 所示。优化方案 1 的主要设计参数：$D_2 = 168$ mm，$b_2 = 11$ mm，$D_j = 72$ mm，$Z = 6$，$\beta_2 = 15°$，$\theta = 140°$。

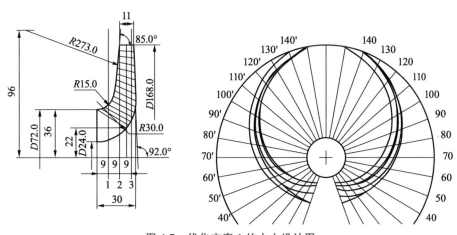

图 4-7 优化方案 1 的水力设计图

③ 基于 CFD 预测优化方案 1 的性能

通过 CFD 数值模拟与原始方案的模拟性能进行对比分析。

a. 模型建立和网格划分。基于 CFD 流场模拟，对该型号泵进行重新设计及优化。计算区域包括叶轮、泵体、进口段、出口段及叶轮前后腔体的水体；采用四面体网格进行网格划分并对泵隔舌等处局部网格加密处理。

b. 模拟预测性能对比。图 4-8 为优化方案 1 与原始方案模拟性能对比。由图可以看出，优化方案 1 在扬程上略有提高，但在大流量区提高不明显；最高效率提高 2%～3%，最明显的优势是功率特性在大流量区出现极值，即优化方案 1 可以实现无过载特性。

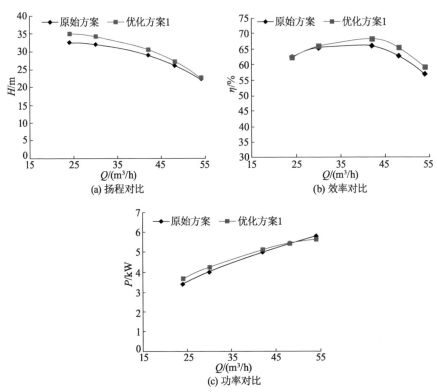

图 4-8　优化方案 1 与原始方案模拟性能对比

　　c. 内部流动对比分析。图 4-9 为优化前后叶轮内部流线图。由图可清楚地看出改进前后的流动差异。旋涡的消除即意味着叶轮内水力损失的减弱及效率的提高。原始方案在小流量工况下均存在不同程度的旋涡,尤其在隔舌处较为明显,此处水力损失较大。同时在大流量工况下存在于蜗壳内部的回流也同样如此。优化方案 1 的流线在各个工况下均较为流畅,分布均匀,因此对应较优性能。

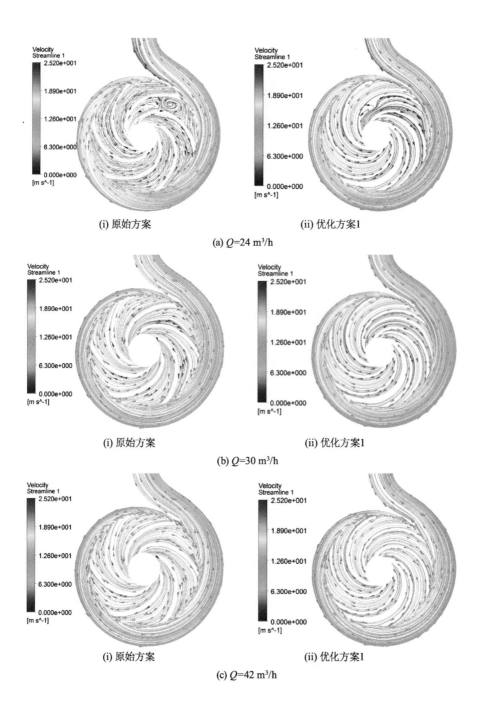

(i) 原始方案　　　　　　　　(ii) 优化方案1

(a) Q=24 m³/h

(i) 原始方案　　　　　　　　(ii) 优化方案1

(b) Q=30 m³/h

(i) 原始方案　　　　　　　　(ii) 优化方案1

(c) Q=42 m³/h

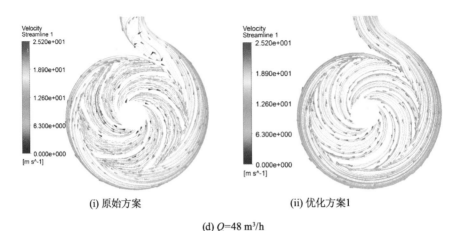

(i) 原始方案   (ii) 优化方案1

(d) Q=48 m³/h

图 4-9　优化前后叶轮内部流线图

④ 优化方案1试验验证

优化方案1的叶轮通过快速成型工艺加工,并进行了同台对比试验,试验数据如表 4-1 所示。

表 4-1　TS65-40-160 型离心泵优化试验数据

方案	最大扬程点		最大流量点		最大功率点		最高效率点		
	Q_{min}/(L/min)	H_{max}/m	Q_{max}/(L/min)	H/m	Q/(L/min)	P/kW	Q/(L/min)	H/m	$\eta_{实测}$/%
样本	300	34.50	800	25	—	5.5/6.875*	—	—	—
铸铁叶轮	300	32.98	800	21.77	826.92	6.71	605.58	27.81	46.19
塑料叶轮	300	34.77	800	23.40	839.94	6.26	668.04	27.44	51.99

注:* 样本标注功率为 5.5 kW,但实际配套电动机功率为 6.875 kW。

优化方案1中扬程基本达到要求,机组效率虽然提高了约 6%(转换为泵效率约 8%),但对比国家标准的 67.1% 仍有差距,而且在流量为 48 m³/h 工况下的实测扬程只有 22.5 m,比样本扬程 25 m 低了 2.5 m,应该继续优化。

⑤ 进一步优化设计方案

a. 优化思路。重点在于提高效率,微增大流量点扬程,功率特性保持现有水平,因此在优化设计方案1的基础上仅仅加大出口安放角,基于 CFD 技术,反复模拟确定出口安放角为 25° 的方案有较好的性能。估算最大轴功率值及其位置:

$$P_{\max} = \frac{\rho}{4\eta_{\mathrm{m}}} K_3 u_2^3 D_2 b_2 \psi_2 h_0^2 \tan \beta_2 = 5\ 482.35\ \mathrm{W}$$

$$Q_{\max} = \frac{1}{2} K_4 h_0 \tan \beta_2 \eta_{\mathrm{v}} \pi D_2 b_2 \psi_2 u_2 = 70.35\ \mathrm{m}^3/\mathrm{h}$$

计算得到的 $P_{\max} < 5\ 500\ \mathrm{W}$（配套功率），$Q_{\max} > 54\ \mathrm{m}^3/\mathrm{h}$（最大流量点要求），虽然比优化方案 1 的功率略有增加，而且极值出现点的流量更大，但仍在预期范围内。

优化方案 2 的主要设计参数：$D_2 = 168\ \mathrm{mm}$，$b_2 = 11\ \mathrm{mm}$，$D_{\mathrm{j}} = 72\ \mathrm{mm}$，$Z = 6$，$\beta_2 = 25°$，$\theta = 130°$，如图 4-10 所示。

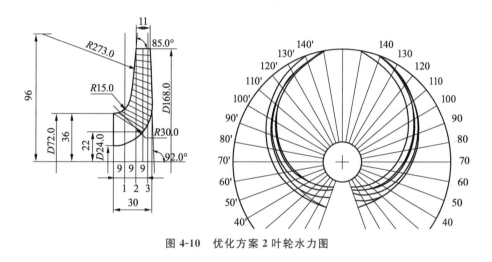

图 4-10 优化方案 2 叶轮水力图

b. 基于 CFD 的性能预估。通过 CFD 模拟对原始方案与优化方案的性能进行对比分析，如图 4-11 所示。

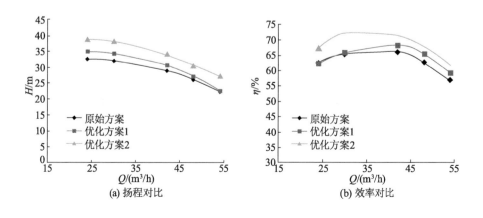

(a) 扬程对比

(b) 效率对比

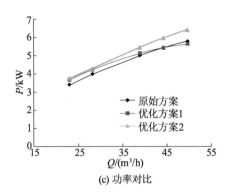

(c) 功率对比

图 4-11　原始方案与优化方案模拟性能对比

由图 4-11 可以看出,优化方案 2 的扬程在整个流量范围内提高都较明显,最高效率提高近 6%,功率虽然没有出现类似优化方案 1 的无过载特性,但其增加趋势已经趋于平坦,与理论计算结果(预估在 70 m³/h 流量点后出现极值)相符,即该优化方案仍可出现功率极值。

在 30 m³/h 流量工况下原始方案与优化方案的内部流动特性分布如图 4-12 所示。由图可以看出,优化方案 2 的内部流动分布比原始方案有改进,但总体来说,优化方案 1 拥有最佳的流动分布规律,但受现有泵体尺寸的限制,不能加大叶轮外径,因而最基本的扬程指标达不到。综合而言,确定优化方案 2 为最终的优化方案。

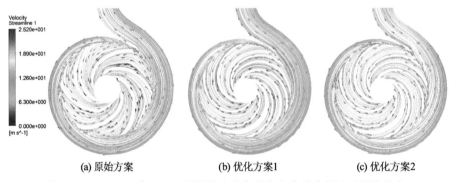

(a) 原始方案　　　　　　(b) 优化方案1　　　　　　(c) 优化方案2

图 4-12　$Q=30$ m³/h 工况下原始方案与优化方案的内部流动特性分布

⑥ 优化方案 2 试验验证

优化方案 2 的叶轮采用快速成型工艺加工,并进行了同台对比试验,试验数据如表 4-2 所示。

表 4-2 TS65-40-160 型离心泵进一步优化试验数据

方案	最大扬程点		最大流量点		最大功率点		最高效率点		$\eta_{实测}/$ %
	$Q_{min}/$ (L/min)	$H_{max}/$ m	$Q_{max}/$ (L/min)	$H/$ m	$Q/$ (L/min)	P/kW	$Q/$ (L/min)	$H/$ m	
样本	300	34.50	800	25.00	—	6.875	—	—	—
铸铁叶轮	300	32.98	800	21.77	826.92	6.71	605.58	27.81	46.19
塑料叶轮	300	34.77	800	23.40	839.94	6.26	668.04	27.44	51.99
优化方案 2	300	34.74	800	26.22	800.00	5.80	519.00	32.18	56.63

优化方案 2 的扬程在最大扬程点、设计点及最大流量点均达到且略高于要求指标;机组效率提高了近 10%(转换为泵效率约 12%),且最高效率点偏向小流量点。根据福建省地方标准《单级单吸离心式电泵》(DB35/T 1016—2010)附录 A 计算公式得到该型号泵的标准效率值为 55.93%,因而此型号泵的性能达标;最大轴功率在最大流量要求点 48 m³/h 处远低于配套电动机 6.875 kW 的输入功率值。

最终叶轮按优化方案 2 的模型开模生产。

4.3 带前置导叶的无过载离心泵设计方法

4.3.1 前置导叶的结构形式

径向前置导叶可以产生预旋,其结构如图 4-13 所示。该离心泵为便于生产加工及降低生产成本,省去调节机构,将前置导叶做成固定式。β_0 为前置导叶出口安放角,是前置导叶叶片出口边切线方向与该点所在圆周切线方向($-u$ 方向)间的夹角。b_0 为前置导叶出口宽度,D_0 为前置导叶出口直径。v_{u1} 为叶轮进口圆周分速度,取与叶轮旋转方向相同为正,相反为负。因此,当 $\beta_0=90°$ 时,$v_{u1}=0$,叶轮进口无预旋;当 $0°<\beta_0<90°$ 时,$v_{u1}>0$,叶轮进口为正预旋;当 $90°<\beta_0<180°$ 时,$v_{u1}<0$,叶轮进口为负预旋。

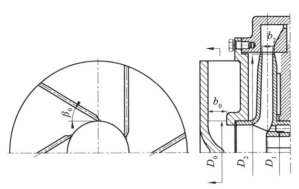

图 4-13 前置导叶结构示意

4.3.2 进口预旋时最大轴功率计算

对带前置导叶的进口有预旋的单级单吸离心泵而言[2]，当出口安放角 $\beta_2 < 90°$ 时，离心泵轴功率曲线有极值，任意一台离心泵的最大轴功率值及其位置由下式预估：

$$P_{\max} = \frac{\rho}{4\eta_{\mathrm{m}}} \sigma^2 u_2^3 \pi D_2 \frac{1}{\dfrac{1}{b_2 \psi_2 \tan \beta_2} + \dfrac{\eta_{\mathrm{v}}}{b_0 \psi_0 \tan \beta_0}} \qquad (4\text{-}17)$$

$$Q_{\max} = \frac{1}{2} \sigma u_2 \pi D_2 \eta_{\mathrm{v}} \frac{1}{\dfrac{1}{b_2 \psi_2 \tan \beta_2} + \dfrac{\eta_{\mathrm{v}}}{b_0 \psi_0 \tan \beta_0}} \qquad (4\text{-}18)$$

从式(4-17)和式(4-18)可知，除叶轮几何参数外，离心泵性能只与前置导叶的出口宽度 b_0、出口安放角 β_0、出口排挤系数 ψ_0 和泵的容积效率 η_{v} 有关。

4.3.3 设计实例

QDX6-20-0.75 型离心泵的设计参数：$Q = 6\ \mathrm{m^3/h}$，$H = 20\ \mathrm{m}$，$P = 0.75\ \mathrm{kW}$，$n = 2\,850\ \mathrm{r/min}$，$\eta = 47\%$。对该泵增加前置导叶，改变前置导叶和叶轮的几何参数，利用 CFD 软件做 8 个方案的数值模拟。其中，方案 1 不加预旋，其余方案均增加不同程度的正预旋，不同方案的几何参数如表 4-3 所示。图 4-14 所示为不同预旋下离心泵的数值预测性能曲线。

表 4-3　不同方案的几何参数

方案	$\beta_0/(\degree)$	b_0/mm	Z_0	Z
1	90	12	6	4
2	30	8	6	6
3	30	8	6	4
4	20	10	4	6
5	20	8	4	6
6	20	8	4	4
7	20	8	6	4
8	10	8	6	4

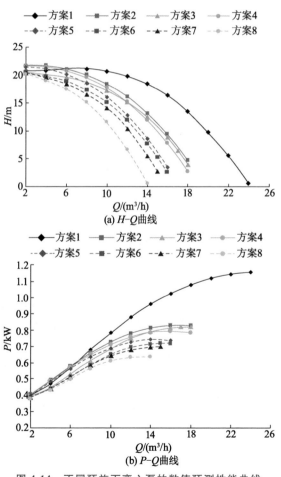

图 4-14　不同预旋下离心泵的数值预测性能曲线

从模拟结果可以看到,加正预旋后,H-Q 曲线陡降,向小流量偏移,轴功率出现极大值。随着预旋的增强,H-Q 曲线下降就越厉害,则 P_{max} 越小,Q_{max} 也越小。这与理论分析结果相一致,正预旋较好地实现了无过载性能。

将通过式(4-17)和式(4-18)计算出的 P_{max} 和 Q_{max} 与数值模拟得到的结果进行对比,如表 4-4 所示。由表 4-4 可知,公式在一定程度上能够预测 P_{max} 和 Q_{max} 的值,公式计算结果的趋势与模拟结果的趋势几乎一致,可用于性能预测,但仍存在一定误差,Q_{max} 平均误差为 -22.57%,P_{max} 的平均误差为 -11.81%,Q_{max} 的误差比 P_{max} 的要大,且误差均为负,有待进一步修正、改进。

表 4-4　P_{max} 和 Q_{max} 计算值与数值模拟结果对比

方案	计算值		模拟值		误差	
	$Q_{max}/(\mathrm{m^3/h})$	P_{max}/kW	$Q_{max}/(\mathrm{m^3/h})$	P_{max}/kW	$\Delta Q_{max}/\%$	$\Delta P_{max}/\%$
2	13.88	0.790	16	0.83	-13.25	-4.82
3	13.63	0.727	18	0.826	-24.28	-11.98
4	12.17	0.720	16	0.795	-23.93	-9.43
5	12.15	0.708	15	0.742	-19.00	-4.58
6	11.98	0.640	15	0.719	-20.13	-10.99
7	11.71	0.620	15	0.697	-21.93	-11.05
8	8.39	0.447	13	0.637	-35.46	-29.82

4.4　无过载排污泵的设计方法

无过载排污泵属于离心泵范围,所以离心泵的设计方法也适合于无过载排污泵的设计[3],但是排污泵又是一种具有特殊性能的离心泵,因此必须考虑排污泵所具有的特性,对现有的离心泵设计方法进行修正。

4.4.1　无过载排污泵主要几何参数的确定

(1) 叶轮出口直径 D_2

叶轮出口直径 D_2 的计算推荐公式如下:

$$D_2 = K_{D2}\sqrt[3]{\frac{Q}{n}}, \quad K_{D2} = (11.52 \sim 11.9)\left(\frac{n_s}{100}\right)^{-1/2} \tag{4-19}$$

(2) 叶片出口宽度 b_2

① 若考虑污物通过能力,则 b_2 不能小于通过尺寸;

② 从提高泵效率方面考虑，则选取的 b_2 尽量接近清泵的计算值；

③ 增大 b_2 时应充分考虑到流道内尽可能无脱流旋涡和二次回流。

杂质泵：$b_2 = K_{b2} \sqrt[3]{\dfrac{Q}{n}}$，　$K_{b2} = (1.0 \sim 1.4) \left(\dfrac{n_s}{100}\right)^{5/6}$ $\qquad(4\text{-}20)$

单流道泵：$b_2 = K_{b2} \dfrac{\sqrt{2gH}}{n}$，　$K_{b2} = 0.037\,5 n_s^{1.075}$ $\qquad(4\text{-}21)$

双流道泵：$b_2 = (0.65 \sim 0.75) D_j$ $\qquad(4\text{-}22)$

（3）叶片出口排挤系数 ψ_2

ψ_2 较小时，扬程-流量曲线变陡，功率-流量曲线平坦；ψ_2 较大时，扬程-流量曲线平坦，有利于减小叶轮半径值。对低比转速排污泵而言，ψ_2 可以在 $0.8 \sim 0.9$ 之间选取，一般推荐值为 0.85。

（4）叶片数 Z

双流道泵和单流道泵不存在叶片数选择问题，对于低比转速杂质泵叶轮应实行"少叶片大包角"的原则。综合众多的成功设计经验，建议叶片数的选取范围为 $2 \sim 4$。

（5）叶片出口安放角 β_2

b_2 和 ψ_2 确定后，在 ω, Q 及 H 一定的条件下，利用以泵最大输入轴功率有极小值为主要目标的优化模型，就可以解出 β_2。

$$\tan \beta_2 = \frac{A\omega Q}{H} \cdot \frac{1}{b_2 \psi_2} \cdot \frac{1}{2\pi g} \qquad(4\text{-}23)$$

式(4-23)在低比转速排污泵中，Q/H 值很小，而排污泵 b_2 是偏大选用的，所以式(4-23)右端的值比较小，比转速越低其值越小，因正切函数是增函数，由此计算出的 β_2 也一定比较小。

（6）泵体喉部面积 F_t

若 F_t 选用过小，可限制流量避免过载；若 F_t 选用过大，则不易获得无过载轴功率性能。对于排污泵，推荐面积比 Y 的计算公式如下：

$$Y = \frac{\pi D_2 b_2 \psi_2 \sin \beta_2}{F_t} \qquad(4\text{-}24)$$

Y 的推荐值为 $1.5 \sim 2.5$。

叶轮其他各主要参数的选择、叶轮绘制方法、泵的结构设计及泵体或导叶的设计均与普通排污泵设计相同。

4.4.2　无过载排污泵设计的约束方程组

为了更方便设计，文献[3]给出叶片式无过载排污泵设计的约束方程组为

$$
\begin{cases}
\tan \beta_2 = \dfrac{A\omega Q}{H} \cdot \dfrac{1}{b_2 \psi_2} \cdot \dfrac{1}{2\pi g} \\[2mm]
\dfrac{b_2}{D_2} = 0.000\ 22 n_s^{4/3} \\[2mm]
Y = \dfrac{\pi D_2 b_2 \psi_2 \sin \beta_2}{F_t}
\end{cases}
\tag{4-25}
$$

式中:A 为修正系数。

从理论上讲,叶片式排污泵只要满足式(4-25)要求,就能保证排污泵既满足性能要求又能在全扬程范围内无过载。

4.4.3　排污泵最大轴功率值及其位置的预测

任意一台排污泵的最大轴功率值及其位置由下式确定:

$$
\begin{cases}
P_{max} = \dfrac{\rho k_2}{4 A \eta_m} u_2^3 \pi D_2 b_2 \psi_2 h_0^2 \tan \beta_2 \\[2mm]
Q_{max} = \dfrac{k_1}{2A} h_0 \tan \beta_2 \eta_v \pi D_2 b_2 \psi_2 u_2
\end{cases}
\tag{4-26}
$$

式中:k_1,k_2 为修正系数,推荐 $k_1 = 1.05 \sim 1.15$,$k_2 = 1.0 \sim 1.1$;η_v 为容积效率,$\dfrac{1}{\eta_v} = 1 + 0.68 n_s^{-\frac{2}{3}}$;$\eta_m$ 为机械效率,$\eta_m = 1 - 0.07 \dfrac{1}{(n_s/100)^{7/6}}$。

4.4.4　设计实例

某泵型号为 MPC150,设计参数:$Q = 5\ \text{m}^3/\text{h}$,$H = 20\ \text{m}$,$n = 2\ 900\ \text{r/min}$,$P = 0.75\ \text{kW}$,通过颗粒直径小于 4 mm;设计要求:① 在全扬程范围内,$P_{max} \leqslant 0.75\ \text{kW}$;② 性能参数达到规定的设计要求。

设计步骤如下:

步骤 1:计算比转速,$n_s = \dfrac{3.65 n \sqrt{Q}}{H^{3/4}} = 41.7$;

步骤 2:计算 D_2,$D_2 = 145\ \text{mm}$;

步骤 3:计算 b_2,$b_2 = 5\ \text{mm}$;

步骤 4:选择 ψ_2,$\psi_2 = 0.85$;

步骤 5:选择叶片数 Z,$Z = 4$;

步骤 6:将 b_2 和 ψ_2 代入式(4-23)得

$$
\beta_2 = \arctan\left(\frac{A\omega Q}{H} \cdot \frac{1}{b_2 \psi_2} \cdot \frac{1}{2\pi g} \right) = 5°
$$

测试得到的无过载排污泵的性能曲线如图 4-15 所示。由图可知泵的性能参数已达到设计要求,即

$$P_{max} = 605 \text{ W} < 750 \text{ W}, \quad Q_{Pmax} = 6.3 \text{ m}^3/\text{h}$$

已知 $\eta_m = 0.8$，$\eta_v = 0.95$，$u_2 = 22 \text{ m/s}$，$h_0 = 0.9$，$\rho = 1\,000 \text{ kg/m}^3$，$A = 0.9$，由式(4-26)可计算出 $P_{max计}$ 和 $Q_{Pmax计}$，即

$$P_{max计} = \frac{k_2 \rho}{4 \eta_m A} u_2^3 \pi D_2 b_2 \psi_2 h_0^2 \tan \beta_2$$

$$= \frac{1\,000}{4 \times 0.8 \times 0.9} \times 22^3 \times 3.14 \times 0.145 \times 0.005 \times 0.90^2 \times \tan 5° \times$$

$$0.85 \times 1.05 = 604.3 \text{ W}$$

$$Q_{Pmax计} = \frac{k_1}{2A} h_0 \tan \beta_2 \eta_v \pi D_2 \psi_2 u_2$$

$$= \frac{1}{2 \times 0.9} \times 0.9 \times \tan 5 \times 0.95 \times 3.14 \times 0.145 \times 0.005 \times 0.85 \times$$

$$22 \times 1.1 = 6.6 \text{ m}^3/\text{h}$$

$$\Delta P_{max} = \frac{P_{max} - P_{max计}}{P_{max计}} = \frac{605 - 604.3}{604.3} = 0.1\%$$

$$\Delta Q_{Pmax} = \frac{Q_{Pmax} - Q_{Pmax计}}{Q_{Pmax计}} = \frac{6.3 - 5.4}{5.4} = 4.5\%$$

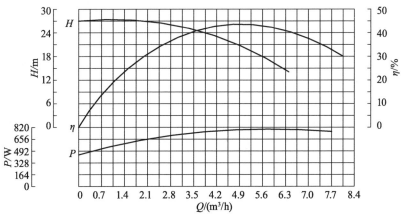

规定点：流量=5.00 m³/h，扬程=20.00 m，效率=42.00%

交　点：流量=4.75 m³/h，扬程=19.20 m，效率=42.60%

图 4-15　无过载排污泵的性能曲线

最大轴功率的误差较小，计算值和实测值仅相差 0.1%。但最大轴功率位置的误差较大，这是由于在选择各系数时本身就具有很大的近似性，计算值是半经验半理论的结果。同以往的设计方法相比，此设计方法最大的特点是，选择几何参数时是以降低最大轴功率为主要目标，从而使最大轴功率能

准确地出现在设计点附近,根据本设计方法计算出的 β_2 较小,由于 β_2 对 H 影响并不显著,因而对效率影响很小。通常在设计时为了追求高效率和高扬程,选择的 β_2 偏大(一般为 $8°\sim15°$)。最大功率发生处的流量比设计点的流量大,轴功率也比设计点处的轴功率大,这是一个普遍现象,因此泵的 P - Q 曲线一直上升,往往在最大流量点处也没有出现极大值。例如,如果本例 β_2 取 $10°$,通过计算得 $P_{max}=919$ W>604.3 W,$Q_{Pmax}=11.55$ m^3/h>6.6 m^3/h,所以在泵所能达到的流量范围内很难出现极值点。通过以上分析可知本设计实例得到了较为满意的结果,因此所提出的方法是正确的,可作为设计参考。

参考文献

[1] 袁寿其. 低比转速离心泵理论与设计[M]. 北京:机械工业出版社,1997.

[2] 施卫东,李辉,陆伟刚,等. 进口预旋对低比速离心泵无过载性能的影响[J]. 农业机械学报,2013,44(5):50-54,112.

[3] 丛小青,袁寿其,袁丹青. 无过载排污泵正交试验研究[J]. 农业机械学报,2005,36(10):66-69.

⑤
低比转速离心泵小流量工况内流特性研究

离心泵的水力性能主要取决于其内部流动状态,流动状态的好坏在很大程度上决定了其水力性能的好坏[1-3]。深入研究离心泵内部复杂流场对提高离心泵的水力性能、运行可靠性及稳定性具有重要意义,从而能够更好地设计离心泵。离心泵内部流动情况的主要衡量参数宏观上表现为压力分布、流速分布、涡量分布、湍动能分布等,微观上表现为湍流微团的运动产生、发展、相互作用与溃灭等。由于工作环境复杂,泵通常运行在偏工况的小流量下,此时运行效率降低,流动规律更加复杂,常发生各种不稳定流动现象[4-8],如驼峰、机械振动、噪声、二次流、旋转失速、空化和脱流等,严重威胁泵的运行稳定性。而这些不稳定现象产生的根本原因是离心泵内部存在非定常流动,因此需要对离心泵在小流量下内部非定常流动特性展开深入研究。

低比转速离心泵性能曲线较为平坦,常采用加大流量设计法进行设计,其运行工况常处于非设计工况。目前 PIV 测试技术已经成功地应用于离心泵内部复杂流场的测量,成为研究泵内各种不稳定现象的一种重要手段,尤其在设计流量下的测试技术已经比较成熟,但因在小流量下泵运行的非稳定性,严重影响测试的精度。同时,因为 PIV 测试的成本高,周期较长,并且能拍摄到的窗口区域受限,可获取的有效试验数据也有限,所以 CFD 非定常数值模拟仍是获取离心泵小流量工况内流特性的最佳途径。CFD 数值模拟为了较精确地获取小流量工况的流动特性,要求网格更加精细、计算设置更接近实际工况、计算机计算能力更强。因此小流量工况下的模拟准确性及非定常流动特性已经逐渐成为研究的重点,本项目采用 PIV 测试和多种非定常计算方法对某低比转速离心泵小流量工况内流场进行了深入研究[9,10]。

5.1 低比转速离心泵叶轮内部流动特性 PIV 测试

PIV 全称为粒子成像测速技术,是一种非接触式的光学测量技术,能够较精确地捕捉到流场内一些截面的瞬时速度分布情况。它是在传统流动显示技术基础上进行图像处理,从而更加直观、定量地显示流场的图像。它既具有单点测量技术的精度和分辨率,又能得到整体流场的图像及分布规律。目前,PIV 测试技术已经成为流动测量先进技术之一,广泛应用于流体机械领域[11-15]。

5.1.1 PIV 测试技术基本原理

PIV 测试的基本原理可以简单地用图 5-1 所示的几个基本步骤进行描述:示踪、照射、记录和处理。在流场中放入一定量的示踪粒子,使用一定能量的激光片光源照射被测量流场。激光片光源在某一时间间隔内发出一对脉冲,同时采用 CCD 相机对流场进行拍摄,由于示踪粒子对光有散射作用,其两帧图像被记录下来。使用自相关或互相关法对图片进行处理,就能够得到粒子的速度,对整个拍摄区域进行处理即可得到整个流场的速度分布。

图 5-1　PIV 测试基本原理示意图

首先采用图像处理技术将粒子图像分割为多个小区域(查问区),然后利用自相关或互相关算法对每个查问区进行处理,得到查问区内粒子位移矢量 $(\Delta x,\Delta y)$,通过公式: $u=\lim\limits_{\Delta t=0}\dfrac{\Delta x}{\Delta t}$, $v=\lim\limits_{\Delta t=0}\dfrac{\Delta y}{\Delta t}$ 即可得到某一粒子在 t 时刻 x,y 方向的速度,如图 5-2 所示,其中 Δt 为激光脉冲时间间隔。

(a) 经过 Δt 时刻粒子位置变换　　　　(b) 粒子位移变换坐标

图 5-2　PIV 测试速度求解示意图

目前国内外商用 PIV 系统厂商主要有德国的 LaVison 公司、丹麦的 Dantec Dynamics 公司、美国的 TSI 公司和中国的立方天地科技发展有限公司。本试验采用的是美国 TSI 公司生产的商用 PIV 系统。根据 PIV 测试原理的图像拍摄及分析过程,将其分为 3 个子系统:成像系统、分析显示系统和同步控制系统,如图 5-3 所示。

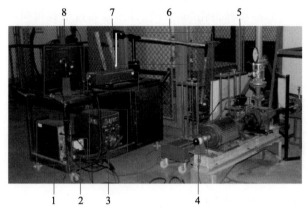

1,8—分析显示系统;2—同步控制器;3,7—脉冲激光器;4—轴编码器;
5—CCD 相机;6—光路系统
图 5-3　PIV 测试系统示意图

(1) 成像系统

成像系统可以获得流场中双曝光粒子或两个单粒子图像场,主要包括光源、片光源光学元件、记录媒介和图像漂移部件。

① 脉冲激光器。光源 PIV 测试中两束激光脉冲时间的间隔很短,需要采用双脉冲激光器作为光源。本试验中使用的激光光源是美国 NewWave 公司生产的 YAG200-NWL 型双脉冲激光器。它的最大脉冲能量为 200 mJ,最高脉冲频率为 15 Hz,脉冲时间的可调范围为 200 ns～100 ms。

② 片光源光学元件。它包括柱面镜和球面镜,柱面镜用于控制光在一个方向发散,球面镜用于控制片光的厚度。

③ CCD 相机。传统的记录媒介如普通相机需要冲洗胶片,过程烦琐,效率低。电子相机的出现极大地提高了试验效率,同时节省了成本,被广泛采用。为了拍摄时间间隔很短的两帧图像,PIV 测试中需要采用具有跨帧功能的 CCD 相机。本试验中采用 PowerView 4MP 型跨帧 CCD 相机,最小跨帧时间为 200 ns,最大高分辨率达到 2 048 像素×2 048 像素,采集速度可达 30 帧/s。

(2) 分析显示系统

顾名思义,分析显示系统的主要作用为处理图像并显示速度场。PIV 为高成像密度图像处理,单张图像内粒子较多,无法采用跟踪单个粒子的方法得到速度,实际采用统计学方法。流体机械中一般采用数字图像分析法——

自相关或互相关分析法，需要进行三次二维傅里叶变换（FFT），如图 5-4 所示。两次连续激光脉冲图像 $f_1(x,y)$ 和 $f_2(x,y)$ 叠加得到图像为 $F(x,y)$，将该图像划分为多个查问区，当查问区足够小时，则有下述假定：查问区内粒子速度一致；第二个脉冲图像可由第一个脉冲图像通过平移得到[15]，即

$$f_2(x,y) = f_1(x+\Delta x, y+\Delta y) \tag{5-1}$$

因此

$$F(x,y) = f_1(x,y) + f_2(x+\Delta x, y+\Delta y) \tag{5-2}$$

对第一帧图像进行 FFT 变换得到

$$f_1(\omega_x,\omega_y) = \frac{1}{2\pi}\iint f_1(x,y)\, e^{i(\omega_x x+\omega_y y)}\, dx dy \tag{5-3}$$

$$f_2(\omega_x,\omega_y) = \frac{1}{2\pi}\iint f_2(x,y)\, e^{i(\omega_x x+\omega_y y)}\, dx dy \tag{5-4}$$

利用傅里叶变换的平移特性得到

$$f_2(\omega_x,\omega_y) = f_1(\omega_x,\omega_y)\, e^{-i(\omega_x \Delta x+\omega_y \Delta y)} \tag{5-5}$$

第三次 FFT 变换得到

$$F(x,y) = \frac{1}{2\pi}\iint f_1(\omega_x,\omega_y) f_2(\omega_x,\omega_y)\, e^{i(\omega_x x+\omega_y y)}\, d\omega_x d\omega_y \tag{5-6}$$

将式(5-5)代入式(5-6)中得到

$$F(x,y) = f(x+\Delta x, y+\Delta y) \tag{5-7}$$

由于存在背景噪声和其他相关量，则

$$R(S) = R_C(S) + R_D(S) + R_F(S)$$

式中：R_D 为最大灰度值，代表位移信息；R_C，R_F 分别为随机相关量和背景噪声相当量。

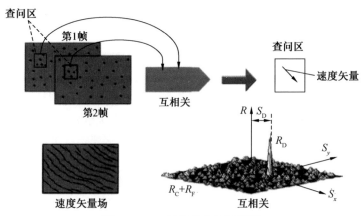

图 5-4　PIV 互相关分析示意图

（3）同步控制系统

模型泵的最大转速为 1 450 r/min，最大转速的输出频率远大于 PIV 系统的采样速率，因此需要通过分频电路使得两者一致，即采用 PIV 系统外触发同步方式。这种方法能够保证不论转速如何改变，拍摄的图像始终是同一个流道。试验中需要连续拍摄多张图像，从中选择数据较为准确的图像进行平均处理，尽量保证结果的真实性。

同步控制器控制整个 PIV 测试系统的精确运转。它不仅可以通过发出时序信号来精确控制激光脉冲时间和 CCD 相机拍摄时间，也可以接受外部触发信号实现对激光器和 CCD 相机的精确控制。本试验采用 TSI 公司生产的610035 型时间同步控制器。试验中采用轴编码器和分频器锁相，以获得叶轮在同一位置的图像序列。为了屏蔽电动机变频器的电信号干扰，轴编码器信号采用光纤传输。图 5-5 为同步控制器各部件的工作时序图，其主要功能为：控制图形捕捉和激光脉冲的时序；外部控制脉冲间隔、持续时间；CCD 相机帧的速度及图像捕捉；装置的外部触发，如旋转镜像位移等。

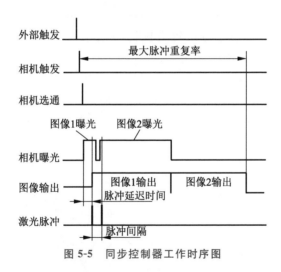

图 5-5　同步控制器工作时序图

（4）示踪粒子

PIV 测试中使用的示踪粒子应同时具备以下特点：① 有较好的流动跟随性，能够适应复杂流场测量；② 有较强的散射特性，成像具有较高的信噪比；③ 密度与待测流体的密度相当，既不会在流场中漂浮，也不会沉底；④ 无毒和无腐蚀，化学性质稳定，能满足试验要求。

5.1.2 PIV 测试结果

（1）试验模型泵

本试验的研究对象为 IS50-32-160 型低比转速离心泵，其主要性能参数为：额定流量 $Q=12.5 \text{ m}^3/\text{h}$，扬程 $H=32 \text{ m}$，额定转速 $n=2\,900 \text{ r/min}$。由于 PIV 试验需采用透明有机玻璃制造叶轮和蜗壳，其强度无法承受如此高的转速，因而将泵转速减小至 $1\,450 \text{ r/min}$。此时泵的比转速不变，具有普通低比转速离心泵的低流量、高扬程的特点。减小转速后模型泵的主要参数如表 5-1 所示。

表 5-1 IS50-32-160 型模型泵的主要参数

参数	符号	数值和单位	参数	符号	数值和单位
叶片数	Z	6	叶片出口宽度	b_2	6 mm
叶轮进口直径	D_j	50 mm	蜗壳基圆直径	D_3	170 mm
叶轮出口直径	D_2	160 mm	蜗壳出口直径	D_4	32 mm

低比转速离心泵由于流道较为狭长，为了便于铸造，常采用圆柱叶片。模型泵试验叶片亦采用圆柱叶片，叶轮水力设计图如图 5-6a 所示。对蜗壳应用等速度环量法进行设计，得到螺旋形压水室以尽量减少水力损失，蜗壳断面形状为矩形。蜗壳的水力设计图如图 5-6b 所示。试验时叶轮和蜗壳均采用有机玻璃进行制造，质地均匀，无气泡、杂质，各个表面均采用抛光处理，粗糙度达到 3.2 级，如图 5-7 所示。

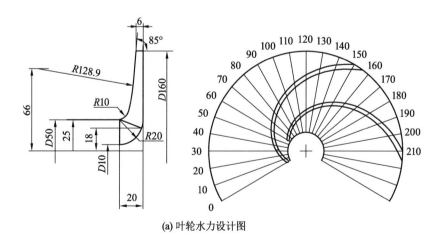

(a) 叶轮水力设计图

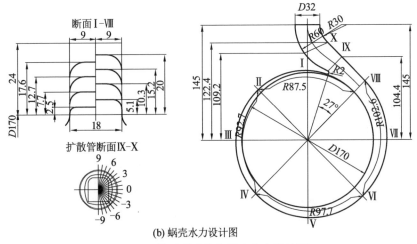

(b) 蜗壳水力设计图

图 5-6 模型泵叶轮和蜗壳水力设计图

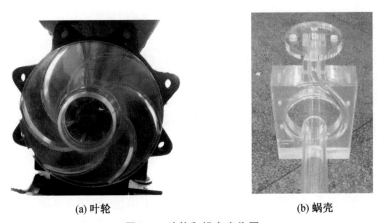

(a) 叶轮　　　　　　　　　　　(b) 蜗壳

图 5-7 叶轮和蜗壳实物图

（2）PIV 试验装置及试验步骤

本试验在江苏大学国家水泵及系统工程技术研究中心试验台进行，该试验台达到国家 2 级精度。试验采用美国 TSI 公司的 PIV 系统，最大采样率为16fps，相应最大采样速率为 8 次/s。PIV 系统的关键部件，例如激光器、光臂及光源透镜组、CCD 相机及同步器的主要参数如表 5-2 所示。

表 5-2　PIV 系统关键部件参数

激光器		光臂及光源透镜组	
型号	YAG-NEL	型号	610015-SOL
激光功率	200 mJ/脉冲	最大输入功率	300 mJ/脉冲
激光脉冲频率	30 Hz	光臂长度	1.8 m
脉冲持续时间	3～5 ns	球面镜焦距	500 mm/1 000 mm
光束直径	3.5 mm	柱面镜焦距	－25 mm/－15 mm
激光片厚度	1 mm		
CCD 相机		同步器	
型号	630059(4MP)	型号	610035
分辨率	2 000 像素×2 000 像素	工作方式	外部触发
帧频率	16 帧/s	出发定时精度	1 ns
最小跨帧频率	200 ns		

　　试验采用的 Insight 3G 软件平台具有较好的人机交互界面,可以很方便地设置 PIV 系统参数和采集粒子图像,同时也能较方便地设置图像处理参数,对采集的粒子图像进行处理。根据 PIV 的测量原则及所测流体速度,试验系统参数选择为:脉冲间隔 100 μs,脉冲延迟 345 μs,查问区大小为 32 像素×32 像素。试验台布置实物图如图 5-3 所示。本次试验采用的示踪粒子选择镀银玻璃球,直径范围为 10～15 μm,密度为 1.6 g/cm³,稍大于水的密度。

　　试验拍摄平面为垂直于轴的叶轮中间平面,要求相机垂直于该平面。为了拍摄方便,在进口位置放置与轴线成 45°的平面镜,如图 5-8 所示。通过平面镜成像原理,直接将 CCD 相机对准镜子中的像进行拍摄。

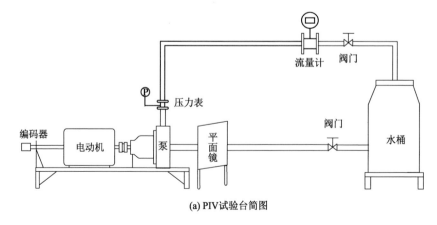

(a) PIV试验台简图

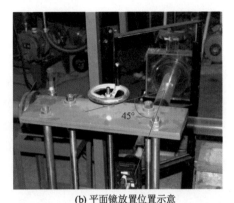

(b) 平面镜放置位置示意

图 5-8 PIV 试验台简图及平面镜放置位置

PIV 测试流量选择为 $1.0Q_d$ 和 $0.6Q_d$，拍摄平面为叶轮中间平面。由于蜗壳为不对称内螺旋形蜗壳，为了研究叶轮与蜗壳的相互作用，试验中选择不同叶轮位置进行拍摄，具体位置如图 5-9 所示。

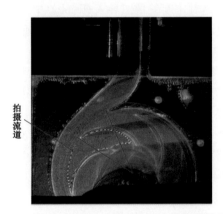

拍摄流道

图 5-9 叶轮与隔舌相对角度定义及具体拍摄位置

叶轮叶片数为 6，对称分布，一个流道包含 60°，因此本书选择了 60°其中的 5 个不同位置，基本代表了叶轮与蜗壳的不同相对位置。定义拍摄流道叶片吸力面出口处与隔舌的夹角 θ 来表示相对位置，分别取 51°，40°，27°，17°，5°。每个工况的每个角度均拍摄 100 组图像以保证结果的准确性，具体试验步骤如下：

步骤 1：开启离心泵进行试运行，检查叶轮旋转方向是否正确。

步骤 2：在水箱中按一定比例投放示踪粒子，将阀门开到最大，使泵在最大流量下运行一段时间,使得粒子分布相对均匀。

步骤3:运行PIV系统,用片激光照亮叶轮流场,通过调整光学元件保证校准片光面与所测平面重合,并保证被测区域在片光光腰位置处(此处片光厚度最薄,一般不超过1 mm)。通过调整相机底座使得CCD相机对准平面镜中的测量区域,保证相机光轴与片光平面垂直,减少成像误差。

步骤4:利用同步器精确控制激光器发出两束脉冲激光,同时控制CCD相机拍摄两帧粒子图像。调整PIV参数(脉冲间隔、延迟时间、激光光强等)、相机焦距等使得拍摄的图像尽量清晰,减少反光区域。对比同时拍摄的A,B两帧图像,保证光强相差不要太大。

步骤5:调试完毕后,开始正式拍摄。通过时间延迟改变叶轮的相位,每个相位处拍摄300张图像。5个相位完成后,调节阀门改变流量继续拍摄。

步骤6:拍摄完成后采用Insight 3G软件的PIV处理模块进行数据处理。选择叶轮对应流道为处理区域,将该区域粒子图像分割为多个小区域(查问区),然后利用自相关或互相关算法对每个查问区进行处理,得到测试区域内粒子绝对速度矢量。

步骤7:将100张绝对速度矢量图导入Tecplot中进行后续处理,根据速度三角形 $w=v-u$ 通过VC++编程对绝对速度进行处理得到相对速度图像。

(3)外特性试验

外特性试验与PIV测试采用同一试验台,试验过程中在泵进出口管路分别设置测压孔,由于管路内部压力周向分布不均匀,因而单独只在一个周向位置测压会导致结果产生偏差。为了解决该问题,需采用专门的测压法兰。在周向均匀布置4个测压孔,通过测量其平均静压来减小测量误差。同时测量采用的压力变送器的测量误差小于0.1%;流量通过电磁流量计读取,其误差小于0.2%;读数时当流量计读数变化范围在0~0.01时进行读取,以减少人为引入误差;功率采用电测法测量;泵的扬程、扭矩等通过江苏大学自主研发的泵参数仪采集,具有较高的可信度。

图5-10为试验所测得的模型泵的外特性试验曲线。由图可以看出,由于采用加大流量法进行设计,该泵的最高效率点已经严重偏离了设计工况点 $Q_d=$ 6.3 m^3/h,Q_{Pmax} 达到了9.93 m^3/h,扬程为6.83 m。试验发现该泵在小流量工况运行时,尤其是在 $0.4Q_d \sim 0.6Q_d$ 设计工况之间,出现了振动噪声等不稳定

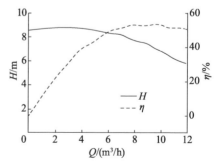

图5-10 模型泵外特性试验曲线

现象。而这些不稳定现象主要是由泵内部不稳定流动造成的,因此本书采用 PIV 试验得到小流量工况 $0.6Q_d$ 下叶轮内部的速度场分布情况,同时将 $1.0Q_d$ 工况作为对比。

（4）PIV 内流测试结果分析

$0.6Q_d$ 和 $1.0Q_d$ 工况下 5 种不同位置处的绝对速度分布如图 5-11 所示。由图可以看出,叶轮内绝对速度的大小从叶轮进口到出口逐渐增大;不同半径处绝对速度从压力面向吸力面逐渐增大,绝对速度的最大值出现在叶片吸力面出口处;叶轮出口处的流体基本沿叶轮旋转方向甩出,这是因为绝对速度液流角较小;不同相位下的绝对速度分布总体趋势一致,随着角度 θ 的减小,叶轮进口的速度值逐渐减小,而出口的高速区有所增加,这是因为随着叶轮越靠近隔舌,越受到隔舌的阻塞,流道出口处的高速流体无法及时通过隔舌,大量积压在出口处,形成了出口的高速区;出口堵塞同时造成了进口堵塞,即在进口造成了局部低速区。对比 2 种工况的速度分布发现,$0.6Q_d$ 工况下的绝对速度值大于 $1.0Q_d$ 倍设计工况的绝对速度值,且小流量工况下速度梯度较大,而设计流量下速度分布更加均匀。

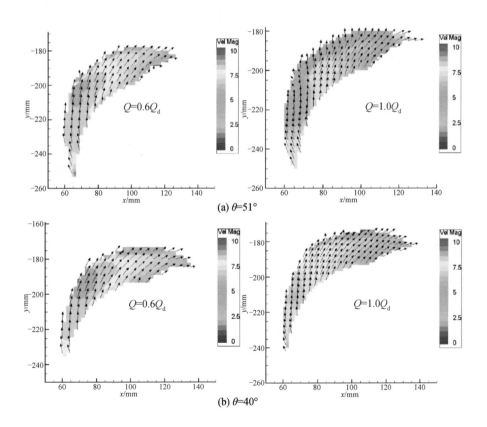

(a) $\theta=51°$

(b) $\theta=40°$

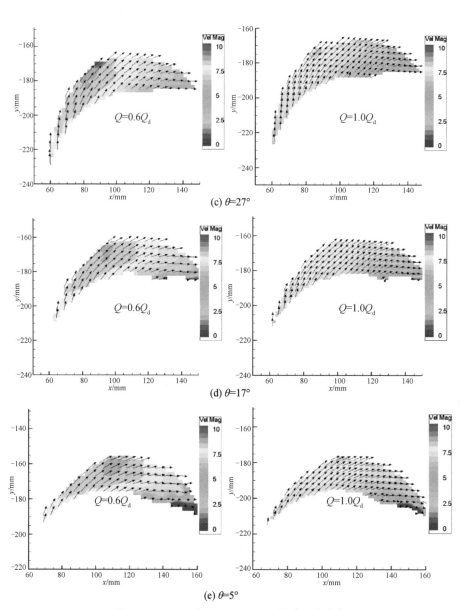

(c) $\theta = 27°$

(d) $\theta = 17°$

(e) $\theta = 5°$

图 5-11　0.6Q_d 和 1.0Q_d 工况下绝对速度分布

　　图 5-12 为在 0.6Q_d 和 1.0Q_d 工况下 5 种不同位置处的相对速度分布。由图可以看出,相对速度的大小随着半径的增大逐渐增大,从叶片压力面到吸力面逐渐增大;流动方向基本上沿着流道方向,在进口叶片工作面附近存在低速区;不同相位下的相对速度分布总体趋势一致,随着角度 θ 的减小,叶

片向隔舌靠近,叶轮进口的相对速度值逐渐增大,低速区面积增大。对比2种流量下的分布规律发现:$0.6Q_d$工况相对速度小于设计流量,速度分布梯度更大,叶轮进口低速区域面积更大,因此更加容易发生不稳定流动。

因此,从试验结果可以看出,流动基本符合流动规律,而叶轮与隔舌的相对角度的变化对近隔舌处流道内速度分布存在很大影响。

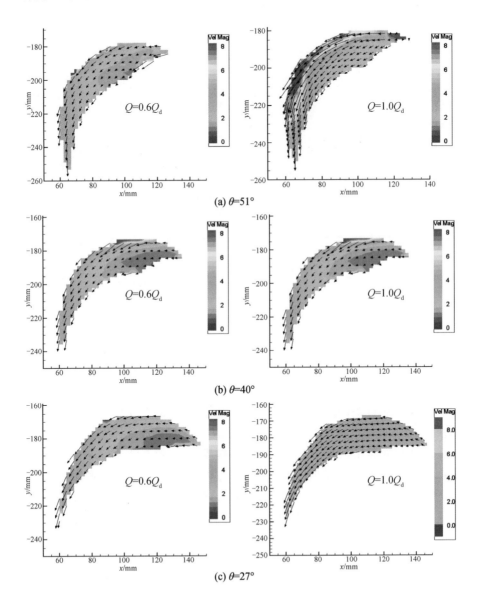

(a) $\theta=51°$

(b) $\theta=40°$

(c) $\theta=27°$

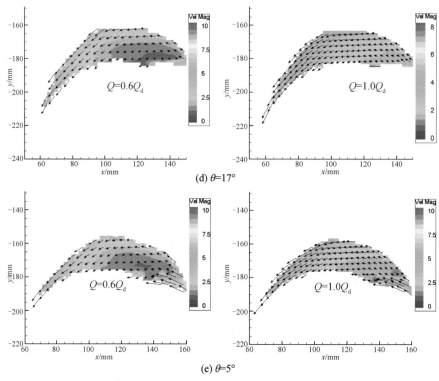

图 5-12　0.6Q_d 和 1.0Q_d 工况下相对速度分布

试验结果表明:

① 叶轮内绝对速度与相对速度均随着半径的增大逐渐增大,同一半径处绝对速度从压力面向吸力面逐渐增大,绝对速度的最大值出现在叶片吸力面出口处。

② 不同相位下的绝对速度分布总体趋势一致,随着叶片与隔舌夹角的减小,叶轮进口的速度值逐渐较小,而叶片吸力面出口的高速区有所增加。

③ 不同相位下的相对速度分布总体趋势一致,随着叶片与隔舌夹角的减小,叶轮进口的相对速度值逐渐增大,而叶片压力面进口低速区面积增大。

④ 0.6Q_d 工况下的绝对速度值大于 1.0Q_d 倍设计工况,但相对速度小于设计工况。小流量工况下速度梯度大于设计流量。0.6Q_d 工况时叶轮进口相对速度低速区域面积更大,因此更加容易发生不稳定流动。

由于 PIV 试验得到的内部流动信息仅限于局部的速度信息,十分有限,因此需要通过数值模拟进行更加深入的研究。通过以上分析,后续研究将选取 0.4,0.5,0.6 倍设计流量工况进行非定常数值模拟研究,针对这 3 个小流量工况内流特性进行详细分析。

5.2 低比转速离心泵驼峰区内部流动特性分析

5.2.1 低比转速离心泵定常计算设置及无关性分析

(1) 三维造型及网格划分

采用三维造型软件 Pro/E 5.0 对泵的水体进行三维造型,分为进口、叶轮、蜗壳三部分。为了便于网格的划分,叶轮与蜗壳间隙部分水体加在叶轮上。为使流动能够充分发展,分别对模型泵进出口管路做适当的延伸,以增加计算的准确性[16,17]。最终得到的模型泵进口、叶轮、蜗壳水体的三维造型及蜗壳隔舌局部细节如图 5-13 所示。

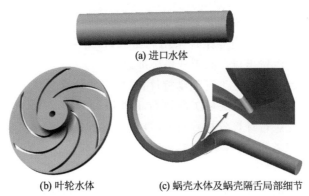

(a) 进口水体

(b) 叶轮水体　　　(c) 蜗壳水体及蜗壳隔舌局部细节

图 5-13　模型泵进口、叶轮、蜗壳三维水体及蜗壳隔舌局部细节

采用 ICEM 14.5 进行网格划分,得到高质量的六面体结构网格。同时为了保证小流量下计算的准确性,对边界层网格进行加密。经过无关性验证,最终选取网格总数为 249 万,图 5-14 为网格示意图。表 5-3 为 4 种工况下模型表面的 y^+ 分布,在叶轮内部 y^+ 值小于 100,满足湍流模型计算要求,可以保证得到较精确的内部流动信息。

图 5-14　网格示意图

表 5-3　4 种工况下模型的 y^+ 分布

Q/Q_d	叶片表面	前后盖板	蜗壳
1.0	0.1～96.1	0.1～88.5	0.1～128.0
0.2	0.2～87.8	0.3～98.3	0.1～130.4
0.3	0.3～85.7	0.3～96.7	0.1～132.5
0.4	0.1～83.6	0.1～94.9	0.1～130.2

（2）定常计算设置

本流场计算基于有限元软件 CFX 14.5，采用全隐式耦合多重网格求解技术，同时求解动量方程和连续性方程。对流控制方程采用基于有限体积法进行离散，对流项采用二阶高分辨率格式，其他项采用二阶中心差分格式。湍流模型选取 SST 模型，壁面函数为自动壁面函数，采用多重坐标系（MFR），设置叶轮与其他部件的动静交界面为"frozen rotor"，网格连接方式定义为 GGI 模式。叶轮壁面定义为旋转壁面，且转速与叶轮转速一致，其他壁面定义为无滑移壁面。进口边界条件采用总压进口，参考压力设为 0 Pa，出口边界条件设为质量流量出口。收敛残差标准设为 10^{-5}。

为了捕捉到驼峰附近工况流动特性，采用定常计算对 0.1，0.2，0.3，0.4，0.5，0.6 倍设计工况的小流量工况进行了模拟，并对 0.8，1.0，1.2，1.4，1.6 倍设计流量工况进行计算分析。将 CFD 模拟得到的扬程与试验扬程相比较（见表 5-4），可以看出，两者基本吻合，且均存在驼峰。在小流量下，试验扬程大于模拟值，大流量下，试验值小于模拟值。表 5-4 中列出了各流量下的模拟扬程与试验扬程的比较误差，均不超过 3.62%。0.3 倍设计流量工况时，模拟扬程误差最小为 0.11%。因此，结果较为可信，可以进一步探索内部流动特性。根据试验结果，该泵在 0.4 倍设计流量工况下存在扬程极大值；而模拟得到扬程在 0.3 倍工况时存在极大值，且当流量小于该值时扬程曲线斜率一直为正，满足驼峰特性曲线的要求，因此模拟得到的驼峰位置与试验基本吻合。

表 5-4　模拟与试验扬程对比

Q/Q_d	试验扬程/m	模拟扬程/m	误差/%
0.1	8.88	8.81	0.79
0.2	8.91	8.88	0.34
0.3	8.92	8.91	0.11
0.4	8.96	8.89	0.78

Q/Q_d	试验扬程/m	模拟扬程/m	误差/%
0.5	8.75	8.94	2.17
0.6	8.75	8.85	1.14
0.8	8.64	8.91	3.12
1.0	8.55	8.82	3.15
1.2	8.29	8.59	−3.62
1.4	7.86	7.95	−1.13
1.6	7.27	7.08	2.61

（3）网格无关性分析与试验对比

① 基于外特性的网格无关性分析

对基本方程进行离散求解得到每个网格节点上的压力、速度等流场信息，是建立在良好网格基础上的。离散过程中存在离散误差，其与差分格式、网格的数量及质量和正交性有很大的关系。随着网格数的增加，网格引起的离散误差会逐渐减小。

如表 5-5 所示，为了尽量消除网格数引起的离散误差，本例选择了几种不同的网格数进行计算分析。选取验证工况为 $Q_d=6.3\ \mathrm{m^3/h}$，试验扬程为 $H_d=8.3\ \mathrm{m}$，以模拟得到的扬程为评价指标。为了更好地体现网格数的影响，网格数需要存在一定的差距。因此本例选择了 5 种网格数，其中 GB～GE 网格数以 1.5 倍率增长。进口、叶轮和蜗壳的网格数都是均匀增加的，保证了网格密度的一致性。同时选择了网格特别稀疏的网格 GA 作为对比，其网格数为网格 GB 的 1/2。

表 5-5　网格无关性分析时各部件网格数

部件	网格 GA	网格 GB	网格 GC	网格 GD	网格 GE
进口	51 025	104 643	308 697	494 067	704 257
叶轮	147 150	298 566	893 490	1 466 478	2 077 110
蜗壳	104 576	204 340	675 198	1 093 528	1 458 060
总网格数	302 751	607 549	1 877 385	3 054 073	4 239 427

网格无关性验证计算选用三维定常计算结果，从表 5-6 可以看出，随着网格数的增加，泵的扬程减小，该泵的扬程随网格数的变化不是特别明显。在评价指标方面，无关性分析的目的是找到一个相对逼近的扬程值 H_0，模拟值

越接近该值时,说明结果越精确。根据数值计算得到扬程的趋势选择 H_0,相对误差 r 定义为

$$r = \frac{H - H_0}{H_0} \times 100\%$$

其中,$0.6Q_d$ 和 $1.0Q_d$ 工况对应的 H_0 分别为 9.0 m 和 8.8 m。

当 r 越小,说明网格对计算结果的影响越小。这里定义当 r 不超过 1%,该网格被认为是满足计算要求的。从表 5-6 可以看出,在设计流量下,网格 GB 即可满足计算要求。而在 0.6 倍设计流量下,网格 GB 的相对误差为 2.01%,网格 GC 为 0.26%,因此当网格数量至少到达网格 GC 的网格数时才能满足计算要求。

表 5-6 不同数量网格预测的扬程

工况	参数	网格 GA	网格 GB	网格 GC	网格 GD	网格 GE
$0.6Q_d$	扬程 H/m	9.23	9.18	9.02	9.02	9.09
	相对误差 $r/\%$	2.56	2.01	0.26	0.21	1.01
$1.0Q_d$	扬程 H/m	9.02	8.85	8.85	8.81	8.86
	相对误差 $r/\%$	2.52	0.63	0.62	0.16	0.70

叶轮是离心泵中唯一的旋转做功部件,其内部的流动也是最为复杂的,因此其网格数对模拟结果存在一些影响。本书为了研究这种影响的程度,对上述 5 种数量级的叶轮网格数进行了对比研究。采用上述网格 GC 中的网格数量,而叶轮采用表 5-5 中 5 种不同数量的网格,基于叶轮网格数的无关性分析结果如表 5-7 所示。

表 5-7 基于叶轮网格数的无关性分析结果

工况	参数	网格 IGA	网格 IGB	网格 IGC	网格 IGD	网格 IGE
$0.6Q_d$	扬程/m	8.90	8.97	8.99	9.04	9.03
	相对误差 $r/\%$	1.03	0.25	0.02	0.52	0.34
$1.0Q_d$	扬程/m	8.77	8.88	8.84	8.82	8.81
	相对误差 $r/\%$	0.31	0.96	0.54	0.23	0.22

从表 5-7 中可以看出,由于进口和蜗壳采用了较良好的网格 GC,在设计工况下,5 种网格扬程的相对误差均小于 1%,满足计算要求,而在 0.6 倍设计流量下,网格 IGA 的相对误差较大,从网格 IGB 开始才能够满足计算要求。

比较网格无关性和叶轮网格无关性分析可以得到一个共同的结论,能够

满足设计工况要求的网格,不一定满足小流量工况的计算要求,小流量工况下的计算网格需要进一步细化。因此在网格无关性分析时,最好直接针对所研究的小流量工况进行,而非仅对设计工况进行无关性分析。

　② 基于内特性的网格无关性分析

　上述的网格无关性分析只针对外特性进行了对比,无法反映内部流动情况。本书在叶轮和蜗壳 2 个部件各选择一个位置,将数值模拟得到的绝对速度与 PIV 试验值进行比较。叶轮数值计算的位置选择在所拍摄流道的出口 $0.9R_2$ 处,蜗壳选择 $R = 91$ mm 的一段圆弧,蜗壳内圆弧的具体位置如图 5-15 中虚线所示。

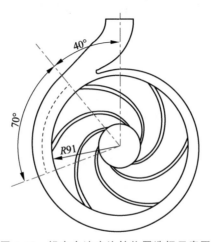

图 5-15　蜗壳内速度比较位置选择示意图

　PIV 的测量结果为时均值,而定常数值模拟结果为瞬时结果,无法完全吻合,因此书中 PIV 试验与模拟速度值的对比局限于数值上的基本吻合。对比分析的主要目的是在保证一定精度的前提下确定对叶轮和蜗壳内部绝对速度的预测基本保持不变时对应的网格数,可以说明此时预测得到的速度与网格数之间的关系基本很小,该分析即称为网格无关性分析。

　图 5-16 为在 $0.6Q_d$ 工况时 2 种无关性分析叶轮内绝对速度的对比,其中,SS 表示叶片吸力面,PS 表示叶片压力面。从图 5-16 中可以看出,叶轮出口 $0.9R_2$ 处绝对速度的平均值略大于 8 m/s,模拟值在 $6 \sim 12$ m/s 之间波动,具有一定的可比性。当网格数为方案 GA 时,其绝对速度值与其他较大网格数相差较大。随着网格数的增加,靠近叶片吸力面的速度模拟值逐渐增加,达到最大的 2 种网格数量 GD,GE 方案时,速度趋于一致;而几种方案预测得

到靠近压力面的速度基本一致。叶轮网格的无关性分析结果表明:除了 2 种小数量的网格 IGA 和 IGB 外,其余 3 种数量的网格对速度的影响较小。

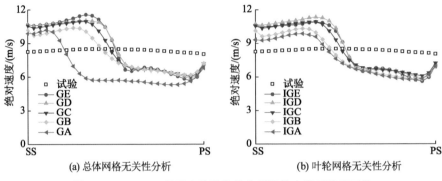

图 5-16 $0.6Q_d$ 工况下 2 种无关性分析叶轮内绝对速度对比

图 5-17 为 $0.6Q_d$ 工况下 2 种无关性分析蜗壳内绝对速度对比。所选蜗壳圆弧处试验所得绝对速度平均值约为 6 m/s,模拟值在 5~7 m/s 之间波动,均值为 6 m/s 左右,两者在数值上吻合。整体网格数量对蜗壳内速度场分布的影响为:随着网格数的增加,绝对速度值逐渐减小;当网格数增加至 GD 和 GE 方案时,绝对速度的大小趋于不变。

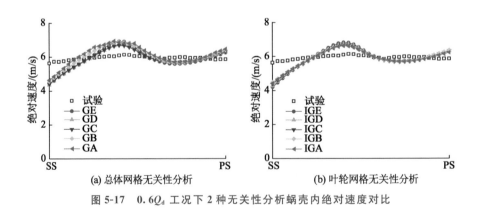

图 5-17 $0.6Q_d$ 工况下 2 种无关性分析蜗壳内绝对速度对比

在对增加叶轮网格数进行无关性验证时,由于进口和蜗壳的网格数量已经选定为较大的数量,网格数量具有一定的基准,因而当叶轮网格数变化时,数值模拟的速度大小并无明显变化,基本一致。速度的大小和变化趋势与直接进行网格无关性验证相同,如图 5-18 所示。

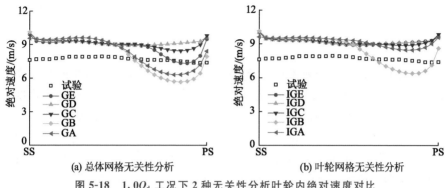

(a) 总体网格无关性分析　　　　　(b) 叶轮网格无关性分析

图 5-18　$1.0Q_d$ 工况下 2 种无关性分析叶轮内绝对速度对比

如图 5-19 所示,在 $1.0Q_d$ 工况下,叶轮出口绝对速度的均值略小于 8 m/s,数值模拟得到的绝对速度在 6~10 m/s 之间波动。数值模拟得到的绝对速度的均值大于 PIV 试验的值,压力面附近变化较大,而吸力面附近基本类似,这是因为压力面附近存在不稳定流动。随着网格数量的增大,绝对速度的值逐渐增大。而当网格数达到一定数量后,速度基本趋于不变。蜗壳内绝对速度随着网格数量的增加逐渐减小,最后也是逐渐趋于不变。

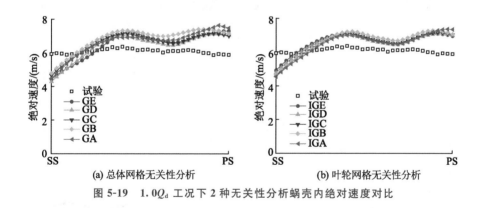

(a) 总体网格无关性分析　　　　　(b) 叶轮网格无关性分析

图 5-19　$1.0Q_d$ 工况下 2 种无关性分析蜗壳内绝对速度对比

因此,对该模型泵而言,采用整体数量增加的网格无关性分析方法可以得到较好的结果,而无须再进行叶轮网格的无关性分析。网格数量的增加对叶轮内绝对速度的影响较大,而对蜗壳内绝对速度的影响很小。

对比 2 种流量下的绝对速度的模拟精度,可知在 $1.0Q_d$ 工况下叶轮内绝对速度模拟值的波动范围为 6~10 m/s,小于 $0.6Q_d$ 工况的 6~12 m/s,而蜗壳内的速度波动范围相差不大,基本一致,均为 5~7 m/s。

结合以上分析,考虑到本例需要计算更小的流量 $0.4Q_d$,因此以下的计算均采用网格 IGD 的网格数进行分析,即进口网格数为 308 697,蜗壳网格数为 675 198,叶轮网格数为 1 466 478,总网格数为 2 450 373。

(4) 不同湍流模型对计算结果的影响

湍流模型的选择对预测精度存在很大影响,为此本例采用 3 种湍流模型进行了定常数值计算。图 5-20 为 $0.6Q_d$ 工况下叶轮出口 $0.9R_2$ 处绝对速度的模拟值与 PIV 试验值进行对比,叶轮内绝对速度的试验平均值为 8 m/s 左右,采用 $k-\varepsilon$ 模型绝对速度的波动范围为 4~10 m/s,$k-\omega$ 模型绝对速度的波动范围为 6~12 m/s,SST 模型绝对速度的波动范围为 6~11 m/s,SST 模型绝对速度的波动范围最小。蜗壳内绝对速度试验值为 8 m/s,绝对速度的波动范围为 4.5~7 m/s,3 种湍流模型的预测值相差不大。

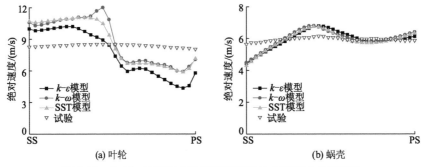

图 5-20　$0.6Q_d$ 工况下 3 种湍流模型叶轮与蜗壳内速度对比

如图 5-21 所示,$1.0Q_d$ 工况下 3 种湍流模型对叶轮内绝对速度的预测值相差较小,吸力面的绝对速度基本一致,而在压力面存在差异。试验得到的绝对速度略小于 8 m/s,数值模拟的绝对速度约为 9 m/s。蜗壳内绝对速度的试验值为 6 m/s,3 种模型绝对速度的预测值和趋势基本一致,其中 $k-\varepsilon$ 模型的预测结果与其他两者相差较大。

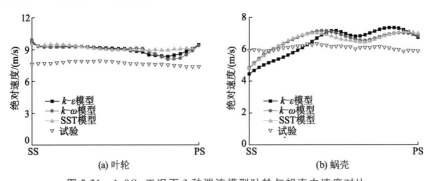

图 5-21　$1.0Q_d$ 工况下 3 种湍流模型叶轮与蜗壳内速度对比

通过对比 2 种流量下 3 种湍流模型对叶轮和蜗壳内绝对速度的影响可知：蜗壳内绝度速度的预测精度均高于叶轮流道内速度的预测精度，$1.0Q_d$ 工况下的预测精度高于 $0.6Q_d$ 工况。$1.0Q_d$ 工况下不同湍流模型对绝对速度的预测精度相差较小，而 $0.6Q_d$ 工况下不同湍流模型之间差异较大，尤其是叶轮内的速度，而 3 种湍流模型中 SST 模型最为精确。因此本书的非定常计算采用基于 SST 模型的分离涡模型 DES 进行计算分析。

5.2.2　驼峰发生区附近工况泵内部流动特性分析

驼峰是水力机械中常见的非稳态现象。低比转速离心泵在小流量工况下易产生驼峰，驼峰的出现即意味着运行工况存在严重的不稳定性，会影响机组的发电效率或造成大量能耗，更严重地会影响机组运行的安全可靠性。泵的耗电量占年发电总量的 17％左右，是仅次于电动机的能耗大的通用机械之一。因为选型不当等，泵经常运行在偏离高效区的工况，尤其当泵运行在小流量时，容易引发流动分离[18]、进口回流[19,20]、旋转失速[21,22]等不稳定现象，造成大量能耗，且存在很大的安全隐患。

目前对泵驼峰现象的研究主要集中在对驼峰现象的预测和判定[23]、探索驼峰机理[24]及如何在工程应用中避免驼峰[25]等，主要应用的方法是数值模拟和 PIV 试验[26-28]等。但是目前仍不能十分满意地预测到驼峰发生区附近的流动现象，也没有得到被公认的驼峰机理。低比转速泵的特性曲线较为平坦，更加容易出现驼峰[29]。因此，针对上一节介绍的低比转速离心泵，采用CFX 14.5 进行驼峰工况附近多个小流量工况的内流场数值模拟，得到驼峰工况附近泵内部非定常流动特性，并与外特性进行对比分析，探索和初步揭示驼峰的产生机理。本节将着重研究 $0.2Q_d$，$0.3Q_d$，$0.4Q_d$ 工况下的泵内部流动特性，为了突出这些小流量工况的流动非稳定性，特将设计流量也作为对比进行分析。

（1）泵进口流动分析

根据泵的基本方程——欧拉方程，进口速度存在周向分量即产生预旋时，会使得泵的扬程有所降低，甚至出现驼峰。而进口速度取决于吸入室的形状，该泵进口为圆柱形直管道，进口绝对液流角 $\alpha=90°$，不易产生预旋，因此吸入室预旋对驼峰的影响很小。

图 5-22 为 4 种工况下叶轮进口管路截面中心线上轴向速度分布。由图可以看出，随着流量的减小，出现了与主流方向相反的流动，这种现象即为进口回流。设计流量下，轴向速度沿着进口指向叶轮。当流量减小至 $Q/Q_d=$ 0.4，0.3 时，轴向速度有所减小，且越贴近壁面减小越为明显，甚至在一侧壁

面出现了回流。当流量减小至 $Q/Q_d=0.2$ 时,出现回流区域且速度进一步增大,使得主流区所占比例很小,干扰了正常流动。回流旋涡进入进口管道,甚至堵塞流道,造成很大的能量损失,使得扬程下降。同时回流旋涡还存在圆周分速度,使得进口流体产生预旋,进而使得小流量下扬程下降,极可能诱发驼峰。

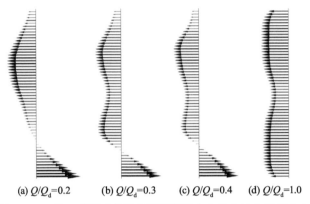

(a) Q/Q_d=0.2　　(b) Q/Q_d=0.3　　(c) Q/Q_d=0.4　　(d) Q/Q_d=1.0

图 5-22　4 种工况下叶轮进口管路截面中心线上轴向速度分布

（2）叶轮出口流动分析

图 5-23 和图 5-24 分别为 4 种工况下的叶轮中间截面相对速度与绝对速度矢量图。为方便描述,以隔舌流道为流道 1,按叶轮旋转方向将流道依次标号为 1~6,图中点 A 所在的位置为隔舌位置。从图 5-23 中可以看出,由于速度滑移,叶片压力面速度大于吸力面速度;位于隔舌前部的叶轮流道 6 出口相对速度值较大。这是由于流体进入蜗壳时冲击隔舌,产生了较大的相对速度,且隔舌处的流动不再沿着叶片的方向直接出流,而是向着隔舌方向有所偏转;对比不同流量,可以发现设计流量下相对速度分布最为均匀,流动最为光滑平顺,在流道 1 和流道 6 中部叶片压力面出现回流,但进出口速度方向大致沿着叶片均匀分布;随着流量的减小,流动逐渐变得紊乱;流道 1,4,5,6 内均出现不同程度的旋涡,其中流道 1 内的回流主要出现在叶片压力面,而其他流道的旋涡发生在整个流道内;旋涡随着流量的减小变得更多,影响范围更大,且在 $0.2Q_d$ 和 $0.3Q_d$ 工况下,流道 4 出现了 2 个旋涡,回流的影响范围增加,甚至延伸到叶片进口位置,堵塞整个流道,对流动造成很大的干扰;各工况下,存在旋涡的流道出口相对速度较大,均存在局部高速区。

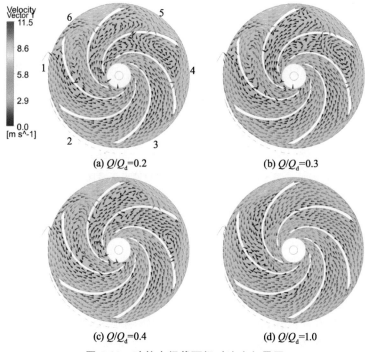

(a) $Q/Q_d=0.2$ (b) $Q/Q_d=0.3$

(c) $Q/Q_d=0.4$ (d) $Q/Q_d=1.0$

图 5-23　叶轮中间截面相对速度矢量图

　　从图 5-24 可以看出，设计工况下叶轮内流动方向大致沿着叶轮旋转方向，且分布均匀，从进口到出口，速度逐渐增大，存在旋涡的流道内的绝对速度值高于其他流道；在叶轮出口及间隙区域的速度有所降低，且位置与图 5-23 所示的出口的高速部分位置一致；随着流量减小，该区域的面积逐渐增大，流动方向变得更加紊乱，偏离圆周切向较多，甚至出现流向流道内的流动。

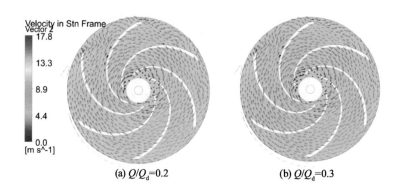

(a) $Q/Q_d=0.2$ (b) $Q/Q_d=0.3$

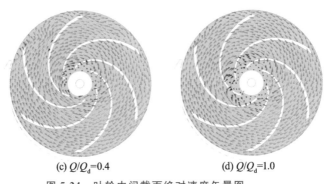

(c) Q/Q_d=0.4   (d) Q/Q_d=1.0

图 5-24 　叶轮中间截面绝对速度矢量图

（3）驼峰机理分析

① 叶轮出口速度分析

根据速度三角形（见图 5-25a）可知，对于 3 种小流量工况下的叶轮流道内流动，当出现回流时，相对速度的方向变成反向，即由 w_2 变为图中 w_2' 的方向，而此时绝对速度 v_2 反而增大，且与圆周方向的夹角减小，与上述分析变化一致。由欧拉方程可知，出口速度对扬程的影响很大，因此出口速度的变化对扬程的变化起着至关重要的作用。如图 5-25b 所示，当出口相对流速 w_2 增加时，v_{u2} 逐渐减小，当 w_2 增加到一定程度后，v_{u2} 甚至变成负值。根据 $H=(v_{u2}u_2-v_{u1}u_1)/g$ 可知，扬程会减小，极有可能引发驼峰。

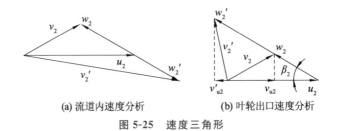

(a) 流道内速度分析   (b) 叶轮出口速度分析

图 5-25 　速度三角形

图 5-26 为多工况下 $R/R_2=0.9$ 位置绝对速度的圆周分量。从图中可以看出，在靠近隔舌的第 6 个流道内，各个工况下都存在不同程度的波动，流量越小，波动越明显，v_{u2} 的数值减小得越多，在第 4 和 5 个流道内仅在 $0.4Q_d$ 以下工况流量出现了明显的波动和减小，在第 1,2,3 流道内流动较为均匀。据此分析在 $0.4Q_d$,$0.3Q_d$,$0.2Q_d$ 工况下，v_{u2} 的均值减小较多，因此使得扬程降低，诱发驼峰。由此可知，驼峰的出现与叶轮出口的相对速度的增加（即绝对速度的减小）相关。

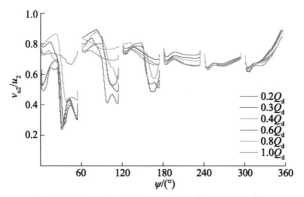

图 5-26　$R/R_2 = 0.9$ 处绝对速度的圆周分量

图 5-27 为多工况下 $R/R_2 = 0.9$ 位置绝对速度的径向分量。由图可以看出 $0.2Q_d$ 工况下存在非常严重的速度回流,在其他小流量工况的第 4,5,6 流道内也存在不同程度的反向流动。这些现象都会引起扬程下降,从而诱发驼峰。

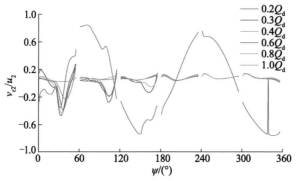

图 5-27　$R/R_2 = 0.9$ 处绝对速度的径向分量

② 叶轮中截面流线图分析

图 5-28 为从叶轮进口到叶轮中间平面的 4 个轴向截面的坐标定义,1,2,3,4 号截面分别对应 $Z = -25$ mm,-20 mm,-15 mm 和 0 mm,其中进口沿着 Z 轴正向。

图 5-29 为 4 个轴向截面在 2 个代表流量工况下的速度流线分布。由图可以看出,在设计流量下,$Z = -25$ mm,-20 mm,-15 mm 截面处均未出现旋涡,流动较为平顺;在 $Z = 0$ mm 处,

图 5-28　坐标定义

流道 6 中部由于速度滑移的影响出现旋涡。当流量减小至 $Q/Q_d = 0.4$ 时，$Z = -25$ mm 处开始出现旋涡，由前面的分析可知这是因为进口发生了回流，至 $Z = -20$ mm 断面，该旋涡扩大且同时又出现一个与之对称的旋涡，在 $Z = -15$ mm 处，该旋涡不断扩大且位于流道 6 进口中部，至 $Z = 0$ mm 时，这 2 个旋涡仍然存在，同时流道内出现了更多的旋涡，$Q/Q_d = 0.2$ 和 $Q/Q_d = 0.3$ 的旋涡发展规律与之类似，在此不再详述。由此可知，随着流量的减小，进口发生回流，流道内旋涡初生，且随着流动的发展，旋涡数目不断增加，直至中截面旋涡仍然存在，无法消失。这也验证了图 5-26 和图 5-27 中的速度波动规律。

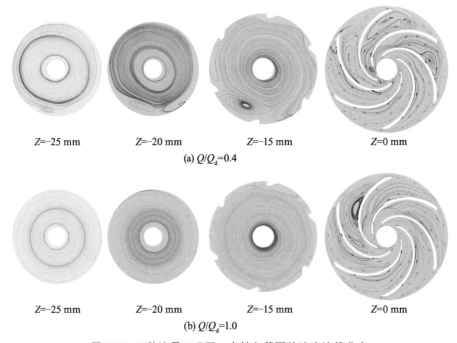

Z=-25 mm　　Z=-20 mm　　Z=-15 mm　　Z=0 mm

(a) Q/Q_d=0.4

Z=-25 mm　　Z=-20 mm　　Z=-15 mm　　Z=0 mm

(b) Q/Q_d=1.0

图 5-29　2 种流量工况下 4 个轴向截面的速度流线分布

　　a. 当流量减小时，进口内轴向速度减小，并从壁面处开始出现回流。回流旋涡进入进口管道，甚至堵塞流道，造成很大的能量损失和进口流体的预旋，使得小流量下扬程下降，引发驼峰。

　　b. 驼峰的出现与小流量下叶轮出口的相对速度的增加即绝对速度的减小相关，与叶轮流道内的流动分离相关。

　　c. 0.2 倍设计流量工况下存在非常严重的速度回流，在其他小流量工况的第 4,5,6 流道内也存在不同程度的反向流动,这些现象都会引起扬程的下降,从而诱发驼峰。

d. 随着流量的减小,进口发生回流,流道内旋涡初生,且随着流动的发展,旋涡数目不断增加,直至中截面旋涡仍然存在,无法消失。

5.3 基于 DES 小流量工况非定常流动特性研究

DES 分离涡模型在近壁面区域采用雷诺时均法,而在主流区采用大涡模拟,既能保证精度又能节省计算时间,因此本节选用该湍流模型进行非定常计算。

5.3.1 非定常计算设置

(1) 时间步长选择

在离心泵三维湍流非定常计算中,时间步长与计算的精度和经济性直接相关。时间步长太长,则无法满足精度要求,导致结果不准确;虽然时间步长短能够保证结果准确,但需要消耗大量的计算机资源。因此,与网格无关性分析相同,为了减少计算中的离散误差,需要选择合理的时间步长,对时间步长的无关性进行分析。图 5-30 所示为 $0.6Q_d$ 工况下时间步长无关性分析结

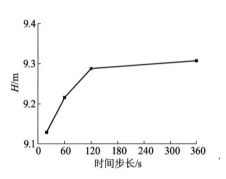

图 5-30 非定常计算时间步长无关性分析

果,T 表示叶轮旋转周期。本例选取了 4 种时间步长,$T/20$ s,$T/60$ s,$T/120$ s 和 $T/360$ s,所对应的叶轮转动角度分别为 18°,6°,3°和 1°。以定常计算结果为初始条件,采用瞬态转子法,通过非定常计算得到 6 个周期的扬程结果,选取最后一个周期的扬程结果进行平均比较,图5-30 和表 5-8 中的扬程计算值即为平均结果。可以看出,随着时间步长的减小,扬程的计算值逐渐增加,当时间步长大于 $T/120$ s 时,扬程计算值基本保持不变。因此可以选择计算时间步长为 $T/120$ s[30]。

为了比较不同的相位,保存最后一个周期的结果并将最后一个周期的时间步长选择为 $T/360$ s。从表 5-8 中可以看出,通过非定常数值计算,从外特性看,预测精度较高,因此本节将针对这 3 个小流量工况展开研究。

表 5-8　非定常计算扬程模拟误差

流量点	模拟扬程/m	试验扬程/m	相对误差/%
$0.4Q_d$	9.18	8.73	5.15
$0.5Q_d$	9.25	8.77	5.47
$0.6Q_d$	9.28	8.78	5.00

（2）监测点设置及其他计算参数设置

非定常计算时以相应工况的定常计算结果为初始条件,湍流模型采用 DES 模型,在涡流较强的区域采用 LES 模拟,而在其他部分采用雷诺时均模型,实现了资源的最大效率利用。动静部件之间的连接采用 GGI 模式,瞬态冻结转子法被用来模拟叶轮的旋转。瞬态模拟差分格式选择二阶向后欧拉模式。收敛残差设置为 10^{-5},最大迭代步数为 10 步。除了进出口边界,其余壁面均设置为光滑无滑移壁面。通过非定常计算得到 0.4,0.5,0.6 倍设计流量工况下的计算结果,并进行分析。

为了得到不同位置的压力和速度信息,在叶轮、蜗壳及间隙设置监测点,如图 5-31 所示。其中,叶轮内监测点叶片进口到出口的 8 个不同半径处,进口为 im in1,im in2,im in3,与此同时在同一流道内,半径分别为 $0.35R_2$,$0.45R_2$,$0.55R_2$,$0.65R_2$,$0.75R_2$,$0.85R_2$,$0.95R_2$ 的叶片压力面、流道中间、叶片吸力面间的圆弧上设置 3 个监测点,其标号依次为 1,2,3。叶

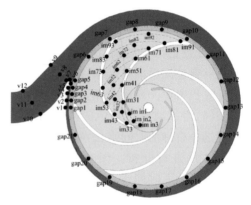

图 5-31　监测点设置

轮内监测点的表示方法以 im31 为例,3 表示 $0.35R_2$ 半径,1 表示靠近压力面的监测点。由于蜗壳为螺旋形非对称设计,隔舌处断面面积最小且流动较为复杂,因此布置监测点 v1～v12 以观察其流动情况。间隙部分流动是叶轮与蜗壳相互作用的集中体现,尤其是叶轮尾迹区域的复杂流动起着主导作用,因此在间隙处每隔 3°设置一个监测点,同时在隔舌处增加了 3 个点进行比较,表示为 gap1～gap21。

5.3.2 泵内部流场分析

（1）0.6 倍设计流量工况不同相位内部速度场的比较

图 5-32 为 0.6 倍设计流量工况下，叶轮旋转一个周期时叶轮和蜗壳中间截面流线图。由图可以看出，随着时间的推移，流道内的分离涡跟随着叶轮一起运动，叶轮流道内旋涡的位置并没有发生变化，属于定常失速。在 $T/5$ 时刻，靠近隔舌附近的流道内均发生了流动分离。随着叶轮旋转流道远离隔舌，其内部的旋涡逐渐消失。流道 1 出口存在与叶轮旋转方向相反的涡，在 $t=0$ 时刻，涡的位置在叶片吸力面的尾部，到 $T/5$ 时刻，该旋涡的位置基本不变，但其范围逐渐增大，至 $2T/5$ 时刻，旋涡随着叶轮一起转动，但其中心仍在流道中间，至 $3T/5$ 时刻，该旋涡的中心逐渐向叶片压力面移动，当到达 $4T/5$ 时，该旋涡中心继续向压力面移动。可见旋涡前进的速度小于叶轮的旋转速度，才使得旋涡向压力面移动。流道 2 在压力面约 2/3 处存在较小的旋涡，该旋涡附着在压力面上，到 $4T/5$ 时旋转旋涡基本消失。流道 3 也在压力面约 2/3 处存在很小的旋涡，但是随着叶轮的旋转该旋涡逐渐消失。流道 6 存在 3 个旋涡，进口 1 个小旋涡，出口压力面 2/3 处存在 1 个大旋涡，出口存在 1 个小旋涡。随着叶轮的旋转，出口处的 2 个旋涡逐渐融合成 1 个大的旋涡。流道 5 的涡在 $t=0$ 时刻从压力面开始产生，随着叶轮旋转逐渐增大，并在 $3T/5$ 时叶轮涡逐渐增大；同时吸力面进口 1/3 处一直存在旋涡。可以看出，经过一个周期的 $4T/5$，流场的分布逐渐接近初始的 $t=0$ 时刻。与上述结论类似，流道内靠近隔舌的 3 个流道内总是存在旋涡，旋涡从压力面开始产生，随着叶轮越往隔舌靠近，叶轮出口的旋涡逐渐增大，而随着其远离隔舌，流道内的涡逐渐减小并向压力面移动。

图 5-33 为 $0.6Q_d$ 工况下的不同相位下叶轮流道内绝对速度的数值计算和 PIV 试验结果。由图可以看出，模拟速度值约为 10 m/s，不同相位下的模拟得到的绝对速度在吸力面较为类似，而从流道中部开始直至压力面存在差异。当角度 θ 较大时，压力面速度较小，而随着叶片越靠近隔舌即角度越来越小，吸力面速度逐渐增加最后趋于不变。试验得到的速度值略大于 8 m/s，不同相位角下的绝对速度几乎一致，只有在 $\theta=51°$ 和 $40°$ 时从吸力面开始的 1/5 流道内的绝对速度较其他相位角偏小，而之后的大约 4/5 的流道内绝对速度几乎完全一致。模拟得到的速度大于试验结果，速度均值相差 2 m/s，且分布的趋势存在差异。模拟结果在不同相位下压力面速度不同，而试验结果仅在 $\theta=51°$ 和 $40°$ 时与其他相位存在差异。

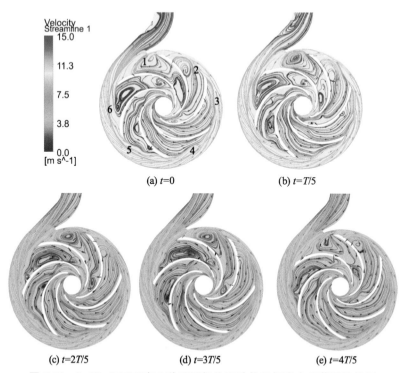

图 5-32 0.6Q_d 工况下在 5 种不同相位下叶轮和蜗壳中间截面流线图

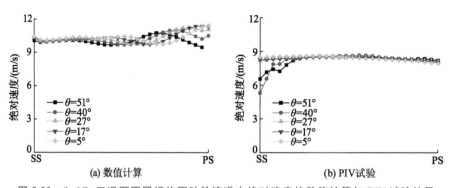

图 5-33 0.6Q_d 工况下不同相位下叶轮流道内绝对速度的数值计算与 PIV 试验结果

对叶轮流道其他半径处的绝度速度值进行对比：0.7R_2 时的试验值约为 7 m/s，数值计算值约为 8 m/s；0.8R_2 时的试验值约为 8 m/s，数值计算值约为 9 m/s；0.9R_2 时的试验值约为 8 m/s，数值计算值约为 10 m/s；0.95R_2 时的试验值约为 8 m/s,数值计算值约为 10 m/s。可以看出,越靠近叶轮出口,试验值与数值计算值的差值越大。

(2) 3 种小流量工况下不同截面速度场的比较

图 5-34 为 3 种流量工况下中间截面及前后盖板截面的速度流线分布。由图可知,在 3 种小流量下,叶轮内部靠近隔舌的 4 个流道内均存在旋涡,流道中部和尾部压力面均出现旋涡,且尾部的旋涡面积更大,这是因为尾部旋涡实际已经不受流道的控制,发展更快。分离涡总是发源于叶片压力面,这是因为旋转的叶轮内的流体受到的科氏力与液体压力差总是处于不平衡的状态,此时边界层外的主流不断将动能转化成压能,当动能完全转换成压能时,速度为 0,此时发生回流。同时,边界层内的流体流向主流区域,发生边界层分离,形成旋涡。而根据叶轮内速度分布,压力面的速度小于吸力面,因此旋涡总是从压力面开始形成。这与 Johnston[31] 对湍流的论述结果是一致的,科氏力作用使得压力面边界层不够稳定,易形成湍流边界层。而进口处的旋涡通常位于吸力面,主要是由于叶片进口存在正冲角,在吸力面形成死水区。而随着流量的减小,该冲角越来越大,因此死水区的面积也越来越大。

流量为 $0.6Q_d$ 工况下,在流道1(隔舌处流道标号为1,按叶轮旋转方向依次标号为 1~6)内,流道进口及出口各存在 1 个旋涡,出口处涡的旋转方向与叶轮旋转方向相反,而在进口处涡的旋转方向与叶轮旋转相同。流量减小 $0.5Q_d$ 时,2 个旋涡不断增大,在相交处吸力面产生了 1 个新的旋涡。当流量继续减小至 $0.4Q_d$ 时,该旋涡与进口处的旋涡相合并,得到了 1 个占半个流道的进口涡。从流道 6 中涡的发展可以看到进口的涡逐渐增大,几乎造成整个流道堵塞,产生较大的能量损失,使得扬程下降。而流道 3 和流道 5 的压力面逐渐出现了较小的涡。观察蜗壳内部流场可知,在流量为 $0.5Q_d$ 和 $0.6Q_d$ 时,蜗壳出口处的流动较为平顺,而在流量为 $0.4Q_d$ 时,蜗壳出口部分也出现了流动分离,消耗了部分能量,使得该流量下的扬程下降。

对比前后盖板截面与中间截面的速度流线分布可知,前后盖板处均存在与中间截面对应的涡结构。比较而言,在 3 种流量下后盖板截面的涡尺度最小,旋涡发生的位置位于中间截面与前盖板截面之间。

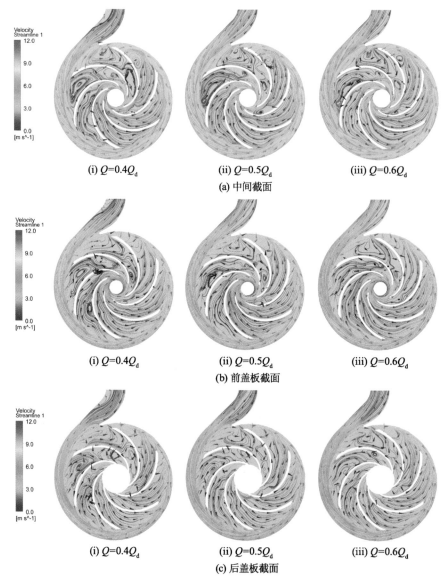

(i) $Q=0.4Q_d$ (ii) $Q=0.5Q_d$ (iii) $Q=0.6Q_d$

(a) 中间截面

(i) $Q=0.4Q_d$ (ii) $Q=0.5Q_d$ (iii) $Q=0.6Q_d$

(b) 前盖板截面

(i) $Q=0.4Q_d$ (ii) $Q=0.5Q_d$ (iii) $Q=0.6Q_d$

(c) 后盖板截面

图 5-34　3 种流量工况下中间截面及前后盖板截面的速度流线分布

（3）叶轮质点内流动受力分析

对叶轮内某一质点的受力情况进行分析，如图 5-35 所示。叶轮内的流体主要受到离心力和科氏力的相互作用，旋转引起的离心加速度 $b_z=\omega^2 R$，科氏加速度为 $b_c=2\omega w$，流道曲率引起的离心加速度为 $b_{z3}=w^2/R_{sl}$，其中 R_{sl} 为流线曲率半径。这 2 种力均沿着流线法向，但方向相反，其合作用力决定着叶轮

内二次流的强度。Ro 为由流道曲率引起的离心加速度和科氏加速度的比值，即可以衡量二次流的强度,其表达式为[32]

$$Ro = \frac{\omega}{R_{sl}} \tag{5-8}$$

当 $Ro > 1$ 时,说明流道曲率引起的离心力占主导作用;$Ro = 1$ 时,说明两者相当;当 $Ro < 1$ 时,说明科氏力占主导作用。

从图 5-36 中可以看出,在叶轮主要流道部分 Ro 约为 0.1。随着半径的增加,Ro 先急剧减小再缓慢增加,在大约 $r/R_2 = 0.6$ 处达到最小值。叶轮进口处流道曲率最大,Ro 取得最大值。若 Ro 始终小于 1,则说明科氏力在流动过程中一直起着主导作用。随着流动的发展,其作用越来越强,当到达流道中部在 $r/R_2 = 0.6 \sim 0.7$ 处旋转作用最强。随着流量的减小相同半径处的 Ro 有所减小,说明小流量下科氏力的作用体现得更加明显,因此造成了更加严重的流动分离,流动损失加剧。

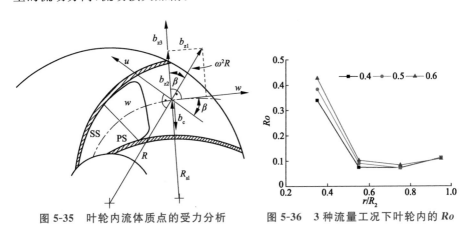

图 5-35 叶轮内流体质点的受力分析　　　图 5-36 3 种流量工况下叶轮内的 Ro

5.3.3　泵内部速度分布与扬程特性曲线分析

（1）相对速度分析

图 5-37 所示为 2 种小流量工况下叶轮内 4 种不同半径处圆周的相对速度曲线,0°～60°对应隔舌区域。由图可以看出,在 0.6 倍设计流量下,除了隔舌区域,其余流道内的速度分布相对均匀且在出口 $0.95R_2$ 处可以看到明显的"射流-尾迹"现象,即同半径处吸力面的速度明显小于压力面的速度。在 0.4 倍设计流量下,6 个流道内的速度分布不均,在 $0.95R_2$ 半径处,流道内相对速度的平均值最大;在 $0.35R_2$, $0.55R_2$ 和 $0.75R_2$ 半径处,流道越远离隔舌,相对速度的平均值越大。这是因为隔舌处的流体聚集,堵塞了隔舌流道

内流体流出,形成逆流。因此,随着流量的减小,隔舌对相对速度的干扰作用越来越强,尤其是对于叶轮半径较大的叶轮出口处速度分布的干扰,隔舌加剧了流道内速度分布的不均匀性及"射流-尾迹"结构。

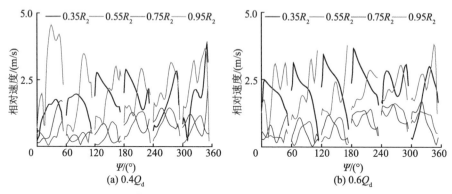

图 5-37　2 种小流量工况下 4 种不同半径处相对速度的分布

（2）3 种流量工况下绝对速度周向和径向分量对比

图 5-38 所示为在 $0.4Q_d$,$0.5Q_d$,$0.6Q_d$ 流量工况下叶轮 $0.9R_2$ 处绝对速度的周向分量和径向分量与叶轮出口圆周速度的比值。由图可以看出,径向速度比圆周速度小很多,圆周速度为绝对速度的主要分量。从周向速度可以看出,在靠近隔舌的第 1 流道内,各个工况下均存在不同程度的脉动,流量越小,脉动越明显,v_{u2} 减小得越多,在第 2,3 流道内仅在 $0.4Q_d$ 工况时开始出现较强的脉动,而在其他流道内流动较为均匀。此外,$0.6Q_d$ 工况时在流道 2 内出现了较大脉动。据此分析,v_{u2} 的减小引发了扬程的降低。从径向速度的变化看出,在 3 种小流量工况下各个流道均出现了不同程度的反向流动现象,其中隔舌附近流道 1 和流道 6 的回流现象最为严重。这些现象都会引起扬程下降,引发振动噪声。

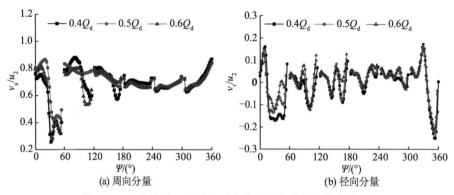

图 5-38　3 种流量工况下绝对速度的周向分量与径向分量

（3）泵内不稳定流动与扬程特性曲线的关系

根据欧拉方程，理论扬程与叶轮进出口速度矩的差值 $v_{u2}r_2-v_{u1}r_1$ 成正比，其关系表达式如下：

$$H_{th}=(v_{u2}u_2-v_{u1}u_1)/g=2\pi n(v_{u2}r_2-v_{u1}r_1)/g \tag{5-9}$$

为此，本节通过对不同流量下叶轮进出口的速度矩进行了计算，在 CFX 中，其中绝对速度的圆周分量 v_{u2} 和 v_{u1} 可以直接在圆柱坐标下读出。出口为圆周面，因此 r_2 为常数。进口断面由于半径不断变化，因而本书使用 CFX 后处理中的质量加权平均函数进行计算，得到叶轮进口断面进口速度环量 $v_{u1}r_1$，为了保证一致性，采用相同的方法得到出口速度环量 $v_{u2}u_2$。3 种小流量工况泵进出口的速度环量如表 5-9 所示。

表 5-9　3 种小流量工况下泵进出口的速度环量

流量	进口速度环量/(m^2/s)	出口速度环量/(m^2/s)	理论扬程 H_{th}/m	假设进口无预旋计算扬程 H_{npre}/m	$\dfrac{H_{npre}-H_{th}}{H_{th}}\times 100\%$
$0.4Q_d$	0.008 708 4	0.888 416	13.62	13.76	0.99%
$0.5Q_d$	0.008 581 19	0.817 096	12.52	12.65	1%
$0.6Q_d$	0.007 217 1	0.762 996	11.70	11.82	0.95%

从表 5-9 可以看出，理论扬程的数值小于实际扬程，且随着流量的减小而增加。虽然该泵进口处发生了预旋和回流，但是其速度的圆周分量较小，相应的进口速度环量的值也较小。出口处的速度环量远远大于进口的，为了评估进口速度环量对理论扬程的影响，本书计算了假设进口无预旋得到的扬程 $H_{npre}=2\pi nv_{u2}r_2/g$，并与理论扬程进行比较。0.4,0.5,0.6 倍设计流量工况下其对理论扬程计算的误差分别为 0.99%，1%，0.95%，均不大于 1%，因此从定量角度可知，进口速度环量对理论扬程的影响很小，其理论扬程主要取决于出口速度环量。

泵的实际扬程由理论扬程减去各种损失求得，诸如水力损失、容积损失、摩擦损失等，而这些损失在各个部件中表现为总压的变化。为了研究不同部件中的损失分布，本书通过读取进口、叶轮、蜗壳三部分的输入、输出总压，并通过计算得到其对应的扬程损失大小，如表 5-10 所示（百分比为各损失占总损失的比例）。

表 5-10 泵各部件的扬程损失

流量	进口		叶轮		蜗壳	
	扬程损失/m	百分比/%	扬程损失/m	百分比/%	扬程损失/m	百分比/%
$0.4Q_d$	0.15	3	1.60	32	3.18	65
$0.5Q_d$	0.13	4	0.80	23	2.55	73
$0.6Q_d$	0.11	4	0.47	17	2.17	79

注:叶轮的损失水头通过与理论扬程的差值求得。

进口扬程损失主要为沿程阻力损失;叶轮内的扬程损失比较复杂,与叶轮内部流动密切相关;蜗壳内主要为扩散引起的损失。从表 5-10 中可以看出,0.6 倍设计流量下进口扬程损失仅占 4%,叶轮扬程损失占 17%,而蜗壳内扬程损失起到主导作用,达到 79%。流量减小至 0.5 倍设计流量时,进口和蜗壳内扬程损失基本不变,叶轮内扬程损失增加了一半。当流量继续减小至 0.4 倍设计流量时,叶轮内扬程损失继续增加,达到 32%,约为 0.6 倍设计流量的 2 倍,而进口扬程损失基本不变,蜗壳内扬程损失减少了 14%。从以上数据可知,进口扬程损失只占总损失中很少的一部分,主要的扬程损失在叶轮和蜗壳中,其中蜗壳内扬程损失占主导地位。随着流量的减小,进口扬程损失的变化不大,叶轮内扬程损失逐渐增大,而蜗壳内扬程损失相应减小,但是仍为主要损失。

从以上分析可知,叶轮内的流动损失是造成 0.5 倍、0.4 倍设计流量下扬程下降的主要原因。叶轮内的流动随着流量的减小变得更加复杂,损失更大,与上述分析中叶轮流道内复杂的速度场相对应。

5.3.4 泵内部压力信号频域分析

(1) 叶轮内监测点频域分析

采集 24 圈的各监测点的压力信号,采样时长约为 1 s,采样频率达到 1 Hz。由上述分析可知 0.4 倍设计流量下的不稳定流动最严重,因此对该工况进行频域分析。对各个监测点的压力信号进行傅里叶变换,纵坐标采用各频率下的脉动强度进行定义,单位为 Pa^2。其值越大,脉动强度越大;值越小,脉动强度越小,得到的压力频域图如图 5-39 所示。由图可以看出,频率的最大峰值出现在 24 Hz 处,等于轴频 f_{axis},且在轴频的倍频下也存在明显的峰值。在叶频 f_{blade}(即 144 Hz)及其倍频处也存在明显的峰值。图 5-40 所示为各监测点在轴频及其倍频下脉动强度峰值的变化情况。由图可以看出,同一半径监测点的脉动强度从压力面到吸力面逐渐减小。随着监测点的位置越靠近叶轮出口,脉动强度逐渐增大,但在靠近叶轮出口 $0.75R_2$, $0.85R_2$ 和 $0.95R_2$ 位置处,强度不再增加,基本保持不变。在轴频时各监测点的脉动强度最大,从 1 倍到 7 倍轴频的脉动强度逐渐减小,在 6 倍轴频(即叶频)下的脉动强度最小。

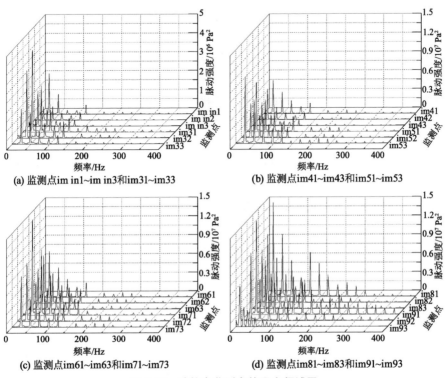

(a) 监测点im in1~im in3和im31~im33

(b) 监测点im41~im43和im51~im53

(c) 监测点im61~im63和im71~im73

(d) 监测点im81~im83和im91~im93

图 5-39 叶轮内监测点的压力频域图

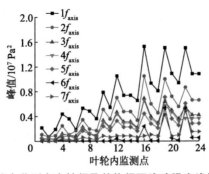

图 5-40 叶轮内监测点在轴频及其倍频下脉动强度峰值的变化情况

（2）叶轮与蜗壳间隙监测点频域分析

图 5-41 为 0.4Q_d 工况下叶轮与蜗壳间隙处监测点 gap1～gap21 的压力频域图。压力的峰值主要集中在 1～7 倍的轴频处，不同监测点的变化规律不相同。图 5-42 为监测点 gap1～gap21 在轴频及其倍频下脉动强度峰值的变化情况。从图 5-42 可以看出，监测点的频率峰值随着叶轮的旋转呈现出周期性变化。除了监测点 gap2～gap4，其余监测点都是每隔 20°布置 1 个，而 1 个叶轮流道的角度为 60°，因此平均 3 个监测点的压力峰值形成 1 个周期，共6 个周期。每个周期内压力的峰值受到叶轮出口"射流-尾迹"结构的影响，从吸力面到压力面逐渐增加。在 1 倍和 2 倍轴频下，其峰值强度最大，脉动规律较为明显。除了在进口处存在差异，3 倍和 4 倍轴频下的峰值强度几乎一致。叶频处的频率峰值强度变化较大，其最大值与 3 倍和 4 倍轴频处相等，其最小值与 7 倍轴频处相同。同时可以看出叶频处的峰值强度的变化规律与其他频率有所不同，其最大峰值强度所在监测点与其他频率相同，均为 gap6，gap9，gap12，gap15，gap18 和 gap21；而在叶频处峰值最小的监测点为 gap5，gap8，gap11，gap14 和 gap17，其他频率峰值最小的监测点为 gap7，gap10，gap13，gap16 和 gap19。

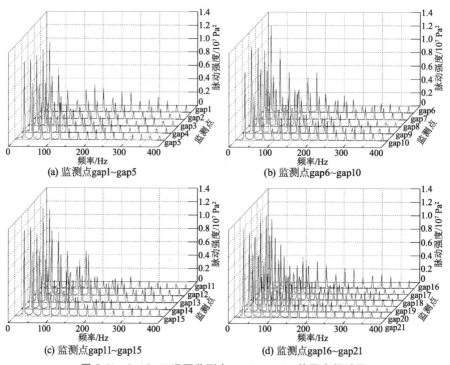

(a) 监测点 gap1~gap5　　　　　　(b) 监测点 gap6~gap10

(c) 监测点 gap11~gap15　　　　　　(d) 监测点 gap16~gap21

图 5-41　0.4Q_d 工况下监测点 gap1～gap21 的压力频域图

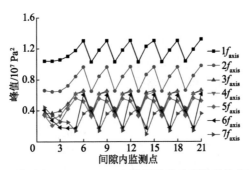

图 5-42　监测点 gap1～gap21 在轴频及其倍频的峰值变化情况

（3）蜗壳内监测点频域分析

图 5-43 为蜗壳内各监测点压力脉动的频域图。由图可以看出，与叶轮内监测点及叶轮与蜗壳间隙监测点的频谱图不同，蜗壳内监测点的主要脉动频率在叶频及其倍频处；叶频处的峰值大小从监测点 v1 到 v3 逐渐减小，在监测点 v5 处达到极大值，然后又逐渐减小，从监测点 v7 起基本保持不变；叶轮与隔舌的相互作用在监测点 v1 和 v5 处体现得最为明显；当脉动频率为 2 倍和 3 倍叶频时，各个监测点的脉动强度逐渐减小，且不同监测点的强度值差异减小。

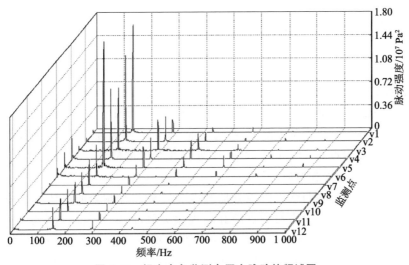

图 5-43　蜗壳内各监测点压力脉动的频域图

为了进行对比，本例在监测点 gap1～gap4 对应的蜗壳壁面位置设置了监测点 v1~v4。图 5-44 为蜗壳内监测点在 1,2,3 倍叶频下的峰值变化情况。可以看出,靠近蜗壳壁面的监测点 v1~v4 主要受到叶频的作用,而间隙监测点 gap1~gap4 主要受到轴频的作用,相比之下其在叶频处的脉动强度较小。这说明壁面处的监测点受到的动静干涉作用最强,而蜗壳出口扩散段监测点的幅值相对于隔舌处而言可以忽略。

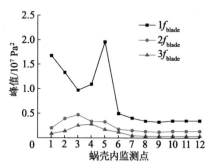

图 5-44 蜗壳内监测点在 1,2,3 倍叶频下的峰值变化情况

（4）3 种流量下各个监测点轴频和叶频对比分析

对其他小流量工况 $0.5Q_d$ 和 $0.6Q_d$ 进行傅里叶变换,发现其主要频域图与 $0.4Q_d$ 工况基本类似。为了对比不同流量工况下压力的脉动强度,下面对 3 种流量下叶轮内、叶轮与蜗壳间隙处各监测点轴频和叶频的峰值进行了比较。而蜗壳内监测点在轴频处峰值不明显,因此只列出了叶频处的峰值进行对比。

如图 5-45 所示,从叶轮内监测点的峰值可以看出,随着流量的减小,叶轮内监测点在轴频处的峰值从叶轮进口到出口的强度变化幅度逐渐增大;在 $0.5Q_d$ 工况下,叶轮内监测点在轴频及叶频处的脉动强度最小,且强度的变化幅度最小;在 3 种小流量工况下,叶轮内前 15 个监测点在叶频处的峰值均不明显,只在监测点 im71,im81 和 im91 处存在很大的峰值。这与上述叶轮出口吸力面存在旋涡相对应。

图 5-46 为叶轮与蜗壳间隙处监测点在轴频和叶频处的峰值变化情况。由图可以看出,与叶轮内监测点的脉动规律类似,间隙处监测点在轴频下的脉动强度随着流量的减小而增大,而 $0.6Q_d$ 工况下间隙内监测点在轴频及叶频处脉动强度大于 $0.5Q_d$ 工况,这可能与 $0.6Q_d$ 工况下存在某种不稳定流动相关;$0.4Q_d$ 工况下间隙内各监测点叶频处的最大峰值是 $0.6Q_d$ 的 2 倍;$0.6Q_d$ 工况下的最大峰值比 $0.4Q_d$ 工况下滞后一个监测点,即相差 20°。

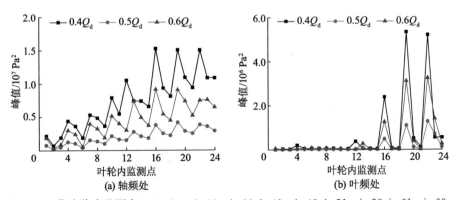

注:1～24 依次代表监测点 im1～im3,im31～im33,im41～im43,im51～im53,im61～im63,
im71～im73,im81～im83,im91～im93。

图 5-45　叶轮内监测点在轴频和叶频处的峰值变化情况

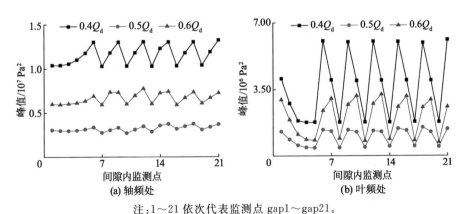

注:1～21 依次代表监测点 gap1～gap21。

图 5-46　叶轮与蜗壳间隙处监测点在轴频和叶频处的峰值变化情况

　　图 5-47 为 $0.4Q_d$,$0.5Q_d$,$0.6Q_d$ 流量工况下蜗壳内监测点在叶频处的峰值变化情况。由图可以看出,随着流量的减小,脉动强度逐渐增强;$0.4Q_d$ 工况下的脉动强度约为 $0.6Q_d$ 工况下的 2 倍,$0.5Q_d$ 工况下的脉动强度最小,但均在监测点 v5 处存在极大值。

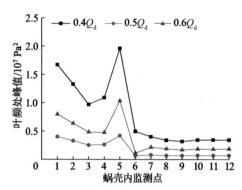

注:1~12 依次代表监测点 v1~v12。

图 5-47　蜗壳内监测点在叶频处的峰值变化情况

综上所述,本节借助数值模拟方法对低比转速离心泵在 $0.4Q_d$, $0.5Q_d$ 和 $0.6Q_d$ 流量工况进行了定常与非定常数值模拟,主要研究成果如下:

① 同时采用外部特性扬程值及叶轮和蜗壳内绝对速度作为小流量模拟准确性评价指标,从准确模拟小流量所需网格和湍流模型的角度对模拟精度进行了研究。结果表明:网格无关性分析需针对所研究的小流量工况进行,而非仅对设计工况进行分析;不同湍流模型预测内部速度场存在差异,需综合考虑。

② 网格数量的增加对叶轮内绝对速度的影响较大,而对蜗壳内绝对速度的影响很小。设计工况下绝对速度的预测精度比 0.6 倍设计流量的更高,蜗壳内绝对速度的预测精度比叶轮内的高。不同叶轮网格结构对小流量工况下速度分布的影响较大,而对设计工况的影响较小。

③ 采用 DES 模型对低比转速离心泵 $0.4Q_d$, $0.5Q_d$, $0.6Q_d$ 工况下进行非定常计算,结果揭示了叶轮与隔舌的相对位置、轴向位置和流量对低比转速离心泵的内部速度场的和流动发展的影响:流道内靠近隔舌的 3 个流道总存在旋涡,随着叶片靠近隔舌,叶轮出口的旋涡逐渐增大,而随着其远离隔舌,流道内的旋涡逐渐减小并向压力面移动;不同轴向位置均存在旋涡,旋涡发生位置在中间截面与前盖板之间;$0.6Q_d$ 时靠近叶轮流道内的流道 1 和流道 6 内部的流动最紊乱,随着流量的减小,旋涡数量增加,甚至造成整个流道堵塞,产生较大的能量损失,使得扬程下降,同时加剧了不稳定流动。

④ 科氏力即旋转作用在流动过程中一直起着主导作用,且随着流量的减小,科氏力的作用增强。通过对叶轮出口绝度速度、叶轮进出口速度环量及泵内部损失的分析发现,叶轮内流动的损失是造成 0.5 倍及 0.4 倍设计流量

下扬程下降的主要原因。

⑤ 对叶轮、间隙和蜗壳内监测点的压力信号进行频域分析得到，监测点主要频率的峰值在 0～400 Hz 之间，叶轮和间隙内的主要脉动频率为轴频及其倍频，脉动强度在轴频最大，叶频最小；蜗壳内监测点的主要脉动频率为叶频及其倍频，叶频下脉动强度最大，分布规律最复杂。

5.4 基于谐波平衡法的离心泵准非稳态数值模拟

离心泵的内部流动会产生复杂的三维现象，涉及湍流、二次流、分离流动等[33]。对于低比转速离心泵，由于蜗壳几何形状不对称，叶轮与蜗壳之间不稳定的相互作用不仅影响泵的整体性能，还会产生压力脉动等现象。许多研究人员采用商业 CFD 软件对泵内部的复杂非稳态现象做了研究[34-37]，主要使用有限体积法，并在结构化或非结构化网格上求解三维 Navier – Stokes 方程，采用滑动网格技术进行非定常流动计算。

在对离心泵进行 CFD 数值模拟的过程中，除了会遇到湍流建模、流动分离、边界层等问题外[38]，还存在一些其他具体问题，例如，极其复杂的模型几何结构，结构化网格不易生成且难以收敛，需要大量网格数才能获得有关弯曲叶片的详细信息；叶轮与蜗壳之间的相互作用需要非定常求解过程来计算与时间有关的流场变化。另外，必须考虑叶片相对于蜗壳隔舌的相对位置，这可以通过准定常的方式部分完成，即计算不同网格位置的定常解。尽管如此，实际应用中仍然希望能够在每个时间步长滑动叶轮网格的同时，执行非定常流动计算。

随着计算机计算性能的提升，已经开发出越来越复杂的关于旋转机械非稳态流的流体动力学模型。例如，对泵的非稳态流进行精确的大涡模拟[39]，该方法提供了比雷诺平均 RANS 更准确的解决方案。然而，该模型的使用需要耗费大量的计算机资源，在现阶段仍不具备工程应用的经济性。为了分析离心泵叶轮内的非线性流体动力学特性，对高效非定常流求解的需求促使研究人员开发了高效的时域和频域混合技术。Hall 等[40]和 Ekici 等[41]提出了一种谐波平衡法（Harmonic Balance Method，HBM），只要流场在空间或时间上是周期性的非定常流动，就可以使用此方法进行数值计算分析。

许多研究人员已使用该技术解决了相关的流体动力学问题。例如，圆柱体的涡旋脱落[42,43]、多级旋转机械内部流态分析[44,45]、机翼极限循环振荡[46]、静态背景流中的常规合成射流[47]等。此外，研究人员已经开始使用类似的技术分析直升机旋翼的不稳定空气动力学，并证明其可以有效地获得准确的解[48,49]。在本书中,我们将谐波平衡方法(HBM)应用于低比转速离心泵,以证明该方法可以用更少的计算量来准确地计算非稳态流动特性[10]。

5.4.1 谐波平衡法和计算方案

考虑三维非稳态 Navier - Stokes 方程,在笛卡尔坐标系中,可得如下等式:

$$\frac{\partial \boldsymbol{w}}{\partial t} + \frac{\partial F}{\partial x} + \frac{\partial G}{\partial y} + \frac{\partial H}{\partial z} = S \tag{5-10}$$

式中:w 为守恒变量的向量。叶轮以频率 ω 旋转,因为流动在时间上是周期性的,周期为 $T = \dfrac{2\pi}{\omega}$,所以流动变量可以由具有时间系数随空间变化的傅里叶级数来表示。例如,守恒变量可以表示为下式给出的截短傅里叶级数:

$$\boldsymbol{w}(t,\boldsymbol{x}) = \widehat{w(\boldsymbol{x})}_0 + \sum_{n=1}^{\infty}\left[\widehat{w(\boldsymbol{x})}_{a_n}\cos(\omega nt) + \widehat{w(\boldsymbol{x})}_{b_n}\sin(\omega nt)\right] \tag{5-11}$$

式中:$\widehat{w(\boldsymbol{x})}_0$,$\widehat{w(\boldsymbol{x})}_{a_n}$ 和 $\widehat{w(\boldsymbol{x})}_{b_n}$ 为守恒流动变量的傅里叶系数。

傅里叶级数被截断为少量谐波 N_T:

$$\boldsymbol{w}(t,\boldsymbol{x}) \approx \widehat{(w(\boldsymbol{x}))}_0 + \sum_{n=1}^{N_T}\widehat{(w(\boldsymbol{x}))}_{a_n}\cos(\omega nt) + \widehat{w(\boldsymbol{x})}_{b_n}\sin(\omega nt) \tag{5-12}$$

我们用 $\boldsymbol{w}(t,\boldsymbol{x})$ 表示流量变量的向量。因此,方程(5-12)可以用矩阵形式写成

$$\boldsymbol{w} = E^{-1}\widehat{w} \tag{5-13}$$

式中:E^{-1} 是离散傅里叶逆变换算符。

将傅里叶级数代入 Navier - Stokes 方程,并重新排列为各个谐波得

$$\frac{\partial \widehat{w}_n}{\partial t} + R(\widehat{w}_n) = 0, \quad n = 0,1,\cdots,N_T \tag{5-14}$$

这里给出了一个傅里叶级数系数 $N_T = 2N_H + 1$ 的方程式。该方程式成立的唯一条件是每个模式均为 0,即

$$\begin{cases} R(\widehat{w}_0) = 0 \\ -\omega n\widehat{w}_{a_n} + R(\widehat{w}_{a_n}) = 0 \\ \omega n\widehat{w}_{b_n} + R(\widehat{w}_{b_n}) = 0 \\ \widehat{w} = Ew \\ R(\widehat{w}) = ER(w) \end{cases} \tag{5-15}$$

使用离散傅里叶逆变换并将式(5-14)代入频域方程,可以得到

$$\frac{\partial E^{-1}}{\partial t}Ew_n + R(w_n) = 0, \quad n = 0,1,\cdots,N_T \tag{5-16}$$

这里为变量给出了一个 $2N_H+1$ 方程组：

$$\frac{\partial E^{-1}}{\partial t}E=\omega D \qquad (5-17)$$

ωD 是时间导数的频谱近似值。为了解这个常规的稳态方程组，我们在伪时间 τ 中进行积分：

$$\frac{\partial w_n}{\partial \tau}+\omega Dw_n+R(w_n)=0, \ n=0,1,\cdots,N_T \qquad (5-18)$$

式中：τ 为虚拟时间或伪时间，仅用于使等式（5-17）进入稳态，从而将伪时间项驱动为 0。值得注意的是，伪时间谐波平衡方程的形式类似于 Navier-Stokes 方程的原始时域形式。因此，现有的 CFD 技术可有效地求解非线性谐波平衡方程。由于仅需要稳态求解方案，因而可使用局部时间步长和多种网格加速技术来加速收敛。

该方法与 Davis[50] 和 Sayma 等[51] 在时域中计算非稳态流动所使用的双重时间步长方法有一些相似之处。主要的区别：一是在双重时间步长方法中，可以准确地从一个时间步长前进到下一个时间步长，使用伪时间将时间精确方程的残差驱动为 0。在多个时间段 T 中重复此过程，直至达到周期解为止。在该方法中，将解决方案存储在一个周期内的几个点上，并且使用伪时间行进同时推进所有时间点上的解决方案，直到解决方案收敛为止。二是由于在一个完整的周期内求解该方程组，因而可以使用频谱算子来计算物理时间导数 $\partial/\partial t$。频谱时间导数要比双时步法中使用的有限差分算子精确得多。因此，本方法需要的物理时间水平更少。实际上，在小幅度扰动的限制下，每个周期仅需要（$2N_H+1$）个时间水平即可获得精确的时间导数。

谐波平衡方法已在 ISTM KIT 的内部代码 SPARC 中实现[52]。所使用的方程是可压缩流体的方程。此应用程序使用了强化气体 EOS，并将压力、密度和温度相关联[52]：

$$p=\rho(\gamma-1)c_v T-\gamma p_c \qquad (5-19)$$

式中：γ 和 p_c 是根据经验确定的所用液体的常数。

上述方程式的求解使用了 Choi 等[53] 提出的预处理方法。

（1）计算模型

离心泵模型采用上一节 PIV 试验中的 6 叶片原始模型。离心泵的计算域由旋转区域（叶轮）和固定区域（进、出口管路和非对称的蜗壳）组成。考虑到主要过流部件数值模拟的稳定性，且为了最大程度地减少边界条件对模拟的影响，建模时将分别延长离心泵的进、出口管路。进口管路的长度为管路直径的 5 倍，出口管路的长度为管路直径的 3 倍。离心泵的过流部件及边界条件设置如图 5-48 所示。

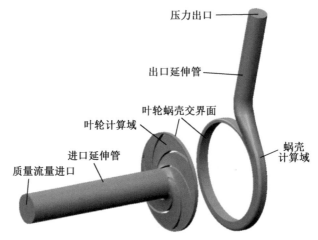

图 5-48　离心泵的过流部件及边界条件设置

（2）网格生成

生成结构化的 H－H－H 网格拓扑单元以定义叶轮、进口管、蜗壳及出口管，并使用第 3 级精度网格技术细化叶片进口和蜗壳隔舌附近区域的网格。叶轮-蜗壳交界面处的网格沿轴向对齐，而圆周方向的网格要求并不严格。图 5-49 为第 2 级精度网格示意。

　　　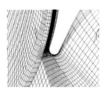

(a) 总网格示意　　　　(b) 动静交界处网格　　(c) 叶片边界层网格　　(d) 蜗壳隔舌网格

图 5-49　第 2 级精度网格示意

（3）边界条件

数值模拟过程中离心泵进口的边界条件采用质量流量进口，出口边界条件设置为静压出口。叶轮和蜗壳之间使用滑动网格技术。在叶轮和蜗壳的交界面应用了无滑移和等温壁面边界条件。对于叶轮的壁面，根据叶轮的旋转频率设置了壁面的旋转速度，并考虑到额外的损失，将叶轮的壁面粗糙度设置为 20 μm。

5.4.2　无关性分析

(1) 数值模拟设置

在 KIT ISTM 实验室内部开发的 SPARC 代码上运行数值计算,分别用 HBM 方法和非稳态双时间步方法求解 N-S 方程。以 2 级谐波模式为例,在模拟过程中将计算出如图 5-50 所示的 $1\sim5(2N_H+1=5)$ 位置(叶轮从第一个点旋转到另外 4 个点)。实际上,由于叶轮的对称性,相对于蜗壳隔舌有 5 个叶片位置,如图 5-50 所示$(1'\sim5')$,第一个点的位置与 PIV 测试中的位置相同。

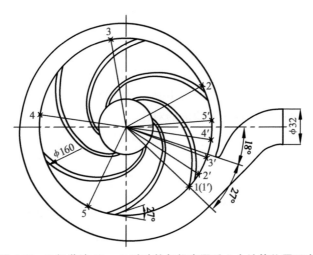

图 5-50　2 级谐波 $N_H=2$ 时叶轮与蜗壳隔舌 5 个计算位置示意

用 Spalart-Allmaras 方程模型对湍流模型进行求解。谐波平衡计算是通过三阶 Runge-Kutta 方案(CFL 数约为 2.2)进行的,其中使用了完整的多重网格,隐式残差平滑和局部时间步长以显著加快收敛速度。非稳定计算使用二阶精确的双时间步长方法。此处使用物理时间步长为 $\Delta t=10^{-5}$ s,这意味着每求解一个周期需要完成 4 000 个时间步长。

(2) 谐波模型的选取

① 不同谐波模型的扬程预测

本书基于第 2 级网格精度,研究了 3 种不同的谐波模型对扬程的预测。表 5-11 列出了使用不同谐波模型计算出的平均扬程及其耗时。将它们与非定常计算的值(基于双时间步方法)进行比较可以得出,对于不同的谐波模型,计算的扬程随着模态的增加而趋于收敛,并趋于非定常仿真值。使用谐

波模型 $N_H = 1$ 得到的最大相对误差仅约为 3%。从耗时分析来看,双时间步方法的计算时间最长,甚至是谐波模型计算所耗时的 20 倍。又由于使用谐波模型 $N_H = 2$ 及谐波模型 $N_H = 3$ 预测得到的扬程变化非常小,因此,后续研究采用谐波模型 $N_H = 2$。

表 5-11　不同谐波模型预测的平均扬程及其耗时

计算方法	HB_1 模型	HB_2 模型	HB_3 模型	双时间步方法
耗时/h	8	12	16	约 330
平均扬程/m	7.517	7.570	7.694	7.748
相对误差/%	-3.01	-2.32	-0.73	0

② 与 PIV 实测速度值对比

使用 HBM 方法得到蜗壳内部的绝对速度,并分别与非定常计算值和 PIV 实测值进行比较。图 5-51a 所示为叶轮出口半径 $R = 90$ mm 处,角度为 $20°\sim120°$ 之间的取值弧线。图 5-51b 所示为 PIV 试验、HBM 法和双时间步方法非定常计算所得绝对速度均值的对比。

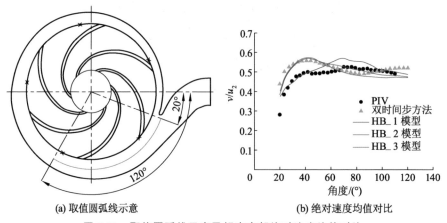

(a) 取值圆弧线示意　　　　　(b) 绝对速度均值对比

图 5-51　取值圆弧线示意及蜗壳内部绝对速度均值对比

从图 5-51 中可以看出,无量纲速度范围大约为 0.5,并且在靠近蜗舌处(角度约为 20°)有一个低速区域,然后速度增大达到一个峰值。与 CFD 数值计算得到的结果相比,PIV 试验结果变化得更加缓慢。对于不同的谐波模型,即使只有一种模式也与 PIV 的试验结果相似。随着 N_H 的增大,计算结果趋于非定常计算结果收敛。

（3）网格无关性分析

① y^+ 值和网格细化

因为在 SPAC 代码中没有使用壁面函数，所以需要获得边界层的适当分辨率，在边界处的网格必须比常规计算细化约 10 倍。通过计算，可以得到第一个网格的 y^+ 值分布。叶片压力侧 y^+ 值在 20～50 之间，吸力侧 y^+ 值约为 20，而所有壁面 y^+ 值都大于 100。

SPAC 代码可以自行进行网格细化，细化后的网格信息如表 5-12 所示。网格细化后，第 1 级精度网格叶片周围的 y^+ 值约为 10；第 2 级精度网格叶片周围的 y^+ 值小于 5；固壁面处网格的 y^+ 值小于 20；最小 y^+ 值约为 1，满足 HBM 模型计算的要求。

表 5-12 网格信息

网格类型	多级网格精度			y^+（第 2 级精度）	
	第 1 级精度	第 2 级精度	第 3 级精度	运动壁面	固壁面
原始网格数	122 848	982 784	7 862 272	15～100	＞100
自行细化后的网格数	231 888	1 855 104	14 840 832	1～10	＜20

② 网格无关性验证

图 5-52 所示为网格无关性验证结果。值得注意的是，图显示的是网格数倒数的对数形式。从图 5-52 中可以看出，离心泵的扬程随着网格数的增加而增加。与试验结果相比，最粗糙的网格出现相当大的偏离，而来自第 2 级网格精度和第 3 级网格精度的预测扬程则略有变化，并接近于所测得的扬程。尽管所使用的网格没有表现出完美的

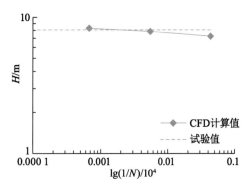

图 5-52 网格无关性验证结果

网格无关性，本书将第 2 级网格的细化网格用作非定常计算与 HBM 之间进行比较的基础。

（4）进口湍流量的设定

在试验中并不能测量得到进口湍流量，为了在 Spalart - Allmaras 模型中对进口边界条件给出一个真实的湍流变量，需要估计涡流黏度比。对于二阶 HB 模型，通过将湍流黏度 μ_t 与分子动态黏度 μ 的比值从 5 更改为 100 进行研究，对于第 2 级网格精度，扬程变化大约为 0.083%。因此，本书在下面的

计算中,将进口处的湍流黏度比值设为 100。

5.4.3　结果分析

(1) 性能预测

图 5-53 为不同流量工况下试验
扬程与预测扬程的对比。在流量接近
设计流量且位于 $0.8Q_d \sim 1.4Q_d$ 之间
时,扬程的预测值与试验值非常吻合。
在非常小的流量($<0.4Q_d$)工况下,预
测精度主要取决于所使用的湍流模
型。其原因是与强曲率效应和线性涡
流黏度模型相结合的流场变得越来越
旋转,从而难以预测。在流量为 $0.6Q_d$

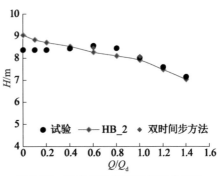

图 5-53　试验扬程与预测扬程的对比

和 $0.8Q_d$ 的工况下,数值计算的扬程小于试验测得的扬程。其原因尚不清
楚,因为此时几乎没有分离效应。但这并不是谐波平衡方法的问题,因为具
有双重时间步长的非稳态计算也出现过类似的现象。

(2) 不同流量工况的流态分析

① 无量纲绝对速度数值计算与 PIV 试验的对比

图 5-54a 和图 5-54b 分别是无量纲绝对速度 v/u_2 在 $R/R_2 = 0.6$ 和 1.125
时数值计算与 PIV 试验的对比。在叶轮和蜗壳内部,CFD 数值计算和 PIV
试验求得的速度具有相似的值和分布规律。对于在 $R/R_2 = 1.125$ 处的绝对
速度,除了蜗舌附近的区域,通过 HB 方法模拟计算的平均速度与非定常计算
和 PIV 试验得到的结果一致。

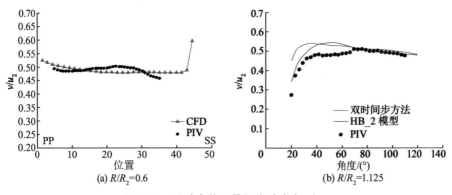

图 5-54　设计点的无量纲绝对速度 v/u_2

② 不同流量工况下的绝对速度云图

图 5-55 所示为离心泵过流部件内不同流量工况下的绝对速度云图。对于小流量工况，如 0.4Q_d 和 0Q_d，液流在叶轮内部主要以很高的速度旋转。此外，在叶轮出口区域存在较大的绝对速度，这说明该区域的流动具有不稳定特性。随着流速的增加，过流部件内绝对速度的分布变得更均匀，并且液流以更高的速度流入出口管，出水的动能增大。同时，结合上述的分析可知，除了叶轮-隔舌周围区域绝对速度的数值模拟结果比试验值要大一些，叶轮和蜗壳内绝对速度的模拟结果与试验非常吻合。

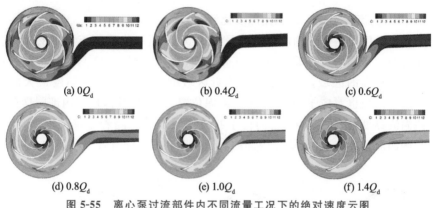

图 5-55   离心泵过流部件内不同流量工况下的绝对速度云图

③ 不同流量工况下的相对速度云图

图 5-56 显示了不同流量工况下的相对速度云图及可视化流线图。在设计流量时，液流相对速度沿叶轮流道分布相对均匀。在流量为 0.8Q_d 时，仅在个别流道内，叶轮叶片尾缘的压力面附近出现一些小的旋涡。当流量进一步减小到 0.6Q_d 时，旋涡区域增大，特别是在靠近蜗壳隔舌的流道中。在流量为 0.4Q_d 时，叶轮流道出口区域出现大的旋涡，几乎将流道阻塞，在叶轮流道内部同时出现了一些小尺度的旋涡。另一方面，在大流量 1.4Q_d 时，除了与蜗壳隔舌临近区域的流道，其余流道中液流的相对速度是相对均匀的。

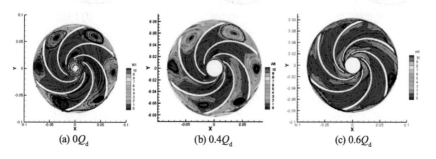

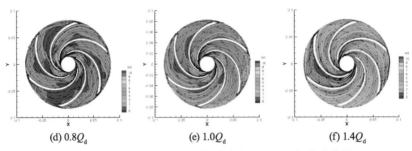

(d) 0.8Q_d (e) 1.0Q_d (f) 1.4Q_d

图 5-56   不同流量工况下的相对速度云图及可视化流线图

④ 不同流量工况下的涡流黏度比云图

涡流黏度比是表示湍流强度的量。图 5-57 所示为不同流量下的涡流黏度比云图。从图中可以看出,在小流量区间(从 0Q_d 到 0.6Q_d),叶轮内部存在涡流黏度较高的区域,与蜗壳隔舌临近区域的流道存在涡流黏度最大的区域。这些区域也对应于图 5-56 中的旋涡位置。与此同时,蜗壳内部同样存在一些涡流黏度较高的区域,它们位于叶片尾缘周围。随着流量的增加,叶轮内部的涡流黏度值减小,蜗壳内部的涡流黏度区域收缩并逐渐移至出口管处。

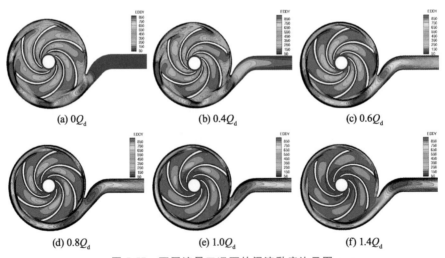

(a) 0Q_d (b) 0.4Q_d (c) 0.6Q_d

(d) 0.8Q_d (e) 1.0Q_d (f) 1.4Q_d

图 5-57   不同流量工况下的涡流黏度比云图

(3) 叶轮旋转到不同位置时的内部流态分析

① 0.6Q_d 时绝对速度的分布情况

谐波平衡法为每次仿真提供了($2N_H+1$)个位置处的内部流态信息。通过分析图 5-55 中的绝对速度和图 5-56 中的相对"流线"之间的关系可以推断出,相对涡流总是出现在具有较高绝对速度值 11～12 m/s 的区域内。图 5-58 所示为 $0.6Q_d$ 工况下叶轮旋转到不同位置(见图 5-50 中位置 1～5)时离心泵过流部件内绝对速度的分布情况。由图 5-58 可知,在不同位置,叶轮-蜗壳交界面附近区域的绝对速度变化较为明显。通常,在叶片尾缘的吸力侧处存在较高的速度区域。此外,由于蜗壳不对称,在叶片向隔舌靠近的过程中,其压力侧附近也存在一个速度较高的区域。

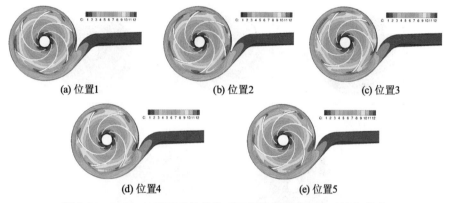

(a) 位置1   (b) 位置2   (c) 位置3

(d) 位置4   (e) 位置5

图 5-58 $0.6Q_d$ 工况下叶轮旋转到不同位置时离心泵过流部件内
绝对速度的分布情况

② $0.6Q_d$ 和 $0.4Q_d$ 工况时叶轮内相对速度的云图及可视化流线图

图 5-59 显示了 $0.6Q_d$ 和 $0.4Q_d$ 工况下,叶轮旋转到不同位置时其内部相对速度的云图及可视化流线图。由图可以看出,在流量为 $0.6Q_d$ 时,叶轮与蜗壳交界面附近出现不稳定的液流,叶轮流道内的旋涡随叶轮的旋转而发生变化。此外可以看出,分离流产生的起点在流道通过隔舌区域处。在流量为 $0.4Q_d$ 时,每个流道出口区域都出现了一定程度上堵塞流道的旋涡,叶轮内部同样存在一些小尺度的旋涡,这导致了叶轮内液流流态的非对称性。

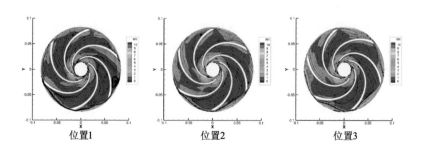

位置1   位置2   位置3

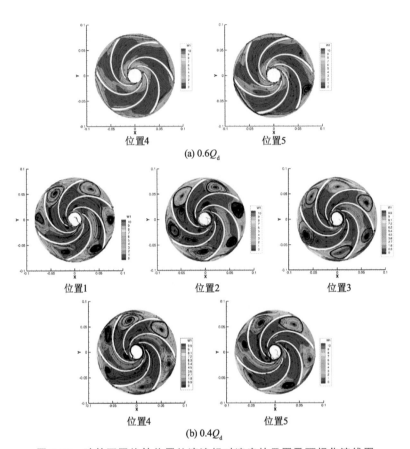

(a) $0.6Q_d$

(b) $0.4Q_d$

图 5-59　叶轮不同旋转位置处液流相对速度的云图及可视化流线图

5.5　驼峰区不稳定特性的控制

本章前面几节内容定性地分析了低比转速离心泵驼峰区叶轮进口回流、叶轮流道里的二次流、叶轮流道内的"射流-尾迹"结构与流动分离以及叶轮出口的二次流等不稳定因素产生的机理。实际上这些不稳定因素是相互影响的,并且造成了很多的水力损失。这体现在低比转速离心泵 H-Q 曲线的正斜率上升段,也即在小流量工况下很容易出现不稳定现象,甚至会严重影响低比转速离心泵的稳定运行。因此必须控制这些不稳定因素,也即在设计时应保证能够获得稳定的 H-Q 曲线,通常要求 $H_{max}/H_0 \leqslant 1.02$。研究得出,为了获得无驼峰特性曲线,应从以下 3 个方面进行考虑[54,55]:① 提高关死点扬程 H_0;② 增大扬程-流量曲线的斜率;③ 减小小流量区域的水力损失。

5.5.1 提高关死点扬程 H_0

由理论扬程公式[55]

$$
\begin{cases}
H_{th} = \dfrac{u_2^2}{g(1+P)} \\[2mm]
P = \psi \dfrac{R_2^2}{ZS} \\[2mm]
H_0 = H_{th} - h
\end{cases}
\tag{5-20}
$$

式中：H_0 为关死点扬程，m；P 为有限叶片数修正系数；h 为水力损失，m。

因此，欲提高 H_0 应采取以下措施。

（1）增大叶轮外径 D_2

D_2 越大，则关死扬程 H_0 越高，有利于消除驼峰。但随着 D_2 的增大，泵效率不断降低，且一般 D_2 由额定点扬程确定，故通常在选择消除驼峰方法时不考虑通过增大 D_2 来提高 H_0 的方法。

（2）减少叶片数 Z

根据泵的有限叶片数理论，当叶片数减少后，叶片间流道增大。由于叶轮内轴向旋涡的影响，叶轮出口处滑移增加，随流量的增加，扬程急剧下降，因而可减少或消除驼峰，通常 $Z<5$ 时可完全消除驼峰。需要注意的是，当 $Z<4$ 时，泵的效率明显下降。

（3）叶片向入口延伸，增加叶片中线静矩 S

叶片前伸并减薄，可减小叶轮进口的冲击损失，从而提高小流量时和关死点的扬程，增加扬程曲线的稳定性，并且泵效率也能略有提高，因而是一种较理想的方法。这就改变了低比转速泵的叶片进口边平行或接近平行于轴线的传统观点。

通常先根据设计工况求出叶片进口角，再增加一个冲角（$\Delta\alpha=3°\sim15°$）的方法来提高关死点扬程。这一方法虽然改善了泵在大流量时的性能，但在小流量时由于叶轮进口处的冲击损失太大，而使关死扬程及小流量区的扬程减小，因而易出现驼峰。为了减少小流量时叶片进口的冲击损失，改善小流量时的流动性能，可选取较小的冲角甚至负冲角，但这会影响大流量区的性能，故应综合考虑。

（4）b_2 增加，叶片出口圆周厚度 S_{u2} 增加

叶片厚、排挤大时，扬程曲线越陡，从而可减小或消除驼峰。增加出口排挤的有效措施是在叶片吸力面从进口到出口均匀加厚以堵塞部分流道。

（5）轴面流道倾斜，静矩 S 增加

低比转速离心泵叶轮常为接近 90°径向出流，但若结构允许，将轴面流道设计成倾斜而接近于斜流式时，也能增加扬程-流量曲线的稳定性。由于轴面流道倾斜，减少了叶轮进口的冲击损失，也使前后盖板的流线长度基本相同，减少了出口的二次回流。经验表明，这种改进方法可减少损失，提高泵效率。

（6）增大泵的面积比 Y

泵的面积比 Y 是叶轮几何参数（β_2，b_2，D_2，ψ_2，Z）和泵体喉部面积 F_t 的综合指标，具有较好的代表性。面积比 Y 越大，叶轮出口过流面积越大，或泵体喉部面积越小，则扬程-流量曲线越平坦且越易出现驼峰，一般 $Y>3.0$ 时易获得不稳定的扬程-流量曲线。相反，面积比 Y 越小，即叶轮出口过流面积越小，或泵体喉部面积越大，此时扬程-流量曲线陡降，通常 $Y<3.0$ 时不易产生驼峰。

（7）提高转速

比转速正比于转速，转速越高，比转速也越高，则扬程-流量曲线下降得越快。另外，转速越高，关死扬程 H_0 也越高，使扬程-流量曲线更加陡降。因此，提高转速可减小或消除驼峰，但转速的提高受到诸如汽蚀等很多因素的限制，实际上很少采用这种方法来消除驼峰。

5.5.2　增大扬程-流量曲线的斜率

为避免出现驼峰，需要增大扬程-流量曲线的斜率，故由式（5-20）可得

$$\tan \phi = \frac{u_2^2}{g(1+P)} \Big/ \frac{u_2 F_2}{\cot \beta_2} = \frac{n\cot \beta_2}{60g(1+P)b_2\psi_2} \tag{5-21}$$

根据式（5-20）可知，增大扬程-流量曲线的斜率，应采取以下措施：

① 增加叶片数。

② 减小叶片出口角 β_2。

在叶片出口角 $\beta_2<90°$范围内，欧拉理论扬程 H_t 随流量 Q 的增加呈直线式减小，且 β_2 越小，理论扬程-流量曲线下降得越快，则泵的实际扬程-流量曲线越不易产生驼峰。经验表明，在其他参数适当时，$\beta_2<30°$时扬程-流量曲线基本上无驼峰出现。

③ 减小叶片出口宽度 b_2。

b_2 越小，在某流量点的 v_{u2} 也越小，该点的扬程便越低，使扬程-流量曲线更加陡降，驼峰数值减小且范围也缩小。但 b_2 减小不利于提高泵的性能，还会造成铸造困难，故一般低比转速泵中还是以适当增大 b_2 为佳。

④ 提高转速 n。

⑤ 增加叶片出口厚度 S_{u2}。

⑥ 轴面流道倾斜。

⑦ 叶片向进口延伸并减薄。

⑧ 增大叶片包角。

对扩散严重的叶轮流道,一方面可采用前述堵塞部分流道的方法加以修正,另一方面可以重新选择较大的叶片包角 θ,以减小流道的扩散度。对于设计合理的泵,取 $\theta=170°$ 时仍能获得满意的泵效率,而此时通常能得到无驼峰的扬程-流量曲线。

⑨ 斜切叶轮出口。

一般离心泵叶片出口边与轴线平行,由于前后盖板流线长度不同,流体流经前后盖板后在出口处所获得的能量也不同,产生了由后盖板到前盖板的二次回流,这不但增加水力损失,而且还使扬程-流量曲线易产生驼峰。因此,斜切叶轮出口后盖板,使流经前后盖板的液体所获的能量基本相同,是减小或消除驼峰的有力措施。

经验表明,当斜切后的后盖板外径 D_2' 与原外径 D_2 之比为 0.9~1.0 或切削倾角在 $22°\sim25°$ 范围内,不但可得到稳定的扬程-流量曲线,而且泵效率的变化甚微。因此这是一种消除驼峰的有效方法。

⑩ 在叶轮进口流道内设置整流器。

这可以防止小流量区特别是关死点附近预旋的发生和减弱进口二次流,从而提高关死扬程,减小或消除扬程-流量曲线的驼峰。应该指出的是,上述增加叶轮进口预旋,是指增加设计点及大流量区的预旋,以使理论扬程-流量曲线更加陡降。两者的目标是一致的,即提高关死扬程,增加扬程-流量曲线的陡降度,以减少或消除驼峰。

⑪ 减小叶轮密封环的泄漏。

5.5.3 减小小流量区域的水力损失

减小小流量区域的水力损失,使高效点向小流量方向移动的方法如下:

① 减小叶轮进口直径 D_j,从而减小小流量时叶片进口的回流损失。

② 叶片进口部分前伸并减薄,前伸能减小进口相对速度 w_1,减薄可减小叶片进口阻力,两者均有助于减少进口水力损失。

③ 叶片进口加预旋(反导叶出口角小于 $90°$),由此可减小叶片进口相对速度 w_1,从而减少进口水力损失。

④ 减小叶片进口冲角,可减少小流量时的水力损失。

⑤ 斜切叶轮出口,可减少小流量时的叶轮出口二次回流。

⑥ 减小导叶进口角,可减少小流量时的进口撞击损失。

⑦ 圆柱叶片改为扭曲叶片,可减少小流量时的撞击损失。

⑧ 减小隔舌与叶轮之间的间隙,可减少小流量时间隙内的环流损失,以及液流从叶轮出口到泵体进口之间的混合损失,有利于提高小流量区的扬程,从而减小或消除驼峰。

参考文献

[1] Zhang M J, Pomfret M J, Wong C M. Performance prediction of a backswept centrifugal impeller at off-design point conditions [J]. International Journal for Numerical Methods in Fluids, 1996, 23(9), 883 - 895.

[2] Chakraborty S, Pandey K M, Roy B. Numerical analysis on effects of blade number variations on performance of centrifugal pumps with various rotational speeds [J]. International Journal of Current Engineering and Technology, 2012, 2(1): 143 - 152.

[3] 任芸. 离心泵内不稳定流动的试验及数值模型研究[D]. 镇江:江苏大学,2013.

[4] Sinha M, Pinarbasi A, Katz J. The flow structure during onset and developed states of rotating stall within a vaned diffuser of a centrifugal pump[J]. Journal of Fluids Engineering, 2001, 123(3): 490 - 499.

[5] Brun K, Kurz R. Analysis of secondary flows in centrifugal impellers [J]. International Journal of Rotating Machinery, 2005, 2005(1): 45 - 52.

[6] Cheah K W, Lee T S, Winoto S H, et al. Numerical flow simulation in a centrifugal pump at design and off-design conditions [J]. International Journal of Rotating Machinery, 2007(7): 83641.

[7] Spence R, Amaral J. A CFD parametric study of geometrical variations on the pressure pulsations and performance characteristics of a centrifugal pump[J]. Computers & Fluids, 2009, 38(6): 1243 - 1257.

[8] Lucius A, Brenner G. Numerical simulation and evaluation of velocity fluctuations during rotating stall of a centrifugal pump[J]. Journal of

Fluids Engineering，2011，133(8)：081102-1 – 081102-8.

［9］冒杰云. 低比速离心泵小流量工况内部非定常流动特性研究［D］. 镇江：
江苏大学，2015.

［10］Magagnato F，Zhang J F. Simulation of a centrifugal pump by using
the harmonic balance method［J］. International Journal of Rotating
Machinery，2015(7):5 – 12.

［11］Wernet M P. Development of digital particle imaging velocimetry for
use in turbomachinery［J］. Experiments in Fluids，2000，28(2)：97 –
115.

［12］Westra R W，Broersma L，van Andel K，et al. PIV measurements and
CFD computations of secondary flow in a centrifugal pump impeller
［J］. Journal of Fluids Engineering，2010，132（6）：0611040 –
0611048.

［13］袁建平. 离心泵多设计方案下内流 PIV 测试及其非定常全流场数值模
拟［D］. 镇江：江苏大学，2008.

［14］李亚林. 离心泵内流场 PIV 测试中示踪粒子跟随性的研究［D］. 镇江：
江苏大学，2011.

［15］杨敏官. 流体机械内部流动测量技术［M］. 北京：机械工业出版
社，2011.

［16］王维军，王洋，刘瑞华，等. 离心泵空化流动数值计算［J］. 农业机械学
报，2014，45(3)：37 – 44.

［17］施卫东，徐磊，王川，等. 蜗壳式离心泵内部非定常数值计算与分析
［J］. 农业机械学报，2014，45(3)：49 – 53.

［18］Wuibaut G，Dupont P，Caignaert G，et al. PIV measurements in the
impeller and the vaneless diffuser of a radial flow pump in design and
off-design operating conditions［J］. Journal of Fluids Engineering，
2002，124(3)：791 – 797.

［19］张金凤，梁赟，袁建平，等. 离心泵进口回流流场及其控制方法的数值
模拟［J］. 江苏大学学报（自然科学版），2012(4)：402 – 407.

［20］Bolpaire S，Barrand J P. Experimental study of the flow in the suction
pipe of a centrifugal pump at partial flow rates in unsteady conditions
［J］. Journal of Pressure Vessel Technology，1999,121(7):291 – 295.

［21］Yodhida Y，Murakami Y，Tsujimoto Y，et al. Rotating stall in
centrifugal impeller vaned diffuser systems［C］. The 1st ASME/JSME

Joint Fluids Engineering Conference，Portland，1991.

[22] Tsurusaki H，Kinoshita T. Flow control of rotating stall in a radial vaneless diffuse[J]. ASME Journal of Fluids Engineering，2001，123 (2)：281-286.

[23] 何希杰，劳学苏. 离心泵性能曲线稳定判据[J]. 水泵技术，1994(3)：3-6,9.

[24] 牟介刚，王乐勤. 离心泵性能曲线驼峰判据的探讨[J]. 农业机械学报，2004,35(4):74-76.

[25] 牟介刚，张生昌，郑水华，等. 离心泵性能曲线产生驼峰的机理及消除措施[J]. 农业机械学报，2006,37(4):56-59.

[26] Choi Y D，Kurokawa J，Matsui J. Performance and internal flow characteristics of a very low-specific speed centrifugal pump [J]. Journal of Fluids Engineering，2006，128(3)：341-349.

[27] Wu Y L，Liu S H，Yuan H J，et al. PIV measurement on internal instantaneous flows of a centrifugal pump [J]. Science China Technological Sciences，2011，154(2)：270-276.

[28] 李亚林，袁寿其，汤跃，等. 离心泵内流场 PIV 测试中示踪粒子跟随性的计算[J]. 排灌机械工程学报，2012,30(1)：6-10,14.

[29] 刘甲凡. 离心泵叶轮前的预旋与回流[J]. 水泵技术，1997(5)：17-19.

[30] Shi F，Tsukamoto H. Numerical study of pressure fluctuations caused by impeller-diffuser interaction in a diffuser pump stage[J]. Journal of Fluids Engineering，2001，123(3)：466-474.

[31] Johnston J P，Corporation H P. Effects of system rotation on turbulence structure：A review relevant to turbomachinery flows[J]. International Journal of Rotating Machinery，1998，4(2):97-112.

[32] Abramian M，Howard J H G. Experimental investigation of the steady and unsteady relative flow in a model centrifugal impeller passage[J]. Journal of Turbomachinery，1994，116(2)：269-279.

[33] Brennen C E. Hydrodynamics of Pumps [M]. Oxford：Oxford University Press and CETI Inc. 1994.

[34] Denus C K，Góde E. A study in design and CFD analysis of a mixed-flow pump impeller [C]. The 3rd ASME ﹠ JSME Joint Fluid Engineering Conference，San Francisco，California，USA，1999.

[35] Majidi K. Numerical study of unsteady flow in a centrifugal pump[J].

Journal of Turbomachinery，2005，127：363 – 371.

[36] Feng J，Benra F K，Dohmen H J. Unsteady flow visualization at part-load conditions of a radial diffuser pump：by PIV and CFD[J]. Journal of Visualization，2009，12(1)：65 – 72.

[37] Cavazzini G，Dupont P，Dazin A，et al. Unsteady velocity piv measurements and 3d numerical calculation comparisons inside the impeller of a radial pump model[C]. The 10th European Conference on Turbomachinery，Finland，2013.

[38] Lakshminarayana B. An assessment of computational fluid dynamic techniques in the analysis and design of turbomachinery the 1990 freeman scholar lecture[J]. ASME Journal of Fluids Engineering，1991，113：315 – 352.

[39] Byskov R K，Jacobsen C B，Condra T，et al. Large eddy simulation for flow analysis in a centrifugal pump impeller[J]. Fluid Mechanics and Its Applications，2002，66(1)：217 – 232.

[40] Hall K C，Thomas J P，Clark W S. Computation of unsteady nonlinear flows in cascades using a harmonic balance technique [J]. AIAA Journal，2002，40(5)：879 – 886.

[41] Ekici K，Hall K C. Harmonic balance analysis of limit cycle oscillations in turbomachinery [J]. AIAA Journal，2011，49(7)：1478 – 1487.

[42] Jameson A，Alonso J，McMullen M. Application of a non-linear frequency domain solver to the Euler and Navier – Stokes equations [C]. The 40th AIAA Aerospace Sciences Meeting and Exhibit，Reno，2002.

[43] McMullen M，Jameson A，Alonso J. Demonstration of nonlinear frequency domain methods [J]. AIAA Journal，2006，44(7)：1428 – 1435.

[44] Ekici K，Hall K C. Nonlinear analysis of unsteady flows in multistage turbomachines using harmonic balance[J]. AIAA Journal，2007，45(5)：1047 – 1057.

[45] Gopinath A，Weide V D，Alonso E J，et al. Three-dimensional unsteady multi-stage turbomachinery simulations using the harmonic balance technique[C]. The 45th AIAA Aerospace Sciences Meeting

and Exhibit，Reno，2007.

[46] Thomas E D，Hall K，Denegri C. Modeling limit cycle oscillation behavior of the F-16 fighter using a harmonic balance approach［C］. The 45th AIAA/ASME/ASCE/AHS/ASC Structures，Structural Dynamics，and Materials Conference，Palm Springs，2004.

[47] Welch G. Application of harmonic balance technique to the compressible Euler and Navier – Stokes equations［C］. The 45th AIAA Aerospace Sciences Meeting and Exhibit，Reno，2007.

[48] Choi S，Alonso J，Weide E，et al. Validation study of aerodynamic analysis tools for design optimization of helicopter rotors［C］. The 25th AIAA Applied Aerodynamics Conference，Miami，2007.

[49] Kumar M，Murthy V. Analysis of flow around multibladed rotor using CFD in the frequency domain［C］. The 25th AIAA Applied Aerodynamics Conference，Miami，2007.

[50] Davis R，Shang T，Buteau J，et al. Prediction of 3D unsteady flow in multi-stage turbo machinery using an implicit dual time-step approach［C］. The 32nd AIAA/ASME/SAE/ASEE Joint Propulsion Conference and Exhibit，Lake Buena Vista，FL，USA，1996.

[51] Sayma A I，Vahdati M，Sbardella L，et al. Modeling of three-dimensional viscous compressible turbomachinery flows using unstructured hybrid grids［J］. AIAA Journal，2000，38(6)：945 – 954.

[52] Dumond J，Magagnato F，Class A. Stochastic-field cavitation model ［J］. Physics of Fluids，2013，25(7)：073302.

[53] Choi Y H，Merkle C L. The application of preconditioning in viscous flows［J］. Journal of Computational Physics，1993，105(2)：207 – 223.

[54] 袁寿其. 低比转速离心泵理论与设计［M］. 北京：机械工业出版社，1997.

[55] 袁寿其，施卫东，刘厚林，等. 泵理论与技术［M］. 北京：机械工业出版社，2014.

6

带分流叶片离心泵设计理论及内流特性

由于离心泵的圆盘摩擦损失与叶轮直径的 5 次方成正比,因而为了提高泵的效率,改善泵的性能,就要减小叶轮的直径。叶轮直径减小以后,为了达到规定的扬程,需要选用较大的叶片出口安放角 β_2、较大的叶片出口宽度 b_2 和足够的叶片数 Z,但是过大的 β_2 会导致流道严重扩散,容易引起叶轮内流动的脱流,叶片数太多又会导致叶轮进口排挤,而且在非设计工况下,尤其在小流量工况区域,叶片出口流动紊乱,容易产生流动脱流和二次流等现象。为此,通过在出口处设置分流叶片的方法解决上述的矛盾,并且还必须合理地设计和偏置分流叶片,才能有效地提高泵的性能。

本课题组设计了多种带分流叶片离心泵方案,通过数值模拟和 PIV 测试手段,对各方案内流特性和能量特性进行对比分析,初步得到了分流叶片设计参数对离心叶轮边界层"射流-尾迹"的控制规律,并得到了不同分流叶片设计对离心泵外特性的影响规律,可为分流叶片偏置设计提供理论依据。

6.1 分流叶片偏置基本原理与设计

6.1.1 分流叶片偏置设计理论基础

对于分流叶片偏置提高泵性能的机理,普遍的认识是:叶轮内部流体在轴向旋涡的影响下,出现如图 6-1 所示的速度分布形式。由于叶轮的进口到出口是扩散状态的流道,因而容易发生脱流。如果在流道内部某处开始添置与长叶片对称布置的分流叶片,就可以起到抑制脱流的作用。将分流叶片进口边适当向长叶片吸力面偏移,可以改善泵体和叶轮内部的水力性能。这种解释对于无黏性流体而言,是十分具有说服力的。为了进一步提高泵的水力性能,查森等在总结前人研究的基础上,提出了超短叶片的偏置方法。所谓超短叶片是指分流叶片的径向长度很短,其进口直径为$(0.75 \sim 0.85)D_2$。超短叶片既减少了摩擦表面面积,又可抑制叶轮流道出口处可能产生的脱流现象,而且还增大了有限叶片数修正系数,因而提高了泵的性能。

图 6-1 是理想流体在叶轮中的分布情况。对于实际流体,其分布情况与理想流体完全不同。低比转速离心泵叶轮内部的流动模型历来是研究的重点。在 20 世纪的 20 年代就有了"射流-尾迹"结构的概念。到了 20 世纪 70 年代,"射流-尾迹"结构的研究开始有了突破。所谓"射流-尾迹"结构,是指离心泵叶轮流道内部的流动基本上由速度较小的尾流区和近似于无黏性的射流区所组成,尾流区紧贴在叶轮的前盖板表面和叶片的吸力面上(见图 6-2),在射流区和尾流区之间,形成一个"射流-尾迹"剪切层。

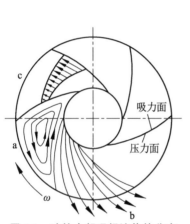

图 6-1　叶轮内部理想流体的分布

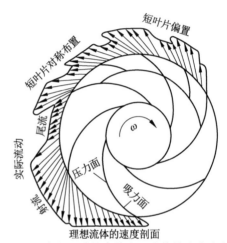

图 6-2　离心泵叶轮内的实际流体的速度分布

Acosta 等[1]、Moore[2] 和 Howard 等[3] 研究证实了离心泵叶轮中"射流-尾迹"的存在。Adler 等[4]认为,在叶轮最高效率点附近影响"射流-尾迹"结构强化的最主要的因素是叶片出口角与叶轮转速。叶轮转速及叶片出口角减小时,"射流-尾迹"结构被减弱,以致完全消失。虽然影响"射流-尾迹"结构强化的因素不仅仅是出口角和叶轮转速,还有叶片形状、前盖板形状、叶片数、流量等,但是随着叶片出口角的增加,这种流动越来越强化是被实测所证实的。因此,一个良好的水力设计,应该力图缩小尾流区和减弱"射流-尾迹"结构,并且避免或者尽可能推迟流动分离。陈次昌等[5]对低比转速离心泵的研究认为,低比转速离心泵在一定范围内采用较大的叶片出口角而提高泵的效率,其主要原因是该流道可以减少低能量流体在叶片吸力面的聚集。袁寿其[6]认为当叶片出口角过大时,叶轮流道扩散剧烈,其内部的逆压梯度将促进壁面边界层的发展和分离,同时使"射流-尾迹"结构强化,增加了尾流区,导致水力性能下降,而在增大出口角的同时,在相邻长叶片中间再偏置分流叶片可以达到以下效果:

① 设置偏置的分流叶片能有效防止尾流的产生和发展。在扩散型的低比速离心泵叶轮中,由于逆向压力梯度的作用,壁面边界层从进口到出口不断增厚,在离心力和哥氏力的作用下产生二次流,使叶片压力面边界层内的低能流体经叶轮盖板边界层流入叶片吸力面边界层,聚集在吸力面内形成尾流。分流叶片向长叶片吸力面偏置则可有效阻止这种二次流的产生和发展,同时由长短叶片组成的流道很短,又使扩散变小,故不易产生二次流和形成尾流区。

② 分流叶片偏置具有冲刷尾流的作用。在尾流区附近组成新的长短叶片流道,起到了分流作用,使小流道(尾迹区所在流道)内流速增加,在一定程度上冲刷尾流。

③ 分流叶片偏置能有效防止长叶片吸力面上流体的分离和脱流,更好地控制流体运动。

④ 增加分流叶片后,增大了有限叶片数修正系数,增加了扬程,同时减少了叶轮内流体因为惯性产生的轴向旋涡运动,还减少了叶轮进口的堵塞与冲击损失。

⑤ 分流叶片偏置可改善叶轮内部的速度分布,减少叶轮内的水力损失,同时减少从叶轮出口到泵体进口之间的混合损失,提高泵的性能。

6.1.2 带分流叶片离心泵设计方案

(1)分流叶片主要设计参数

采用正交试验研究方法[6],对IS65-40-200型低比转速离心泵进行分流叶片设计,探索分流叶片对额定点流量处的扬程 H 和效率 η 的影响规律,确定其中的主要因素。分流叶片主要有4个设计参数:周向偏置度 θ、分流叶片进口直径比 D'、偏转角度 α 及固定位置,分别定义为因素 A～D,如图 6-3 所示。

① 因素 A:周向偏置度 θ

θ 代表分流叶片在两长叶片之间的位置,如图 6-3 中 a 部分所示。

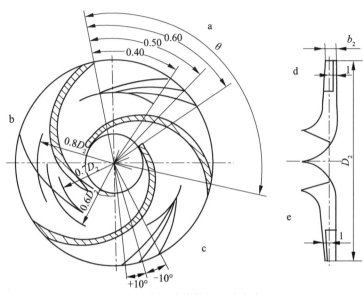

图 6-3　分流叶片偏置设计方案

② 因素 B：分流叶片进口直径比 D'

D' 用分流叶片进口直径 D_{si} 与叶轮外径 D_2 之比值表示，即 $D' = D_{si}/D_2$，如图 6-3 中 b 部分所示。

③ 因素 C：偏转角 α

偏转角 α 如图 6-3 中 c 部分所示。

④ 因素 D：固定位置

固定位置包括分流叶片可与前后盖板相连（正常情况）、分流叶片仅与前盖板相连或分流叶片仅与后盖板相连（见图 6-3 中 e 部分）。

试验中采用原泵体，叶轮重新设计，3 枚长叶片和 3 枚分流叶片间隔布置，分流叶片的偏置情况包括 4 因素、3 水平，即按照 $L_9(3^4)$ 正交表格设计 9 个叶轮方案。通过试验测试可得出分流叶片设计因素对性能影响的主次顺序依次为 A＞C＞B＞D。

a. 因素 A：分流叶片偏向长叶片吸力面时可提高泵的扬程和效率。

b. 因素 B：分流叶片进口直径比 D' 为 $0.6D_2$ 或 $0.7D_2$ 时，泵的扬程与效率基本相同，而当 $D' = 0.8D_2$ 时，扬程和效率降低。

c. 因素 C：分流叶片稍向长叶片吸力面偏转，有利于提高泵的性能。

d. 因素 D：分流叶片与前后盖板相连，扬程和效率均最高。

（2）带分流叶片离心泵设计方案

在前期工作[6]的基础上，已经对带分流叶片的低比转速离心泵的性能变化规律有了初步的认识，对其叶轮内部流动也有了形象的了解。研究还确定了分流叶片的 3 个主要设计参数：分流叶片进口直径 D_{si}、周向偏置度 θ 和偏转角 α。

但分流叶片对性能的影响内在机理及其对性能的影响程度，以及带分流叶片低比转速离心泵叶轮的设计等方面都需要进行深入研究。本节对与前期研究近似比转速的标准泵进行研究，在前期研究的基础上设计分流叶片，并对其叶轮进行数值模拟，探索分流叶片对离心泵叶轮内部流动的影响规律[7]。

采用模型泵的型号为 IS50-32-160，流量 $Q=12.5$ m³/h，扬程 $H=32$ m，转速 $n=2\,900$ r/min，比转速 $n_s=47$，根据《离心泵 效率》（GB 13007—2011），效率 $\eta=56\%$，配套功率 $P=3$ kW。离心泵性能要求：扬程曲线无驼峰，轴功率无过载，高效区宽。叶轮为闭式，叶轮外径 $D_2=160$ mm，叶片出口宽度 $b_2=6$ mm，叶轮进口直径 $D_1=50$ mm，叶轮的水力模型如图 6-4 所示。

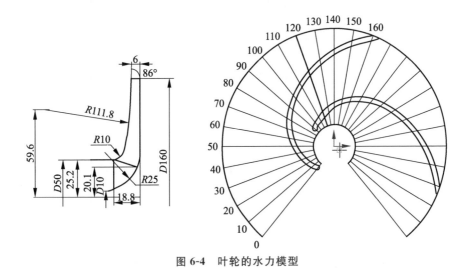

图 6-4 叶轮的水力模型

按照文献[8]进行总体叶轮结构设计，其中分流叶片的设计参考文献[7]，共有 12 个方案（见表 6-1）。方案 A_1 采用传统设计方法；方案 B 和方案 C 系列在两长叶片中央添置了分流叶片，分流叶片的形状和进出口角度与长叶片的一致，方案 B 没有偏置，方案 C 分流叶片进口向长叶片吸力面偏置 5°，分流叶片进口直径如表 6-2 所示；方案 A 类似于方案 B 和方案 C，只有 5 个长叶片;蜗壳按照加大流量法进行设计。主要的水力结构参数如表 6-2 所示。

表 6-1   分流叶片设计方案

主要设计参数	方案											
	A_1	A	B 系列					C 系列				
			B_1	B_2	B_3	B_4	B_5	C_1	C_2	C_3	C_4	C_5
叶片数 Z(长/短)	7/0	5/0	5/5					5/5				
分流叶片进口直径 D_{si}/mm	—	—	96	106	116	126	136	96	106	116	126	136
分流叶片偏置	—	—	无					分流叶片进口偏置 5°				

表 6-2   主要的水力结构参数

参数		值
叶轮	叶片数 Z	5
	叶片进口安放角 β_1/(°)	30
	叶片出口安放角 β_2/(°)	35
	包角 θ/(°)	150
	叶轮出口直径 D_2/mm	160
	叶轮进口直径 D_1/mm	50
	叶片出口宽度 b_2/mm	6
	叶轮轮毂直径 d_h/mm	10
	前盖板水力圆角半径 R_1/mm	10
	后盖板水力圆角半径 R_2/mm	25
蜗壳	蜗壳基圆直径 D_3/mm	174
	蜗壳进口宽度 b_3/mm	16
	蜗壳隔舌安放角 φ_0/(°)	30
分流叶片	进口直径 D_{si}/mm	见表 6-1
	进口偏置度 θ_{si}/(°)	
	出口偏置度 θ_{so}/(°)	0

6.2 带分流叶片离心泵叶轮内部流动特性分析

本节采用定常数值计算的方法分析了添置分流叶片对低比转速离心泵叶轮内流动规律的影响,主要对湍动能和相对速度分布进行研究,并分析叶片载荷与叶片做功的关系,以及分流叶片对低比转速离心泵叶轮内流场的影响。

6.2.1 湍动能分析

湍动能 $k = \frac{1}{2}\overline{u_i' u_i'}$(单位:$\mathrm{m^2/s^2}$),表示湍流脉动的程度,其大小和空间不均匀性也在一定程度上表明了脉动扩散和黏性耗散损失的大小和发生范围。图 6-5 给出了湍动能的等值线分布,其中湍动能取值于各叶轮的流道中面上。

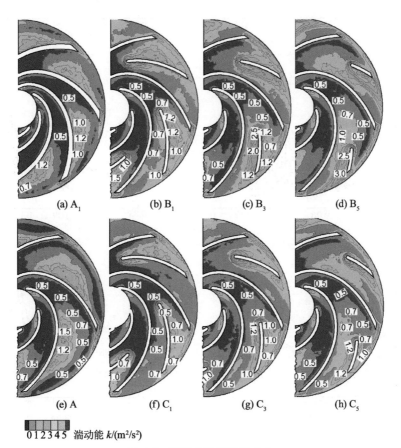

(a) A_1　　(b) B_1　　(c) B_3　　(d) B_5

(e) A　　(f) C_1　　(g) C_3　　(h) C_5

0 1 2 3 4 5　湍动能 $k/(\mathrm{m^2/s^2})$

图 6-5　湍动能的等值线分布

（1）分流叶片长度的影响

方案 A_1 和方案 A 的湍流脉动主要发生在叶片压力面的中间段附近，对应叶片压力面上的低速区（见图 6-6）。对于方案 B 和方案 C 两个系列，湍流脉动主要发生在分流叶片处，从分流叶片进口处开始，随着分流叶片长度的变化，其湍动位置和强度都有所变化。

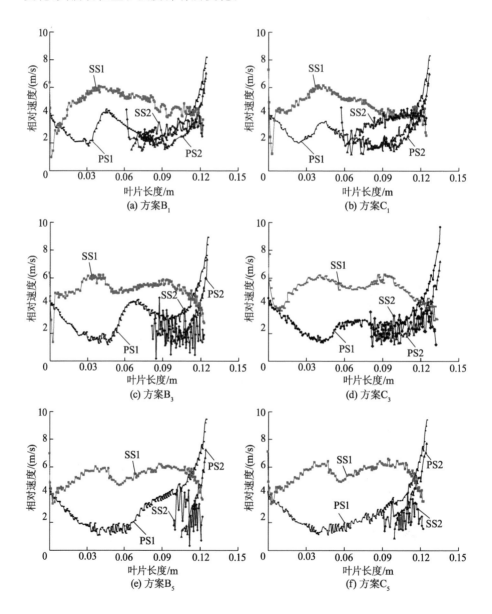

(a) 方案 B_1

(b) 方案 C_1

(c) 方案 B_3

(d) 方案 C_3

(e) 方案 B_5

(f) 方案 C_5

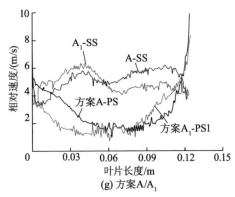

(g) 方案A/A₁

注:PS1 表示长叶片的压力侧;SS1 表示长叶片的吸力侧;
　　PS2 表示分流叶片压力侧;SS2 表示分流叶片吸力侧。

图 6-6　相对速度分布

在分流叶片较长的方案 B_1 和方案 C_1 中,较强的湍流脉动发生分流叶片两侧进口处,而且湍动较方案 A/A₁ 小,说明这 2 个设计方案比原设计湍动损失小;方案 B_3/C_3 设计中,较强的湍流脉动分布在分流叶片两侧,湍动强度较大且分布区域也增大。随着分流叶片长度的减小,湍流脉动逐渐向分流叶片吸力面移动,尤其在方案 B_5 的设计长度时,严重的湍流脉动基本堵塞了分流道,这对应着速度矢量中的流动混乱。

(2)分流叶片进口偏置的影响

对比方案 B 和 C,方案 C 在各个对应的分流叶片长度的湍流脉动都相对弱很多,说明分流叶片进口处的偏置可以使分流叶片进口处液流的冲击减小。在方案 C 中,湍流脉动区域较方案 B 小很多,这也说明流场速度分布更趋均匀稳定。

同时根据分流叶片进口湍动发生的位置和强度,可以判断进口冲击强度的大小,并反推分流叶片进口的偏置位置和运行流量是否吻合。由模拟结果看出,在此设计工况下方案 B_1 和 C_1 比较合理,分流叶片较短的几个方案湍动基本都发生在分流叶片吸力面,而且分流叶片越短,趋势越明显,说明这几个方案在较大流量时会有更好的分布规律。这也解释了叶轮在较大流量下流动分布反而更合理的现象。

6.2.2　相对速度分析

叶轮内的相对速度分布可直观地表现叶片型线的设计是否合理。如图6-6 所示,方案 A 和方案 A₁ 为按普通叶轮设计的方案,总体流场分布比较均匀,但在叶片压力面上的低速区会影响液体的出口液流角,即减小滑移系数,降低扬程。相对而言,添置分流叶片可以减小这个低速区,流动也更趋均匀,可以增大出口滑移系数,提高泵扬程。此外从相对速度分布规律还可以揭示叶轮与传输流体相互作用的有效程度。本例将从叶片载荷分布和各个过流截面的相对速度分布进行深入分析。

(1) 叶片载荷分布

叶片载荷定义为沿叶片长度方向上,叶片压力面和吸力面相对速度的差值。这是叶轮内有限叶片数的一种表现,也是叶轮内损失的一种表现形式。叶片载荷还作为定性判断是否发生分离流动的依据,叶片载荷越大,发生分离流动的可能性越大,叶轮内的能量亏损也越大[9]。

对比方案 B 和 C,同一长度的分流叶片方案 B 的长叶片表面相对速度提升较多,虽然其叶片载荷在提升点要稍小些,但方案 B 中最大载荷位置(相对速度差最大值处)仍在靠近进口位置出现,这是可能发生脱流的征兆,而且在湍动能分布图上也可以获知方案 B 要比方案 C 的扰动更大。这也是方案 C 优于方案 B 的原因之一。

从分流叶片两侧相对速度图也可以看出对应于湍动能分布的不规则性,尤其在分流叶片比较短的设计方案中,分流叶片吸力面上存在很大的波动。虽然到目前为止还没有理论证明这部分载荷对提升泵扬程的作用,只能代表一种不稳定因素,也是分流叶片的一个研究方向。

对比 A 和 A_1 方案,方案 A 的最大载荷出现时间要比方案 A_1 早,而且数值较大,说明 A 方案发生流动分离的时间可能要比方案 A_1 早。而且 2 个方案在最大载荷处叶片吸力面上都有一个相对速度比较大的区域,这对应于研究者在流场测量得到的"死水区",在图 6-5 中叶片吸力面靠近进口处相对速度高的区域可以观测到。已有研究证明这个"死水区"并不"死",只不过是相对总压损失较大、较集中[9]。

(2) 流道截面上相对速度的分布

通过三维流道内相对速度的观测,能更直观地知道液流在叶轮内的流动情况。在一个流道内取 10 个过流断面,选择方案 A,A_1,B_1,C_1,B_4 和 C_3 对比举例说明,如图 6-7 所示。

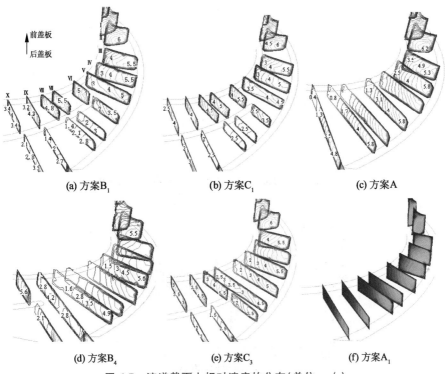

(a) 方案B_1 (b) 方案C_1 (c) 方案A

(d) 方案B_4 (e) 方案C_3 (f) 方案A_1

图 6-7　流道截面上相对速度的分布(单位:m/s)

从图 6-7 中可以看出液流的流动状况:从轴向进入叶轮,突然转向径向,由于入流的惯性,流体转向叶轮后盖板,此时后盖板的相对速度高一些,如截面Ⅰ,Ⅱ,Ⅲ所示,但这种现象只发生在长叶片的吸力面。随后,由于旋转和叶片曲率的作用,液流反流冲击在叶轮前盖板,在叶片吸力面和前盖板处形成相对速度较高的"死水区"(因为此处压力最低,相对最稳定)——尾流区,如截面Ⅳ,Ⅴ,Ⅵ所示。

随后,在方案 A 中,尾流区从叶片吸力面向压力面均匀扩散,在叶轮出口形成了一个近似线性的速度分布图;但由于分流叶片的加入,使得前面生成的低能区转移到长叶片压力面的分流道内,另外一个分流道出口的相对速度分布比较均匀且速度值较小。

相对而言,分流叶片较长的方案(例如方案 B_1,B_2,C_1 和 C_2),在出口速度分布较均匀,速度差值较小,其中方案 C_1 相对最为理想。在分流叶片比较短的方案中,如图 6-7 中方案 B_4 和 C_3,反而在出口的分流道内使流体加速,加大了叶轮出口处 2 个分流道的速度差,恶化了"射流-尾迹"结构。说明分流叶片早点涉入主流场,对前盖板处的尾流区有更好的转移作用,能减小出口的"射流-尾迹"结构,从而获得更加均匀的叶轮出口流场,这对减小流入泵体时的混合冲击损失也是有好处的。

（3）叶轮出口相对速度的分布

图 6-8 为多个方案在叶轮中间流面叶片出口处的相对速度分布。从图中可以看出,添置分流叶片的方案在 2 个流道内相对速度值略有减小,且分布比较均匀。但从中也可以看出,2 个分流道内的速度不一致,在靠近叶片压力面（PS）的分流道内,速度变化仍比靠近叶片吸力面分流道内的速度变化大。

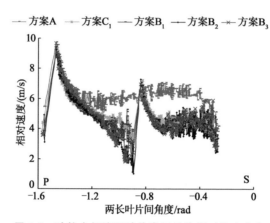

图 6-8　叶轮中间流面叶片出口处的相对速度分布

6.2.3　分流叶片对叶轮进出口压差的影响

本节研究的目的之一是分析添置分流叶片后对叶轮做功（即进出口压差）的影响规律。对于不可压流体的流场计算,需要关注的是流场中各点之间的压力差,而不是其绝对值。为了减少计算中的舍入误差,可以适当选择流场中某点的压力为 0,而所有其他点的压力都是对该参考点而言的,不同参考的选择对于压差无影响。

因为此部分模拟仅针对叶轮进行,所以不能由此求得泵的扬程,但通过叶轮进出口压差（$\Delta p = p_{out} - p_{in}$）的比较,可以定性地估计叶轮传输能量的大小。根据不可压流体流场计算的设置和求解规则,分析各点间的压差比只关注某点处的压力值更有意义。本例计算中有相同的参考条件设置,因此各个方案的压差具有可比性,如图 6-9 所示。

方案 A 的计算压差为 $3.35 \times 10^5 \mathrm{Pa}$,方案 A_1 的计算压差为 $3.37 \times 10^5 \mathrm{Pa}$,说明添置分流叶片能在一定程度上可提高扬程。随着分流叶片的增长,进出口压差增大;同时,分流叶片向长叶片吸力面偏置的方案 C 比没有偏置的方案 B 略大。这说明可以尝试通过改变分流叶片长度和向叶片吸力面偏置,实现泵扬程的变化。

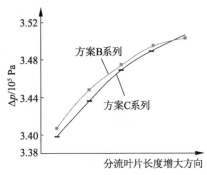

图 6-9　叶轮进出口压差与分流叶片长度的关系曲线

综上研究可得:

① 分流叶片早点涉入流场,即采用较长的分流叶片,有利于分流道内流场的均匀分布,减小湍流脉动;分流叶片进口向长叶片吸力面偏置,能减小分流叶片进口冲击损失,稳定分流道流场分布,增加扬程。综合而言,方案 C_1 是目前所有方案中最合理的。

② 根据叶片载荷的作用规律可知,分流叶片的加入可以推迟或减小长叶片压力面上的流动分离,尤其在方案 C 的前 2 个设计中表现得更为明显。

③ 由不同过流截面速度分布可以预测液流在泵叶轮中的流动情况,可观测到在叶片吸力面和前盖板处集聚着高能损失的"死水区",但在添置分流叶片后,死水区有所缩小,而且出口的速度分布更均匀,在一定程度上改善了出口的"射流-尾迹"结构。

6.3　带分流叶片低比转速离心泵全流场数值预测

6.3.1　设计方案改进

通过上一节所做的工作可以较深入地理解分流叶片长短和偏置对叶轮内部流动的影响,并对分流叶片改善"射流-尾迹"结构的机理有了直观的认识。但此部分工作尚不能给出完全的分流叶片设计依据,对于叶片数的影响没有涉及;同时对于全流场分布和性能影响还需要进一步深入研究。本节主要给出了不同叶片数下的多种设计方案,并对包括蜗壳和前后腔体的全流场进行模拟。模型泵仍为 IS50-32-160 型低比转速离心泵。

（1）叶片数的选择

低比转速离心泵通常选用较小的叶片数,一般取 4～6,而且有比转速越低,叶片数越小的趋势。但对于添置分流叶片的设计,至今没有文献给出叶片数的最佳取值依据,因而本例对此进行对比研究。

考虑到低比转速离心泵流道宽度小的结构特点,内部沿程损失所占比例较大,因而本例给出的叶片数的设计范围为 3～5,而且对于不同叶片数,根据加大流量法给出不同的叶片型线设计方案[7]。蜗壳也采用加大流量设计法进行设计,详细的设计过程可参考文献[8]中的实例,主要结构参数如表 6-3 所示。

表 6-3　各设计方案的主要结构参数

参数		值		
叶轮	叶片数 Z	3	4	5
	叶片进口安放角 $\beta_1/(°)$	33	26	30
	叶片出口安放角 $\beta_2/(°)$	25	30	35
	包角 $\theta/(°)$	180	160	150
	叶轮出口直径 D_2/mm	160		
	叶轮进口直径 D_1/mm	50		
	叶片出口宽度 b_2/mm	6		
	叶轮轮毂直径 d_h/mm	10		
	前盖板水力圆角半径 R_1/mm	10		
	后盖板水力圆角半径 R_2/mm	25		
蜗壳	蜗壳基圆直径 D_3/mm	174		
	蜗壳进口宽度 b_3/mm	16		
	蜗壳隔舌安放角 $\varphi_0/(°)$	30		
分流叶片	进口直径 D_{si}/mm	见表 6-1		
	进口偏置度 $\theta_{si}/(°)$	5		
	出口偏置度 $\theta_{so}/(°)$	0		
	偏转角度 $\alpha/(°)$	0		

（2）分流叶片结构设计

基于不同叶片数的低比转速离心泵叶轮结构,进行分流叶片设计,采用圆柱叶片,其型线的设计同一般叶片的设计,设计时只需确定分流叶片进口直径 D_{si}、分流叶片偏置度 θ 和分流叶片偏转角度 α。

① 分流叶片进口直径 D_{si}

D_{si} 直接关系到分流叶片的作用长度,太长会堵塞叶轮进口,达不到要求的流量范围;太短起不到改善叶轮出口"射流-尾迹"结构,以及提高泵效率等作用。取分流叶片进口直径为

$$D_{si} = (0.6 \sim 0.75)D_2 \qquad (6-1)$$

② 分流叶片偏置度 θ

由离心泵叶轮内的流动滑移理论可知,叶轮流道内速度周向分布不均匀,因而分流叶片不能布置在流道正中间,需要向叶片吸力面偏置,这样有利于改善叶轮出口的"射流-尾迹"结构,提高泵性能。偏置度取值为

$$\theta_{si} = 5°, \theta_{so} = 0° \qquad (6-2)$$

式中:θ_{si} 为分流叶片进口位置;θ_{so} 为分流叶片出口位置。

③ 分流叶片偏转角度 α

由 6.2 节的分析可知,本设计选用的分流叶片偏转角度为 0°。

（3）设计方案

本设计共得到 15 个叶轮方案,以叶片数和分流叶片进口直径表示各个方案,如表 6-4 所示。

表 6-4　设计方案

D_{si}/mm	Z		
	3	4	5
无	3	4	5
96	3 - 96	4 - 96	5 - 96
106	3 - 106	4 - 106	5 - 106
116	3 - 116	4 - 116	5 - 116
126	3 - 126	4 - 126	5 - 126
136	3 - 136	4 - 136	5 - 136

6.3.2　全流场数值模拟计算精度

本节的主要目的在于寻找计算精度对计算结果的影响规律,在现有计算

资源的基础上,尽可能地把人为误差控制在最小范围内。下面选择改进设计中的一个方案进行精度验证。

在应用 CFD 软件进行计算的过程中,除了存在一些不可人为更改的模型和算法的误差,还有一些可控误差,例如,建立物理及数学模型过程中的建模误差、求解离散方程中的离散误差,以及求解数值结果过程中的计算误差。下面以带分流叶片的方案 4 - 106 为例分析减小误差的措施。

(1) 建模误差

建模误差产生的因素主要包括物理模型的建立、数学模型的选取及边界条件的设置等。

① 物理模型的建立

本研究引入真正意义的全流场,计算模型包括叶轮、蜗壳及前后盖板腔体。前盖板腔体通过叶轮进口口环与叶轮进口连接,后盖板与叶轮通过平衡孔进行连接,叶轮和前后盖板腔体通过一环状体积与泵体连接。图 6-10 给出了计算模型和网格示意图。计算中,进出口都做了足够的延伸,从而使得给出的进出口边界不受叶片进出口边流动的影响。

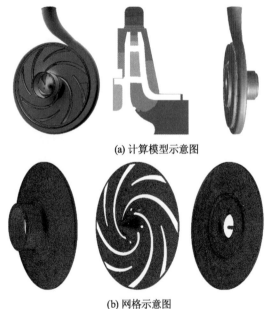

(a) 计算模型示意图

(b) 网格示意图

图 6-10　计算模型和网格示意图

② 湍流模型的选取

在流体机械领域内,像 $k-\varepsilon$, $k-\omega$ 和 SST 等雷诺应力模型都得到了广泛的应用。本例用上述 3 种模型,采用相同的边界设置,对模拟方案的额定工况进行分析。从图 6-11 所示的叶片出口轴面速度分布(包括近壁速度)可以看出,3 种湍流模型计算的结果差别很小,因而本书的计算采用 $k-\varepsilon$ 湍流模型。

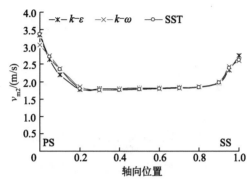

图 6-11　不同湍流模型下叶片出口轴面速度分布

③ 边界条件

边界条件的设置对计算精度的影响也非常大,一定要根据实际问题进行设置。根据泵的工作原理和运行特点,边界条件可以参照文献[7]的进行设置。其中,除了壁面的设置,进出口设置都已经经过多次验证,是比较正确的。

④ 数学方法

在 Fluent 软件中,采用分离求解器对此定常不可压湍流场进行求解。其中,对流项采用二阶迎风格式进行离散,扩散项采用二阶中心差分格式进行离散,采用 Simple 算法求解离散方程。计算时假定工作介质为水,流体为牛顿流体且局部各向同性,泵旋转轴为 z 轴,轴平面为 x, y 平面。

（2）离散误差

在求解离散方程及给定边界条件过程中存在离散误差,它与差分格式、网格的疏密和正交性等有关。通常,一阶离散格式比二阶离散收敛快,但对于三角形或四面体的非结构化网格,一阶离散格式的精度没有二阶离散格式的高。从理论上讲,随着网格数的增加,由网格引起求解误差会逐渐缩小,直至消失。

本书选用 5 种网格尺寸对模型泵进行网格划分(见表 6-5),分别采用一阶和二阶离散格式离散求解方程。离散格式和网格数对求解的影响结果如图 6-12 所示。

表 6-5   不同网格方案和网格数量

方案	a	b	c	d	e
网格尺寸/mm	3	2.5	2	1.5	1.2
网格数	156 782	246 332	443 009	1 003 438	1 742 299

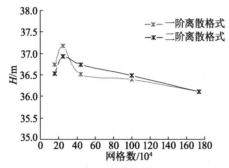

图 6-12   网格数和离散截差对扬程的影响

由图 6-12 可以看出,2 种离散格式下的扬程趋势近似,均随着网格数的增加,扬程略有下降,但二阶离散格式的计算结果比一阶离散格式略大。综合考虑计算能力,认为网格尺寸达到 c 方案(见图 6-10b)就可以达到指导设计及应用的精度。

(3) 计算误差

计算误差包括计算过程中的舍入误差和迭代计算不完全误差。本例分析了不同迭代残差下的计算结果(见图 6-13)。其中,湍流模型采用 $k-\varepsilon$ 模型,网格采用第 3 种。为了使曲线最大程度伸长,使图形轮廓清楚,横坐标(迭代残差)采用半对数坐标。从图 6-13 中看出,当迭代残差达到 10^{-4} 后,计算扬程达到一个稳定值,若迭代精度小于 10^{-4},则计算的扬程偏小。计算迭代残

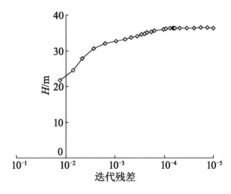

图 6-13   迭代残差对计算结果的影响

差至少应达到 10^{-4},才能尽可能减小此部分的计算误差。

本节给出了 CFD 计算过程中控制人为误差的途径和手段,对比分析分流叶片方案与传统设计方案在各个工况下对流场的影响,并通过计算预测了模型泵两个方案的性能曲线,说明分流叶片对泵的性能影响,为 CFD 在离心泵

设计中的应用提供借鉴资料。在本书后述章节，涉及计算模型、网格划分和迭代收敛的都按照此节结果进行设置。

6.3.3 全流场数值模拟结果分析

数值计算可得出叶轮流道内的速度和压力分布图、等值线分布图及湍动能分布图和湍动能耗散率分布图等。本例主要对湍动能和相对速度分布进行研究，并分析叶片载荷与叶片做功的关系，以及分流叶片对低比转速离心泵叶轮内的流场的影响。为了了解分流叶片对离心泵流场的影响，取 $z=0$ 的中间断面进行分析。

（1）分流叶片长短设计原则的确定

根据离心泵的工作原理可知，叶轮带着液体旋转时把力矩传给液体，使液体的运动状态发生变化，从而完成能量转换。叶轮就是通过叶片把力矩传给液体，使液体的能量增加。该力矩 M 在单位时间对液体做的功为 $M\omega$，它应当等于单位时间内通过叶轮液体从叶轮中接受的能量，即

$$M\omega = \rho g Q_t H_t$$

对不同设计方案的全流场进行数值模拟，可以得叶轮长叶片、分流叶片的作用力矩与 D_{si} 的关系曲线，如图 6-14 所示。由图可以看出，叶片数为 4 和 5 的方案中，长叶片的作用力矩出现了先减小后增大的变化，分流叶片的作用力矩变化平稳，在方案 106 附近有较优的作用力矩组合。此现象说明在分流叶片达到一定长度后，其作用力矩不会随着长度的增加而线性增大，即 D_{si} 有下限值，并且考虑到进口流道的堵塞，也即 D_{si} 值和叶轮进口直径关系紧密，式（6-1）应该进行修正。

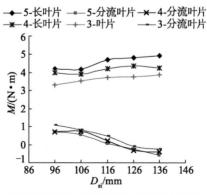

图 6-14 不同分流叶片长度下 D_{si} 与作用力矩的关系曲线

同时可以看出,若分流叶片长度太短,其作用力矩为负值,即会降低叶轮扬程。由此可以把"分流叶片作用力矩为正"作为确定 D_{si} 上限值的原则。本例中,D_{si} 的上限值为 120 mm,即约为 $0.75D_2$。

由上述分析可给出适用于低比转速离心泵叶轮分流叶片进口直径的计算公式(6-3)。经统计,低比转速离心泵 $\frac{D_1}{D_2}=0.2\sim0.4$,结合相关分流叶片长度选择原则取 $\alpha=0.5\sim0.6$,$\frac{D_1}{D_2}$ 值大,α 取小值,$\frac{D_1}{D_2}$ 值小,α 取大值。注意:此公式和系数 α 的取值仅仅适用于 $\frac{D_1}{D_2}=0.2\sim0.4$ 的低比转速离心泵。

$$D_{si}=\left[\alpha\left(1-\frac{D_1}{D_2}\right)+\frac{D_1}{D_2}\right]D_2 \qquad (6-3)$$

这也可以从叶轮湍动能分布图中直观看出(见图 6-5)。湍动能 $k=\overline{u_i'u_i'}/2$(单位:m^2/s^2)表示了湍流脉动的程度,其大小和空间的不均匀性也在一定程度上表明了脉动扩散和黏性耗散损失的大小和发生范围。由流场分布可以看出,随着分流叶片的变短,湍动加强,并向分流叶片吸力面区域流道扩散,在分流叶片很短时会带来大量的流动损失,因而会出现负力矩,降低泵的性能。

此节的分析排除了分流叶片较短的 126 和 136 系列方案,后续分析仅针对其他几个系列进行。

(2) 带分流叶片离心泵全流场压力分布

图 6-15 给出了 4 叶片离心泵在不同工况下的静压分布。在设计工况下,由叶轮旋转产生的动压在蜗壳内转化为静压,因此最大静压出现在蜗壳出口断面。在叶轮-蜗壳中间环的体积内,存在不均匀的压力分布,压力梯度很大,在带有分流叶片的方案中,压力变化梯度相对减小,有利于减小叶轮出口的压力脉动。在喉部出现了低压区,说明喉部的作用类似于节流阀,由于隔舌作用使得通过面积减小,出现了一个降压的过程,也即喉部是限制泵通过能力的一个重要因素。

在各个工况下,在叶轮-蜗壳中间环内存在不均匀的压力分布,存在较大的压力梯度。在带有分流叶片的方案中,压力变化梯度相对减小,有利于减小叶轮出口的压力脉动。在 $1.2Q_d$ 和 $1.4Q_d$ 工况下,分流叶片方案中的蜗壳出口压力比传统设计方案大得多,说明分流叶片使泵在较大流量时也能获得较高的扬程。同时,发现蜗壳喉部是蜗壳压力转化中的瓶颈,是蜗壳内压力的制低点,决定着泵的通过能力。

分流叶片之所以在较大流量时仍有较大的出口压力,是因为它有较高的叶轮出口速度。

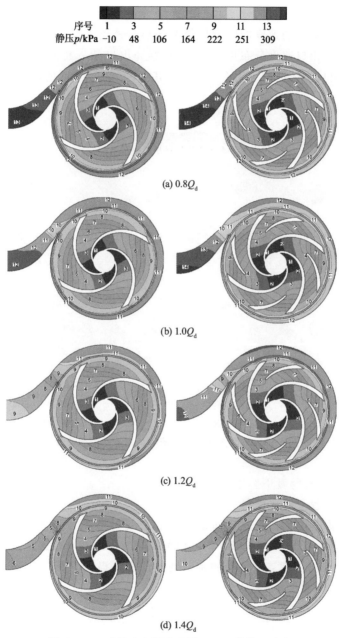

图 6-15　4 叶片离心泵在不同工况下的静压分布

（3）带分流叶片离心泵的速度分布

图 6-16 为不同方案下带分流叶片离心泵的速度分布。由图可以看出,在带分流叶片的方案中,同一半径上的速度分布更趋均匀,叶轮出口处速度值提高很多,但蜗壳的速度能转化使得蜗壳出口速度大小相差不多,只是添置分流叶片后,出口速度分布更趋均匀(从蜗壳出口某一断面的速度截图可看出),蜗壳出口扩散段的利用率增加了。其中,方案 4-106 的蜗壳出口速度的分布最均匀。

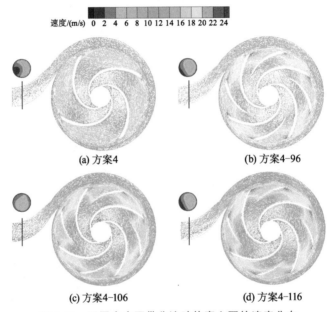

速度/(m/s) 0 2 4 6 8 10 12 14 16 18 20 22 24

(a) 方案4　　　　　　　(b) 方案4-96

(c) 方案4-106　　　　　　(d) 方案4-116

图 6-16　不同方案下带分流叶片离心泵的速度分布

（4）不同叶片数下全流场性能预测

① 泵扬程及效率预测

根据泵的工作原理,从 Fluent 中可以计算叶片压力面、吸力面和前后盖板内外表面受到的绕 z 轴的力矩之和 M',即用来带动叶轮旋转的力矩,与轴功率相比,没有考虑克服轴承和密封装置的摩擦损失力矩。在 Fluent 中,流场内某一点的总压 p_o 定义为

$$p_o = p_s + \frac{1}{2}\rho v^2 \tag{6-4}$$

式中:p_s 为该点的静压值,kPa;v 为该点的绝对速度值,m/s。

使用 Fluent 提供的表面积分功能,可以得到叶轮进口总压 p_{oin}、蜗壳出口

总压 p_{oout}。由泵扬程定义(泵出口总水头与进口总水头之差)可得

$$H=\frac{p_{\text{oout}}}{\rho g}-\frac{p_{\text{oin}}}{\rho g}+\Delta z \tag{6-5}$$

式中:Δz 为蜗壳出口与叶轮进口在垂直方向的距离,m,对卧式泵而言,该值为 0 m。

同时可从 Fluent 中读取相应力矩值,从而计算叶片压力面、吸力面和前后盖板内外表面的绕 z 轴的力矩之和 M',进而可得泵的效率,即

$$\eta=\frac{\rho g Q H}{M'_{\omega}} \tag{6-6}$$

由于计算模型包括了前后盖板腔体,从而涵盖了叶轮进口口环和叶轮后盖间隙的容积损失,以及叶轮的圆盘摩擦损失;计算设置时考虑零部件的表面粗糙度,因此只有轴承、密封装置的机械损失没有考虑,此值更趋向于实际的效率值。

② 各方案预测性能对比

图 6-17 为各个设计方案的预测性能曲线。图例中 3,4,5 分别代表方案 3、方案 4 和方案 5;96,106 和 116 在各个图中代表不同叶片数下不同分流叶片进口直径的取值方案。由图可以看出,添置分流叶片后对泵性能的影响趋势,平均扬程增加 4%~15%,随着流量的增加,扬程增加越大,H-Q 曲线更趋平坦;效率曲线 η-Q 向大流量方向偏移,且高效区变宽,说明在一定流量范围内变化时,有较小的扬程变化特性;功率曲线 P-Q 更加陡增,电动机容易过载。

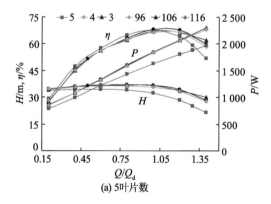

(a) 5叶片数

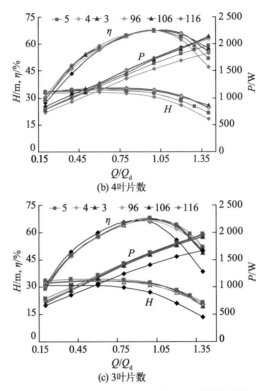

图 6-17   各个叶片数下各方案的预测性能曲线

在 96,106,116 的分流叶片设计方案中,总体性能变化不大,说明分流叶片在一定长度范围取值时(可看出基本与叶片数无关),对性能的影响很小。因此设计时,在保证不堵塞进口流道、叶片做功为正的前提下,分流叶片长度在一定范围内取值均可获得较好的性能。

对比图 6-17b 和图 6-17c 中的方案 5 性能曲线可以看出,对于没有分流叶片的 3 个设计方案,由于在减少叶片数的同时,减小了叶片出口安放角,增大了包角,虽然 H-Q 曲线驼峰被中和,但方案 3 和方案 4 的扬程也降低了很多,没有达到设计要求。同时,随着叶片数的增大,泵的工作范围增大,最高效率点向大流量方向偏移,功率曲线越来越陡增。

由图 6-17c 可知,方案 3 的性能略低于设计要求,在添置分流叶片后与方案 5 的性能基本一致。而在方案 5 的基础上再添置分流叶片,泵扬程、功率都提高太多,不可直接用于此设计参数,但可以做相应修改,例如,减小叶轮外径,减小蜗壳尺寸,这样不但可以减小整个泵的尺寸,还可以减小圆盘摩擦损失,提高效率。

总之,通过上述分析可知:

a. 通过叶轮叶片上力矩分析,给出"叶片作用力矩为正"的原则,从而确定分流叶片进口直径 D_{si} 取值的上限;并结合以往的研究经验,考虑进口不发生堵塞,确定 D_{si} 的下限值,首次给出了适用于低比转速离心泵的分流叶片长度的设计公式。

b. 计算流场结果显示,分流叶片有利于叶轮出口和蜗壳入口的压力、速度分布均匀性,能有效地增大叶轮出口压力;有利于扩大泵的工作范围;使得蜗壳出口的速度分布更趋均匀,减小压力脉动。

c. 通过不同工况的计算模拟,预测了各个设计方案离心泵的性能。由于模型包括了叶轮前后腔体,预测性能更加接近实际值。结果分析得出添置分流叶片后对泵性能的影响趋势:$H-Q$ 曲线更趋平坦,$\eta-Q$ 曲线向大流量方向偏移,且高效区变宽;$P-Q$ 曲线陡增。而且,叶片数少的方案添置分流叶片后的性能和较多叶片数的性能类似,说明在同一装置下,要改善泵内流场、提高效率,可以采用较少叶片数添置分流叶片的设计方案。

综合考虑流场分布和预测性能结果分析,方案 4-106 最优。

(5) 泵内损失预测

本节对离心泵包括前后腔体的全流场进行数值模拟,因而有机会通过数值模拟预测低比转速离心泵叶轮内、外表面的黏性损失,从而预测得到低比转速离心泵叶轮的圆盘摩擦损失,并与 2.3.3 节经验公式计算结果进行对比分析。

① 叶轮前后盖板内侧黏性损失预测

图 6-18 为不同工况下各方案叶轮盖板内侧黏性扭矩的分布规律。3 种叶片数的各个方案都在 $0.4Q_d$ 附近有极大值,说明可能在小流量工况下叶轮盖板上的黏性损失是主要损失之一,但在大流量下,黏性损失呈近似线性规律减小。其实这部分占总功率的 1/10 左右,不是决定性影响因素,但由其分布规律可以反映不同工况下叶轮盖板的黏性摩擦情况。可能的原因是在流量小于 $0.4Q_d$ 的工况,流体不足以充满整个叶轮内流道,但由于内部回流的存在,因而叶轮前后盖板内侧的黏性损失也较大;在 $0.4Q_d$ 工况附近需要克服边界层的黏性作用,所以存在一个极大值;而在流量大于 $0.4Q_d$ 的工况,叶轮内部流动更趋均匀,所以黏性损失也随之减小。

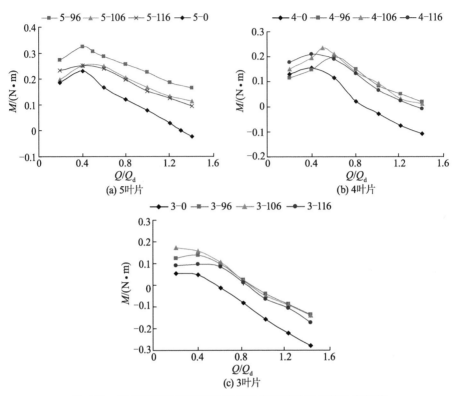

图 6-18   不同工况下各方案叶轮盖板内侧黏性扭矩的分布规律

② 叶轮前后盖板外表面黏性损失预测

图 6-19 为不同工况下 4 叶片叶轮前后盖板外表面的黏性扭矩分布规律。4 个方案有共同的趋势:在 $0.4Q_d$ 流量工况附近存在极大值,这个极大值出现的位置与上节分析对应,出现的原因也可能类似;在设计流量 $1.0Q_d$ 工况附近都有一个极小值出现,说明在设计点位置内部流动最为均匀,损失较小;每个方案前后盖板的黏性扭矩分布规律类似。

在有分流叶片的方案中(见图 6-19b~d),黏性扭矩极小值出现的位置比没有分流叶片(见图 6-19a)更偏向大流量。这与前面预测的性能是对应的。方案 4-106 在设计流量 $1.0Q_d$ 之前的损失相对其他方案略小,但分布不均匀。

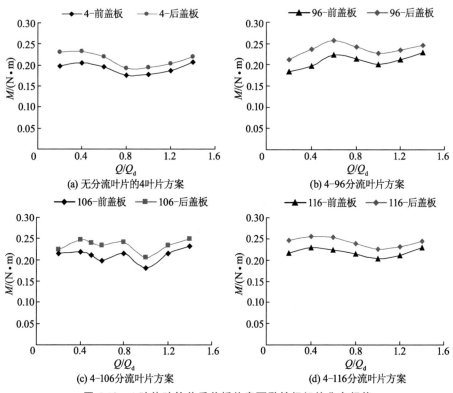

图 6-19 4 叶片叶轮前后盖板外表面黏性扭矩的分布规律

③ 圆盘摩擦损失预测

圆盘摩擦损失是叶轮在泵壳内液体中转动时,前后 2 个泵腔中的液体与叶轮前后盖板之间的摩擦损失功率。研究表明,圆盘摩擦损失与流体密度、叶轮转速的 3 次方及其外径的 5 次方成正比。由于离心泵的叶轮出口与进口的直径比值随着比转速的降低而增大,因而圆盘摩擦损失在轴功率中所占的比例也随之升高。当比转速减小到 30,圆盘摩擦损失占轴功率的一半以上。圆盘摩擦损失对低比转速离心泵性能的影响很大。

目前圆盘摩擦损失的计算公式较多,这些公式在本质上都相差不多。经比较分析,除了 2.3.3 的计算公式,本书还选择了 3 个具有代表性的离心泵圆盘摩擦损失计算公式来进行计算与分析,并与 CFD 计算结果进行比较。

a. 根据 2.3.3 节中的式(2-63)进行计算。

因

$$
\begin{cases}
Re = \dfrac{\omega \cdot r^2}{\upsilon} = \dfrac{303.69 \times 0.08^2}{1.003 \times 10^{-6}} = 1.938 \times 10^6 > 1.58 \times 10^5 \\[3mm]
G = \dfrac{h}{r} \approx 0.075 > 0.402 Re^{-3/16} = 0.026\ 6
\end{cases}
$$

故采用流态 4 的计算公式。

则

$$
C_{\mathrm{m}} = \frac{0.051 G^{1/10}}{Re^{1/5}} = \frac{0.05 \times 0.026\ 6^{1/10}}{(1.937\ 8 \times 10^6)^{1/5}} = 0.001\ 727
$$

$$
M_{\mathrm{df}} = \frac{1}{2} \rho C_{\mathrm{m}}\, \omega^2 r^5 = 0.521\ 8
$$

$$
\Delta P_{\mathrm{df}} = \omega \cdot M_{\mathrm{df}} = 303.69 \times 0.521\ 8 = 158.414\ 2\ \mathrm{W}
$$

b. 文献[10]、[11]根据试验提出的离心泵圆盘摩擦损失的计算公式如下：

$$
\Delta P_{\mathrm{df}} = 0.133 \times 10^{-3} \rho Re^{0.134} \omega^3 (D_2/2)^3 D_2^3 \tag{6-7}
$$

$$
\Delta P_{\mathrm{df}} = 0.133 \times 0.125 \times 10^{-3} \times 10^3 \times (1.937\ 8 \times 10^6)^{0.134} \times 303.69^3 \times (0.16)^6
$$
$$
= 339.74\ \mathrm{W}
$$

c. 文献[12]中提出的摩擦损失计算公式如下：

$$
\Delta P_{\mathrm{df}} = 0.35 \times 10^{-2} \times k\rho\omega^3 (D_2/2)^5 \tag{6-8}
$$

式中：$k = 0.8 \sim 1$。

$$
\Delta P_{\mathrm{df}} = 0.35 \times 10 \times k \times 303.69^3 (0.16/2)^5 = 256.75 \sim 320.94\ \mathrm{W}
$$

d. 文献[8]提出的圆盘摩擦损失计算公式为

$$
\Delta P_{\mathrm{df}} = 1.1 \times 75 \times 10^{-6} \times \rho g u_2^3 D_2^2 \tag{6-9}
$$

$$
\Delta P_{\mathrm{df}} = 1.1 \times 75 \times 10^{-6} \times 10^3 \times 9.8 \times \left(\frac{\pi \times 0.16 \times 2\ 900}{60} \right)^3 \times 0.16^2
$$

$$
= 297.11\ \mathrm{W}
$$

e. 通过 Fluent 数值计算进行预测。

采用自定义函数，通过 Fluent 积分求得叶轮前后盖板上的摩擦力矩 $M_{\mathrm{df}} = \displaystyle\int_A \tau \cdot r \mathrm{d}A$，就可计算求解圆盘摩擦损失 $\Delta P_{\mathrm{df}} = \omega \cdot M_{\mathrm{df}}$。

图 6-20 为不同工况下 5 叶片全流场方案的圆盘摩擦损失的分布情况，可以看出，对于不同的分流叶片设计方案，圆盘摩擦损失功率基本在 260～300 W，和经验公式计算所得的数值比较接近。虽然几个方案的结构形式完全相同，各个经验公式中的变量也都相同，但从数值模拟计算可知，添置分流叶片后由于做功增多，圆盘摩擦损失也随之增大，在设计工况下圆盘摩擦损失都有一个极小值。

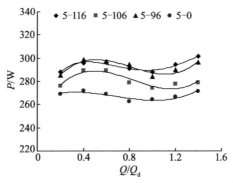

图 6-20　不同工况下 5 叶片全流场方案的圆盘摩擦损失的分布情况

图 6-21 所示为不同工况下圆盘摩擦损失在轴功率中所占比例的分布情况。由图可知,随着流量的增大,圆盘摩擦损失功率迅速减小,在设计点附近减小趋势逐渐变得平缓。设计点圆盘摩擦损失所占比例为 15% 左右,但在小流量工况下,圆盘摩擦损失可占 30% 以上,这与经验认知低比转速离心泵的圆盘摩擦损失在所有损失中占比最大相契合。

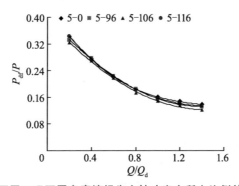

图 6-21　不同工况下圆盘摩擦损失在轴功率中所占比例的分布情况

图 6-22 给出了不同叶片数无分流叶片叶轮在不同流量工况下的圆盘摩擦损失的分布情况。从图可发现,虽然叶轮的结构形式一致,经验公式中的变量相同,但随着叶片数的增多,叶轮做功不同,圆盘摩擦损失增加很多,变化幅度在 10% 左右。

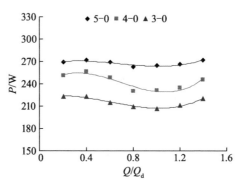

图 6-22　不同叶片数无分流叶片叶轮在不同流量工况下的圆盘摩擦损失的分布情况

　　通过设计点的数值计算和经验公式计算值的对比可以看出,根据式(2-63)计算的值偏小,由式(6-7)计算的值偏大,而由式(6-8)和式(6-9)计算的值比较接近于数值计算值。但对于相同叶轮外部结构,经验计算值相同,但由数值计算预测知,由于叶片设计不同,叶片做功不同,叶轮前后腔体压力不同,因而不同叶片设计的旋转圆盘的摩擦损失不同。

　　通过对离心泵包括前后腔体的全流场进行数值模拟,预测叶轮内外表面的黏性扭矩,从而分析叶轮内外表面的黏性损失。通过叶轮内表面的黏性扭矩分析发现,各个方案都在 $0.4Q_d$ 附近有极大值,在大于 $0.4Q_d$ 后,呈近似线性的减小规律;通过叶轮前后盖板外表面的黏性扭矩分析发现,各个方案都在 $1.0Q_d$ 附近有极小值,在 $0.4Q_d$ 附近有极大值。

　　分析不同工况下叶轮前后盖板内外表面的黏性扭矩分布规律可以看出,叶轮外表面的黏性扭矩占有很大的份额,这对应着很大的圆盘摩擦损失。因此通过 Fluent 自定义函数的积分功能,进一步对不同工况下多个方案的圆盘摩擦损失进行预测。各方案的圆盘摩擦损失功率基本在 260～300 W 范围内,和经验公式计算所得的数值比较接近。虽然各个方案具有相同的叶轮结构尺寸和运行参数,但由数值计算预测知,不同叶片设计的圆盘摩擦损失不同,主要是由于叶片设计不同,叶片做功不同,叶轮前后腔体压力不同,因而旋转圆盘的摩擦损失不同。同时可以发现,不同工况下,圆盘摩擦损失也是有规律可循的,设计点处圆盘摩擦损失所占轴功率的比例为 15% 左右,但在小流量工况圆盘摩擦损失所占比例可达 30% 以上。

　　④ 叶轮口环间隙对低比转速离心泵效率的影响

　　低比转速离心泵的口环形式多为简单的间隙密封,密封效果主要取决于口环间隙 b 和间隙长度 L。密封长度主要受限于泵的尺寸结构,且在可接受的范围内对密封效果影响不甚明显,所以对泵口环处泄漏量的研究几乎都集中于间隙的大小。传统的观念认为,叶轮口环处的流动损失越大,泵的泄漏量越小,容积效率就越高[8]。在低比转速离心泵中,圆盘摩擦损失占泵总损失的比例很大,而近年来的研究表明,叶轮口环处的泄漏量能减少圆盘摩擦损失,新的问题由此产生,是否有一个最佳的叶轮口环间隙,使泵的容积效率和机械效率的乘积最大,继而提升泵的整体效率。本节的目的即对这个问题做出一些探讨,希望对低比转速离心泵的设计制造提供一点建议。

a. 口环间隙对机械效率的影响。

泵机械效率:

$$\eta_{\mathrm{m}} = \frac{P - P_{\mathrm{m}}}{P} \tag{6-10}$$

式中:P 为轴功率,kW;P_{m} 为总的机械损失功率,包括轴承损失功率 P_{m1}、密封损失功率 P_{m2} 和圆盘摩擦损失功率 P_{m3},kW。

实际上轴承损失功率与轴向力和径向力有关,密封损失功率与抽送液体的压力和性质有关,但这些因素的影响不大,通常很小,$P_{\mathrm{m1}} + P_{\mathrm{m2}} = (0.01 \sim 0.03)P$,所以,本节着重讨论机械损失中对低比转速离心泵影响最大的圆盘摩擦损失。

圆盘摩擦损失是机械损失的一部分,是叶轮在泵壳内液体中转动时,前后两个泵腔中的液体与叶轮前后盖板之间摩擦损失的功率。随着比转速的降低,其在泵总损失中的比例逐渐提高。

(i) 传统的计算模型。传统的观点认为,叶轮口环处的泄漏量 Q_{sp} 对圆盘摩擦损失功率没有影响[13],故而对圆盘摩擦损失的研究都是基于无泄漏的,类似这样的研究,如文献[14],尽管可以通过数学方法提高预测的精度,但依然无法体现泄漏量对圆盘摩擦损失的影响,这和目前的研究结果是相悖的。文献[15]提出了一种计算方法,但过于烦琐,计算精度也没有得到合理的验证,不适用于实际的应用。

(ii) 考虑泄漏量的修正算法。针对前述问题,本书提出了一种考虑泄漏量的修正算法。这种算法既要体现出泄漏量对圆盘摩擦损失的影响,又要简单易操作,适合工程设计操作。

原有公式之所以不能反映泄漏的影响,主要原因在于其所建立模型的基础都是理想的圆盘转动,试验装置也和泵实际运行相差甚远。叶轮出口液体强烈的旋转产生的圆周速度是圆盘摩擦损失随泄漏量增大而减少的主要原因。因为在叶轮前盖板和泵体之间的泵腔中,根据流体力学的知识可知,液体圆周速度为 $\dfrac{u}{2}$(u 为前盖板圆周速度),从叶轮中流出的液体,特别是低比转速离心泵,圆周速度非常大,通常都大于$\dfrac{u_2}{2}$(u_2为叶片出口圆周速度)。从叶轮中流出的液体通过泵腔再经口环泄漏到泵的进口,带有更高能量的泄漏液体即为圆盘摩擦损失减少的原因。

取叶轮前盖板与泵腔间断面(1-1)和口环出口断面(2-2)之间的液体为研究对象(见图6-23),根据能量守恒原理,实际的圆盘摩擦损失＝未考虑泄漏的圆盘摩擦损失＋(1-1)处泄漏液体的能量－(2-2)处泄漏液体的能量－口环间隙的损失,即

$$P_{m3} = \Delta P_d + \rho g Q_{sp} H - \rho g Q_{sp} H_{1sp} - \rho g Q_{sp} H_c \tag{6-11}$$

式中:P_{m3}为实际圆盘摩擦损失;ΔP_d为未考虑泄漏的圆盘摩擦损失;H为叶轮扬程;H_{1sp}为流出口环后泄漏液体具有的水头;H_c为口环间隙中的总压降。

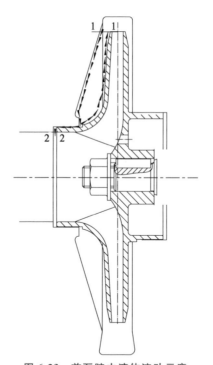

图6-23 前泵腔中液体流动示意

通常情况下H_{1sp}很小,可忽略不计。

$$H = \eta_h H_{th} = \eta_h \frac{u_2}{g}\left(\sigma u_2 - \frac{Q_t}{D_2 \pi b_2 \psi_2}\cot \beta_2\right) \tag{6-12}$$

式中:η_h为水力效率(η_h可按经验公式估算);H_{th}为叶轮理论扬程;σ为滑移系

数;Q_t 为理论流量;D_2 为叶轮出口直径;b_2 为叶片出口宽度;ψ_2 为叶轮出口排挤系数;β_2 为叶片出口安放角。

ΔP_d 可根据现有文献或手册推荐公式计算得出。H_c 由间隙进口损失、间隙进口处由于造成间隙中的轴向速度而产生的压降和间隙中的水力损失三部分组成。

$$H_c = \frac{v^2}{2g} + 0.5\eta \frac{v^2}{2g} + \frac{\lambda l}{2b}\frac{v^2}{2g} \tag{6-13}$$

式中:v 为口环间隙中液体流速,$v=$ 泄漏量/口环间隙过流面积;η 为进口损失圆角系数,因口环进口圆角多为直角,故取 1;λ 为水力摩擦阻力系数,查表可得;l 为口环间隙长度。

再将式(6-12)和式(6-13)代入式(6-11),即可计算得到实际圆盘摩擦损失。

因为 P_{m1} 轴承损失功率和 P_{m2} 密封损失功率很小且相对固定,故将其与式(6-11)中未考虑泄漏的圆盘摩擦损失功率 ΔP_d 合并为一项 P'_m,式(6-10)变为

$$\eta_m = \frac{P - P'_m + \rho g Q_{sp} H - \rho g Q_{sp} H_{1sp} - \rho g Q_{sp} H_c}{P} \tag{6-14}$$

(6-14)即为考虑泄漏量的机械效率计算公式。

(iii) 试验验证。文献[16]对比转速为 47 的 65Y60 型悬臂单级单吸离心油泵进行了试验。该泵叶轮出口直径为 213 mm,叶轮进口直径为 72 mm,叶片出口角为 25°,叶片数为 5,笔者分别对 5 个不同叶轮口环间隙 0.25 mm,0.45 mm,0.65 mm,0.85 mm 进行了试验。试验结果正好能用于验证公式(6-10)的正确性。试验验证结果如图6-24 所示。

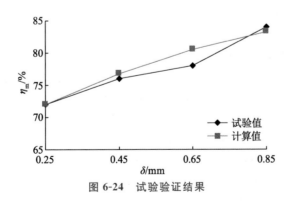

图 6-24　试验验证结果

从图 6-24 中可以看出,计算值和测得的数据基本上是一致的。计算误差

随口环间隙的增大而增大,但总体偏离不多,不超过 2.49%。试验值和计算值的对比说明,式(6-14)的计算方法可行。式(6-11)、式(6-14)和文献[15,16]都说明了随着口环泄漏量的增加,泵的圆盘摩擦损失下降,机械效率上升。

b. 口环间隙对容积效率和机械效率的综合影响。

泵容积效率:

$$\eta_v = \frac{Q_t - Q_{sp}}{Q_t} \tag{6-15}$$

泵的总效率为水力效率、容积效率、机械效率的乘积,即

$$\eta = \eta_h \eta_v \eta_m = \frac{P - P'_m + \rho g Q_{sp} H - \rho g Q_{sp} H_{1sp} - \rho g Q_{sp} H_c}{P} \frac{Q_t - Q_{sp}}{Q_t} \eta_h \tag{6-16}$$

口环间隙密封的本质是一系列的节流损失,口环间隙 b 越小,节流损失越大,泄漏量就越小。这一点无论在理论上还是实际中都是成立的,故 $Q_{sp} = f(b)$ 是一个单增函数。

根据文献[16]的研究可知,口环间隙对泵水力效率的影响很小,故在此忽略水力效率的影响,假设其为常数。将式(6-16)变形整理得

$$\eta = \frac{\eta_h}{P Q_t} \big[-(\rho g H - \rho g H_{1sp} - \rho g H_c) Q_{sp}^2 +$$

$$(\rho g Q_t H - \rho g Q_t H_{1sp} - \rho g Q_t H_c - P + P'_m) Q_{sp} + (P - P'_m) Q_t \big] \tag{6-17}$$

从式(6-17)中可以看出,在某一固定工况下,泵的总效率是泄漏量 Q_{sp} 的二次函数,此函数有极大值,并在 $Q_{sp} = \dfrac{\rho g Q_t H - \rho g Q_t H_{1sp} - \rho g Q_t H_c - P + P'_m}{2(\rho g H - \rho g H_{1sp} - \rho g H_c)}$ 时取得极大值。虽然 H_{1sp} 和 H_c 随着泄漏量的变化也发生变化,但因为泄漏量一般很小,所以在定性或不严格的研究中对结果没有本质的影响。可以推算,式(6-17)中分子<0,分母>0,Q_{sp} 在负值时取到极大值。Q_{sp} 与 η 的关系曲线如图 6-25 所示。

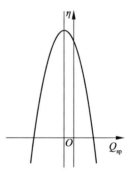

图 6-25 Q_{sp}-η 曲线

虽然低比转速离心泵的圆盘摩擦损失随口环间隙的增大而减小,机械效率提高,但机械效率的增长仍不足以弥补容积效率的下降,泵的总效率依然随泄漏量的增加而降低。这个结论和现有的常识是一致的,文献[8,16]中的试验数据也无一例外是口环间隙增大,泵的总效率降低。因此试图通过加大口环间隙以降低圆盘摩擦损失进而提高泵的效率是不可能的。口环间隙越小,泵的效率越高。

对式(6-17)求导得

$$\frac{\mathrm{d}\eta}{\mathrm{d}Q_{sp}} = \frac{\eta_h}{PQ_t}\big[-2(\rho gH - \rho gH_{1sp} - \rho gH_c)Q_{sp} +$$

$$\rho g Q_t H - \rho g Q_t H_{1sp} - \rho g Q_t H_c - P + P'_m\big] \tag{6-18}$$

显而易见,此导数在合理的运行参数下是个绝对值很大的负值。如果把某一点的斜率换算成与横坐标的角度,大约接近 $-90°$,这就导致了泵的效率对口环密封间隙很敏感,哪怕是 0.1 mm 的变化也会导致效率的明显改变。

　　c. 口环间隙对不同叶片型式泵效率的影响。

为了研究口环间隙对不同叶片型式的泵效率的影响,现选用上一节比转速为 47 的单级单吸离心泵进行试验。试验中采用了 12 种不同叶片型式的叶轮(见表 6-5),均为闭式叶轮,能够代表常见的低比转速离心泵的叶片型式,在口环间隙分别为 0.5 mm 和 0.2 mm 的情况下进行试验。图 6-26 是各个方案效率增值测试结果。试验结果说明,口环间隙减小后,泵效率平均提高 4.65%,且各种叶片型式之间效率增长幅度相差很小,最大偏离平均值 0.33%,考虑到试验测量的误差问题,口环间隙对上述叶片型式的泵效率的影响几乎是一致的,也就是说口环间隙对泵效率的影响与采用的叶片型式无关。

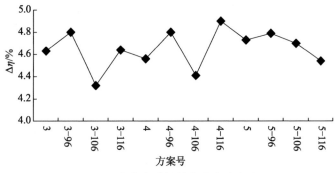

图 6-26　多方案叶轮效率增值试验结果

6.4　带分流叶片低比转速离心泵多方案试验研究

6.4.1　试验目的和试验方案

(1) 试验目的

本研究采用原有 IS 型泵的泵体,仅仅更换叶轮进行试验。与前期数值计算部分对应起来,研究添置分流叶片对低比转速离心泵性能的影响规律,主要集中在扬程提高,最大效率点向大流量偏移,以及功率曲线陡升的模拟特征进行验证。在验证规律的同时,找出设计参数与性能的数值关系,探讨分流叶片的设计方法。

（2）正交试验方案设计

① 正交试验

为了达到正交试验理论要求的均匀性和稳定性,必须对周向偏置度和偏转角进行研究,以较全面地研究分流叶片几何参数对性能的影响。此正交试验是在前期试验研究的基础上进行的,例如,周向偏置向叶片吸力面比偏向叶片压力面对性能有更好的影响,本试验方案就采用了几个不同的偏向吸力面的参数进行正交试验,其余参数类似,只是多加了一个影响参数——叶片数进行分析。4 因素 3 水平正交表如表 6-6 所示。正交试验方案如表 6-7所示。

表 6-6　4 因素 3 水平正交表

因素	因素说明	水平	取值
A	叶片数	1	3
		2	4
		3	5
B	周向偏置度/(°)	1	0.5
		2	0.45
		3	0.4
C	分流叶片 进口直径/mm	1	96
		2	106
		3	116
D	偏转角/(°)	1	0
		2	−5
		3	−10

表 6-7　正交试验方案

方案号	因素配比	叶片数-偏置-进口直径-偏转角
1	1 - 1 - 1 - 1	3 - 0.5 - 96 - 0
2	1 - 2 - 2 - 2	3 - 0.45 - 106 - 5
3	1 - 3 - 3 - 3	3 - 0.4 - 116 - 10
4	2 - 1 - 2 - 3	4 - 0.5 - 106 - 10
5	2 - 2 - 3 - 1	4 - 0.45 - 116 - 0
6	2 - 3 - 1 - 2	4 - 0.4 - 96 - 5
7	3 - 1 - 3 - 2	5 - 0.5 - 116 - 5
8	3 - 2 - 1 - 3	5 - 0.45 - 96 - 10
9	3 - 3 - 2 - 1	5 - 0.4 - 106 - 0

② 数值计算

本研究除了设计了正交试验的 9 个叶轮方案,还有不带分流叶片的 3,4,5 叶片数的 3 个方案,并对 6.1.2 节 4 叶片数的 3 个分流叶片方案进行了试验研究。

(3) 试验叶轮的快速成型加工

熔模铸造与 20 世纪 80 年代出现的快速成型技术 RPT(Rapid Prototyping Techonique)结合,出现了使用 RPT 的立体光刻法 SLA(Stereo Lithography Apparatus)、选择性激光烧结法 SLS(Slective Laser Sintering)、熔丝沉积成型 FDM(Fused Deposition Modeling)等成型工艺,其使用材料包括聚酯、ABS、人造橡胶、熔模铸造用蜡和聚酯热塑性塑料等。该技术可以自动、快速、直接、精确地将设计思想转化为具有一定功能的原型或直接制造零件(模具),有效地缩短了产品的研发周期,是提高产品质量、缩减产品成本的有力工具。

考虑到试验叶轮所要承受的压力大小和以往此方面的经验,本例采用 FDM 工艺进行加工。快速成型叶轮后盖处理及其半成品和成品如图 6-27 所示。

(a) 快速成型叶轮后盖处理前(含"支撑")　　(b) 快速成型叶轮后盖处理后

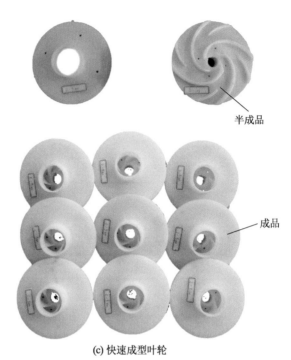

半成品

成品

(c) 快速成型叶轮

图 6-27　快速成型叶轮后盖处理及其半成品和成品

6.4.2　正交试验数据分析

试验在江苏大学国家水泵及系统工程技术研究中心试验台上进行,该试验台满足国家标准2级精度。本试验更关心添置分流叶片后对泵整体特性的影响,而不仅仅关心泵设计点的性能,因而各方案都给出了整体的特性曲线,并进行对比分析处理。

(1) 正交试验方案结果直接分析

5-*-2方案代表5叶片方案,以各参数后面的数字(分流叶片进口直径值)进行区分,"-2"标记是为了与前期方案进行区分;5方案代表没有分流叶片的方案;4叶片数和3叶片数方案的标注类似,各个方案分流叶片的设计区别见6.3.1的方案说明。

从图6-28、图6-29和图6-30中各个叶片数方案的性能曲线可以看出,添置分流叶片后的一个共同趋势就是:$H-Q$ 曲线更加平坦,小流量区域扬程增加不多,但大流量区域扬程增加明显。$\eta-Q$ 向大流量偏移,其最优工况点已经偏到接近于 $1.8Q_d$,影响趋势和6.3.3节数值预测结果近似,但比数值预测更加偏向大流量;在不同叶片数方案中,106方案的效率均最高。$P-Q$ 曲线比没有分流叶片的方案更加陡峭,尤其在大流量区域,功率增大十分明显。

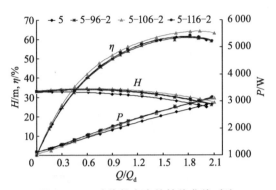

图 6-28　5 叶片数方案的性能曲线对比

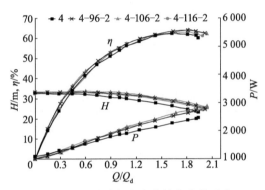

图 6-29　4 叶片数方案的性能曲线对比

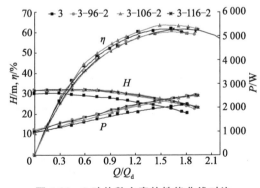

图 6-30　3 叶片数方案的性能曲线对比

与无分流叶片方案比较,可以得出以下规律:添置分流叶片的 5 叶片数方案,关死点扬程提高不明显,但随着流量的增大,扬程提高更趋明显,扬程提高 $0.2 \sim 3$ m;3 叶片数方案,在整个流量范围内,扬程提高都比较明显,扬程提高 $1.6 \sim 5$ m;4 叶片数方案性能曲线分布规律介于 3 叶片数与 5 叶片数之间。

（2）正交试验方案结果计算分析

表 6-8 为各正交试验方案在额定点 $Q=12.5$ m³/h 工况下的扬程和效率值。根据 GB/T 13007—2011《离心泵 效率》,此参数下效率指标在 50% 左右,所有方案效率均可以达标,但扬程和效率同时达标的方案有 5 个。

表 6-8 在 $Q=12.5$ m³/h 工况下的试验结果汇总

试验号	1	2	3	4	5	6	7	8	9
H/m	29.86	30.89	30.49	32.98	32.23	31.81	33.42	33.26	34.02
η/%	53.67	55.33	53.31	55.56	55.37	54.89	53.67	52.02	54.68

正交试验的结果列于表 6-9。根据表 6-9 绘制的扬程和效率与因素水平的关系曲线分别如图 6-31 和图 6-32 所示。

表 6-9 试验结果 1

性能参数	极差	A	B	C	D	性能参数	极差	A	B	C	D
	K_1	91.24	96.26	94.93	96.11		K_1	163.31	162.90	160.58	163.72
	K_2	97.02	96.38	97.89	96.12		K_2	165.82	163.72	166.57	164.89
	K_3	100.70	96.32	96.14	96.73		K_3	160.37	162.88	162.35	160.89
H	$\overline{K}_1$	30.41	32.09	31.64	32.04	η	$\overline{K}_1$	54.10	54.30	53.53	54.57
	$\overline{K}_2$	32.34	32.13	32.63	32.04		$\overline{K}_2$	55.27	54.24	55.19	54.63
	$\overline{K}_3$	33.57	32.11	32.05	32.24		$\overline{K}_3$	53.46	54.29	54.12	53.63
	R	3.15	0.04	0.99	0.20		R	1.82	0.06	1.66	1.00

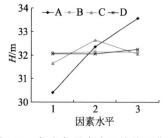

图 6-31 扬程与因素水平的关系曲线

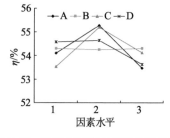

图 6-32 效率与因素水平的关系曲线

① 因素 A：随着叶片数的增加，扬程的增加非常明显，这与以往的研究经验十分相符；在 4 叶片数时，效率最高。因此通常情况下，综合考虑扬程和效率，叶片数选取 4 片比较理想。

② 因素 B：在偏向旋转方向的 3 个偏置度下，扬程和效率的变化不明显。

③ 因素 C：分流叶片进口边直径在第 2 水平取值时，对应着扬程和效率的最高值；在第 1 水平取值时，扬程和效率略低于第 3 水平。说明在第 2 水平附近取值可有较优的性能。

④ 因素 D：分流叶片向长叶片吸力面偏转 5°的第 2 水平，泵的扬程和效率比没有偏转的第 1 水平略有提高，但偏转到第 3 水平 10°时，泵的扬程虽有较小的提高，但效率降低很明显。结合 6.3.3 模拟结果说明分流叶片略向旋转方向偏转可以得到较好的性能，如果受制造工艺的制约，也可以选择不偏转的第 1 水平。

由表 6-9 中极差的大小可知分流叶片各因素对扬程 H 和 η 影响的主次顺序（见表 6-10）。各因素对扬程的影响主次顺序依次为 A＞C＞D＞B，对效率的影响主次顺序也依次为 A＞C＞D＞B。可以看出叶片数是非常重要的影响因素，进口直径和偏转角度也都是很重要的影响因素。

表 6-10　分流叶片设计因素对性能影响的主次顺序

性能参数	主→次			
H	A （叶片数）	C （进口直径）	D （偏转角）	B （偏置度）
η	A （叶片数）	C （进口直径）	D （偏转角）	B （偏置度）

（3）正交试验方案结果变更设计点分析

从上述试验数据的分析可以看出，添置分流叶片后的方案，高效区明显向大流量偏移，扬程曲线变得平坦很多。反过来讲就是此时设计方案的设计点已经变更，多组数据综合考虑，设计点可以变更在流量 $Q=16\ \mathrm{m^3/h}$，扬程 $H=30\ \mathrm{m}$，配套功率 $P=3\ \mathrm{kW}$，此时比转速变为 58。

表 6-11 为各正交试验方案在 $Q=16\ \mathrm{m^3/h}$ 工况的扬程和效率值。根据 GB/T 13007—2011《离心泵 效率》，此参数下效率指标为 54%，效率全部达标，仍有 6 个方案可以同时达到扬程要求。这说明按现有分流叶片设计方法进行设计，所得泵的性能变化很大，相当于原始加大流量法设计中，加大系数增大了 1.3 倍，因此在进行此方面的设计时要考虑这方面的影响。

表 6-11 $Q=16 \ m^3/h$ 工况的试验结果汇总

试验号	1	2	3	4	5	6	7	8	9
H/m	27.83	29.23	28.88	31.52	31.73	30.55	32.45	31.94	32.91
$\eta/\%$	57.71	59.82	58.21	55.56	60.20	59.49	57.80	57.16	58.84

经计算分析得出的扬程与因素水平及效率与因素水平的关系曲线分别如图 6-33 和图 6-34 所示。

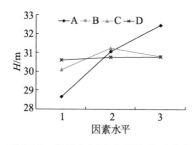

图 6-33 扬程与因素水平的关系曲线

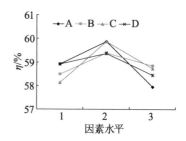

图 6-34 效率与因素水平的关系曲线

对表 6-12 中性能参数的极差进行分析可知分流叶片各因素对扬程 H 和 η 影响的主次因素(见表 6-13)。设计因素对扬程的影响主次顺序依次为 A> C>B>D,对效率的影响主次顺序依次为 A>C>D>B。此结果与上一节的结果十分近似,说明在变化设计点后,分流叶片参数对性能的影响规律基本不变。

表 6-12 正交试验结果 2

性能参数	极差	A	B	C	D	性能参数	极差	A	B	C	D
H	K_1	85.94	91.80	90.32	91.87	η	K_1	175.74	175.45	174.36	176.75
	K_2	93.20	92.30	93.66	92.23		K_2	179.63	177.18	178.60	177.11
	K_3	97.30	92.34	92.46	92.34		K_3	173.80	176.54	176.21	175.31
	$\overline{K}_1$	28.65	30.60	30.11	30.62		$\overline{K}_1$	58.58	58.48	58.12	58.92
	$\overline{K}_2$	31.07	30.77	31.22	30.74		$\overline{K}_2$	59.88	59.06	59.53	59.04
	$\overline{K}_3$	32.43	30.11	30.82	30.78		$\overline{K}_3$	57.93	58.85	58.74	58.44
	R	3.79	0.18	1.11	0.16		R	1.94	0.58	1.41	0.60

表 6-13　分流叶片设计因素对性能影响的主次顺序

性能参数	主→次			
H	A （叶片数）	C （进口直径）	B （偏置度）	D （偏转角）
η	A （叶片数）	C （进口直径）	D （偏转角）	B （偏置度）

（4）试验结果分析

表 6-14 为 4 叶片多方案的数值预测结果与试验数据对比，H 为设计点处的扬程，η_{max} 为全流量区域内的最大效率值。由于数值计算的模型和实际情况存在一些不同，例如，安装中存在很难避免的对中误差，数值计算中简化了装配管路的长度（仅做了适度的延伸）、泵体和叶轮制造粗糙度、气密性和口环大小等，因而试验数据要比数值预测所得的扬程和效率略低，扬程误差在 5% 左右，效率误差在 10% 以内，基本满足工程要求。

表 6-14　CFD 预测结果与试验结果对比

方案号	CFD		试验		误差	
	H/m	$\eta_{max}/\%$	H/m	$\eta_{max}/\%$	$\Delta H/\%$	$\Delta\eta_{max}/\%$
4	30.56	67.80	30.26	62.26	0.99	8.90
4-96	34.37	67.27	32.63	62.83	5.32	7.07
4-106	33.97	67.53	32.52	64.22	4.46	5.15
4-116	34.04	67.31	32.40	62.66	5.06	7.42

6.4.3　研究结果

本书为了与前期数值计算部分对应起来，验证添置分流叶片后对离心泵性能的影响规律，并研究分流叶片添置对低比转速离心泵性能的影响，找出设计参数与性能的数值上的关系，探讨分流叶片的设计方法，给出了正交试验的 9 个方案，以及与前面数值计算相同的 3，4，5，4-96，4-106，4-116 的 6 个方案，采用熔丝沉积成型工艺 FDM 加工了这 15 个叶轮，并在江苏大学流体中心的开式试验台上进行了外特性试验，分别进行对比分析。通过正交试验的 9 个叶轮方案的性能对比，可以找出 4 个主要参数对扬程和效率影响的主次顺序均为 A＞C＞D＞B。

从试验数据分析还可以得出，添置分流叶片后的方案，高效区明显向大流量偏移，扬程曲线变得更平坦。综合考虑多组数据，设计点需要变更为流量 $Q=16\ m^3/h$，扬程 $H=30\ m$，此时比转速 $n_s=58$。分析此设计点下的试验数据可以看出仍有很多方案可以达标，且通过正交计算分析可知对扬程的影响主次顺序和对效率的影响主次顺序均为 A＞C＞D＞B(D 和 B 的影响程度相差无几)。

通过对其他 6 个叶轮的分析，并与数值预测的结果进行对比分析，发现两者所得的性能在规律上是一致的，但由于数值预测中忽略了很多因素，例如，安装中存在很难避免的对中误差，计算中忽略了装配管路的长度(仅做了适度的延伸)、气密性和口环大小等，试验数据要比数值预测所得的扬程和效率略低。总体而言，扬程预测误差在 5% 左右，效率预测误差在 10% 以内，基本满足工程要求。

6.5　分流叶片设计方法

6.5.1　分流叶片设计研究总结

低比转速离心泵加大流量设计法已成为提高低比转速泵效率的主要方法。这种方法采用了较大的叶片出口安放角以减小叶轮外径，从而有效地减小低比转速离心泵中的圆盘摩擦损失，但同时也使叶轮流道扩散更严重，强化了"射流-尾迹"结构，导致水力性能下降。采用分流叶片的设计是 20 世纪 80 年代低比转速泵的研究热点之一。大多数研究都认可分流叶片在提高泵扬程和效率方面的作用，并给出一些设计指导经验和原则。分流叶片已在高速超低比转速泵、离心压气机中进行了较深入的研究，并得到成功应用。表 6-15 总结了有关分流叶片的主要研究工作及其结论。

表 6-15　分流叶片研究总结

文献 研究方法	研究对象的 主要特点	分流叶片长度	分流叶片偏置	叶片数	性能影响
[6] 正交试验 单分流叶片	IS65-40-200 $n_s = 47$ $n = 2\,900$ r/min 离心泵	推荐：$(0.6 \sim 0.7)$ D_2，到 $0.8D_2$ 后性能开始变差	周向偏向吸力面 1/5 栅距可提高效率；不偏转扬程最高 向 吸 力 面 偏 $3° \sim 10°$ 对 性 能 的影响不大	3+3	合理设计能提高效率和扬程
[17] 对比试验 单分流叶片	$n_s = 152$ $n = 2\,850$ r/min 离心泵	$(0.35, 0.6, 0.8)L$ 结论：5 叶片 $0.8\,L$ 长度（约为 0.65 D_2）的方案效率最高，且功率消耗最小	无	5,6,7	对于叶片数较多的 2 个方案，分流叶片在效率和功率消耗上有负面作用

续表

文献 研究方法	研究对象的 主要特点	分流叶片长度	分流叶片偏置	叶片数	性能影响
[18] 试验	离心泵	$(0.65\sim0.75)D_2$	无		提高扬程
[19—21] 试验研究 数值计算 多分流叶片	超低比转速 $n_s=20$, 高速离心泵 $n\approx8\,500$ r/min	$D_{i1}=(0.4\sim0.6)$ (D_1+D_2) $D_{i1}=(0.4\sim0.6)$ $(D_{i(n-1)}+D_2)$	无	推荐: $Z=4\sim6$ 多分流叶 片组合 设计	提高扬程和 效率,改善 叶轮出口流 动结构,增 强流场稳定 性
[22] 数值模拟 两分流叶片	超低比转速 离心泵 $n_s\approx22$, $n=35\,000$ r/min	$>0.75D_2$ 且出口角接近$90°$	无	$6+6\times2$	分流叶片太 短,流道内 存在脱流
[23—25] 多方案对比 数值模拟	离心压缩机 气体介质	短、中、长 3 种 长叶片长度约等于 $0.6D_2$ 时性能最优	周向不偏;左右各 偏置$1/8$栅距;不 偏转	$10+10$	沿着旋转方 向偏置$1/8$ 栅距,分流 叶片较靠近 进口时性 能好
[26] 数值计算 多叶片数 对比分析	离心压缩机 气体介质	分流叶片从$1/2$流 道处开始	周向不偏;左右偏 置各$1/8$栅距;不 偏转	$15,24$ $10+10$	叶片数增 加,缓解叶 轮出口的 "射流－尾 迹"结构

由表 6-15 中总结可知,分流叶片设计一般采用的方法为:分流叶片的长度为长叶片长度的$(1/2\sim3/4)$范围居多,即分流叶片的进口直径为$(0.5\sim0.8)D_2$;分流叶片偏向旋转方向(即叶片吸力面)$(1/10\sim1/8)$栅距设计性能较优。

一般认为,分流叶片常被用在泵中以提高泵的效率或降低能耗。通常,不同比转速的泵,叶轮设计侧重点不同:较高比转速的混流结构,采用分流叶片可改善叶轮出口和蜗壳进口的流场分布,增大扬程,改善空化性能;对中等比转速离心泵,流道比较宽,分流叶片只能改善叶轮出口的"射流-尾迹"结构,减少能耗,增加运行的稳定性和可靠性;超低比转速离心泵采用多叶片的带分流叶片叶轮可改善叶轮出口和泵体进口的流场分布,减少振动和噪声,提高运行稳定性。对于低比转速离心泵,添置分流叶片可以减小叶轮出口扩散,增大滑移系数来改善性能,即可以提高泵扬程,或在相同扬程下减小叶轮直径,从而减少圆盘摩擦损失,提高效率。

分流叶片偏置设计产生的效果包括:① 能有效防止尾流的产生和发展;② 能起冲刷尾流的作用;③ 能有效防止长叶片吸力面上流体的分离和脱流,

更好地控制流体运动;④ 添置分流叶片后,加大了有限叶片数的修正系数,可以增加扬程或减小外径;⑤ 可改善叶轮内的速度分布,减少叶轮内的水力损失及从叶轮出口到泵体进口之间的混合损失,提高泵的性能。

6.5.2　低比转速离心泵中分流叶片设计方法

(1) 叶片数 Z 的选择

随着叶片数的增大,扬程的增加非常明显,这与以往的研究经验十分相符。通过前期研究可知,在 4 叶片时,效率最高,因此通常情况下,综合考虑扬程和效率,选取 4 叶片比较理想。

(2) 分流叶片进口直径 D_{si}

D_{si}直接关系到分流叶片的作用长度,从理论上讲,分流叶片越长(D_{si}越小),扬程越高。但从试验可看出,分流叶片太长会堵塞叶轮进口,扬程的增加幅度较小,反而可能会引起效率的降低;分流叶片太短起不到改善叶轮出口"射流-尾迹"结构、提高泵效率等作用。

本研究的 D_{si} 在其第 2 水平附近取值对应着最优的性能,这与前期的"叶片作用力矩为正"的分析原则,以及前面提出的计算公式推荐值有较好的一致性。

经统计,低比转速离心泵 $D_1/D_2 = 0.2\sim0.4$,结合相关分流叶片长度选择原则取 $\alpha = 0.5\sim0.6$,D_1/D_2 值大则 α 取小值,D_1/D_2 值小则 α 取大值。

$$D_{si} = \left[\alpha\left(1-\frac{D_1}{D_2}\right)+\frac{D_1}{D_2}\right]D_2 \tag{6-19}$$

注意:式(6-19)和系数 α 取值仅适用于 D_1/D_2 在 0.2~0.4 范围的低比转速离心泵。

从 6.4 节试验值可以看出,对于不同叶片数的叶轮,基本都在相同分流叶片进口直径时获得最优的扬程和效率值。

(3) 分流叶片周向偏置度 θ

由离心泵叶轮内的流动滑移理论可知,叶轮流道内的速度在周向的分布不均匀,因而分流叶片不能布置在流道正中间,需要向叶片吸力面偏置,这有利于改善叶轮出口的"射流-尾迹"结构,提高水泵性能。

本研究表明,偏向旋转方向有利于提高泵的性能,而且在一定范围内,对扬程和效率的影响不明显。因为在此试验所选的几个水平比较接近,且从表6-9 中也可看出这个区间扬程和效率的变化不大。

(4) 分流叶片偏转角 α

在分流叶片向长叶片吸力面偏转 5° 的第 2 水平,泵的扬程和效率都较高,但偏转到第 3 水平 10°时,泵的扬程略有提高,而效率降低很明显。结合 6.4.2 节中的试验结果说明分流叶片向旋转方向偏转 5°左右可以得到较好的性能。

6.5.3　带分流叶片低比转速离心泵设计方法

通过前期研究工作,我们知道分流叶片在提高扬程和效率方面的作用,而且通过试验和数值模拟的多方案研究,以及对蜗壳匹配方面的试验和数值模拟研究,可以初步给出带分流叶片的低比转速离心泵的设计指导原则。

总体而言,带分流叶片的低比转速离心泵叶轮的设计方法和一般的低比转速离心泵叶轮设计是类似的,但由于分流叶片的添置,使得加大流量设计法中的放大系数变得更大,需要对原来的设计原则进行适当修正。

由上面 15 个叶轮试验数据分析可知,额定流量为 $Q=12.5$ m³/h,但在没有分流叶片的 3 个叶片数方案中,实际最高效率点在流量 $Q=19$ m³/h 左右,放大系数约为 1.5;而添置分流叶片后的最高效率点在 $Q=23$ m³/h 左右,此时的放大系数约为 1.8。参考表 6-16,已经超出了常规加大流量法的原则,需要进行修正,也即需要在原来基础上将流量放大系数减小 1/5 左右。当然此数据目前还缺少一定的验证,但对于相似比转速的泵可以采用。

表 6-16　流量放大系数

$Q/(\text{m}^3/\text{h})$	3～6	7～10	11～13	16～20	21～25	26～30
K_1	1.70	1.60	1.50	1.40	1.35	1.30
K_1'	1.42	1.33	1.25	1.17	1.13	1.08

本书中对于主要的设计参数的设计原则参考文献[6]进行,并对主要参数做简要介绍。

(1)叶轮外径 D_2

由于加大流量设计法的流量放大系数减小了,则计算的 D_2 也会减小,具体变化根据设计程序决定。

(2)叶片出口角 β_2

在采用加大流量设计法设计低比转速离心泵叶轮时,通常选用较大的 β_2,在其他参数不变时,可以减小叶轮外径 D_2,则与 D_2^5 成正比的圆盘摩擦损失也随之减小,从而提高了泵的效率。但其增加不是无限的,从前期的研究可知,带分流叶片的离心泵更容易发生过载问题,β_2 过大,则 P-Q 曲线更加上扬,因而建议参考表 6-17,β_2 取较小数值。

表 6-17 β_2 的推荐值

n_s	23～30	31～40	41～50	51～60	61～70	71～80
$\beta_2/(°)$	38～40	35～38	32～36	30～34	28～32	25～30

（3）叶片数

低比转速离心泵通常选用较少的叶片数，一般取 4～6，而且有比转速越低，叶片数越少的趋势。笔者研究了 3～5 叶片数下，添置分流叶片的离心泵对于性能的影响关系，并给出随叶片数的增加，扬程增加明显和效率增加并趋于平缓的结论。

（4）叶片出口宽度 b_2

综合考虑各几何参数和各种改进泵性能的措施，合理选取 b_2 的计算公式，即

$$\begin{cases} b_2 = K'_{b2} \sqrt[3]{\dfrac{Q}{n}} \\ K'_{b2} = 0.70 \left(\dfrac{n_s}{100} \right)^{0.65}, n_s < 80 \end{cases} \qquad (6-20)$$

或

$$\begin{cases} b_2 = K''_{b2} \sqrt[3]{\dfrac{Q}{n}} \\ K''_{b2} = 0.78 \left(\dfrac{n_s}{100} \right)^{0.5}, n_s < 120 \end{cases} \qquad (6-21)$$

叶片数和叶片出口宽度的选取还要兼顾叶轮的制造材料和工艺，对于普通铸造的叶轮，叶片本身比较厚，而且叶片太多则对应较大的沿程摩擦损失，建议采用 4 叶片即可，叶片出口宽度也相对取较大值；但对于叶片载荷不大的小型离心泵，可以采用塑料叶轮，或对某些特定场合需要采用不锈钢叶轮，则叶片厚度小，排挤小，过流面积相对大，流道表面光滑，则采用 5 叶片，但叶片出口宽度要相对取较小值，避免功率超载。

（5）带分流叶片低比转速离心泵蜗壳喉部面积设计

在此主要对蜗壳喉部面积设计方面给出一些研究的结论，为以后的深入研究提供借鉴资料。对同一泵设计方案，仅仅改变喉部面积的大小，就可以使高效点的位置改变，但性能曲线的形状基本没有改变。

对于加大流量法设计的带分流叶片的离心泵，由于加大流量设计法自身的弊端，以及分流叶片对流量系数加大的影响，低比转速离心泵的功率特性更加"恶化"，但单纯通过减小蜗壳喉部面积，很难实现功率特性控制，喉部面积减小到一定程度就会减小泵的流量范围，以致不能达到性能要求；而且分

流叶片的设计不合理会明显影响泵的效率提高。通过借鉴此方案的研究结果和文献[6]的结论,应对叶轮和蜗壳进行重新设计,喉部面积比应在 0.73～1.90 范围内取值。

建议在进行分流叶片离心泵设计时,兼顾无过载特性,尤其叶片出口安放角 β_2 的取值要在允许的范围内取较小值,喉部面积比应在 0.73～1.90 范围内取值。

参考文献

［1］Acosta A J,Bowerman R D. An experimental study of centrifugal pump impellers［J］. Transactions of the ASME, Journal of Fluids Engineering,1957,79(4)：1821－1839.

［2］Moore J. A wake and an eddy in a rotating radial flow passage. Part 1：Experimental observations[J]. Journal of Engineering for Power,1973,95(7)：205－212.

［3］Howard J H G,Kittmer C W. Measured passage velocities in a radial impeller with shrouded and unshrouded configurations[J]. Journal of Engineering for Power,1975,97(1)：207－213.

［4］Adler D,Levy Y. A laser doppler investigation of the flow inside a back swept, closed, centrifugal impeller ［J］. Journal of Mechanical Engineering Science,1979,21(1)：1－9.

［5］陈次昌,金树德,崔韵春,等. 离心泵叶轮内部流动计算[J]. 排灌机械,1992,10(3)：21－27.

［6］袁寿其. 低比转速离心泵理论与设计［M］. 北京：机械工业出版社,1997.

［7］张金凤. 带分流叶片离心泵全流场数值预报和设计方法研究[D]. 镇江：江苏大学,2007.

［8］关醒凡. 现代泵技术手册[M]. 北京：宇航出报社,1995.

［9］沈天耀. 离心叶轮的内流理论基础[M]. 杭州：浙江大学出版社,1986.

［10］李世煌,刘树洪. 低比转速离心泵摩擦损失的试验研究[J]. 水泵技术,1988(3)：21－25.

［11］骆大章. 低比转速离心泵摩擦损失试验[J]. 排灌机械,1989,7(3)：4－7.

［12］Khalafallah M G,Abolfadl M A,Sadek H M. Performance prediction of centrifugal pumps[J]. Journal of Engineering and Applied Science，1998(45)：989 - 1008.

[13] 查森. 叶片泵原理及水力设计[M]. 北京：机械工业出版社，1988.

[14] 刘厚林，谈明高，袁寿其. 离心泵圆盘摩擦损失计算[J]. 农业工程学报，2006,22(12)：107 - 109.

[15] Gülich J F. Disk friction losses of closed turbomachine impellers[J]. Forschung im Ingenieurwesen/Engineering Research，2003（68）：87 - 95.

[16] 李文广，费振桃，蔡永雄. 离心油泵叶轮口环间隙对性能的影响[J]. 水泵技术，2004(5)：7 - 13.

[17] Gölcü M，Pancar Y，Sekmen Y. Energy saving in a deep well pump with splitter blade[J]. Energy Conversion and Management，2006,47(5)：638 - 651.

[18] 周德峰. 叶片出口角对离心泵扬程的影响[J]. 排灌机械，1987,5(2)：6 - 9.

[19] 朱祖超. 超低比转速高速复合叶轮离心泵的设计方法[D]. 杭州：浙江大学，1997.

[20] 崔宝玲. 高速诱导轮离心泵的理论分析与数值模拟[D]. 杭州：浙江大学，2006.

[21] 朱祖超. 低比转速高速离心泵的理论及设计应用[M]. 北京：机械工业出版社，2008.

[22] 郭维，白东安. 超低比转速离心泵内流场计算及分析[J]. 火箭推进，2007,33(2)：26 - 31.

[23] 刘瑞韬，徐忠. 分流叶片位置对高转速离心压气机性能的影响[J]. 空气动力学学报，2005,23(1)：129 - 124.

[24] 刘瑞韬，徐忠，孙玉山. 含分流叶片的离心压缩机级内三维流场数值分析[J]. 应用力学学报，2004,24(1)：80 - 84.

[25] 刘瑞韬，徐忠. 叶片数及分流叶片位置对压气机性能的影响[J]. 工程热物理学报，2004,25(2)：223 - 225.

[26] 罗晟，蔡兆麟. 变叶片数和长短叶片结构对离心叶轮内三维黏性流场的影响[J]. 风机技术，2000(6)：3 - 6.

⑦

带分流叶片离心泵非定常流动特性分析

为了进一步提高离心泵的性能,应尽力缩小尾迹区并避免流动分离。如何获取精确的内流特性,以及如何控制离心泵叶轮内的尾迹流等问题,至今仍是研究的热点。经多方研究表明,在流道内设置分流叶片可改善叶轮内的流场分布,从而改善效率和驼峰性能,但对其改善机理的认知仍不够深入,需要进一步探讨。本章采用非定常 CFD 模拟,得到了不同分流叶片设计方案、不同分流叶片尾缘位置及其形状对离心泵压力脉动、空化特性和径向力等非定常流动特性的影响规律,以期为带分流叶片离心泵设计提供参考。

7.1 分流叶片对离心泵内压力脉动特性的影响

以第 6 章定常计算的结果为初始条件,对方案 4 和方案 4 - 106 进行非定常全流场数值模拟。固体壁面采用无滑移边界条件,并给定固体壁面粗糙度;近壁区域采用标准壁面函数处理。为了避免叶片出口与监测点重合而影响监测点处压力脉动结果的准确性,非定常模拟时选用 3.7° 为一个时间步长,时间步长为 0.000 212 643 s,叶轮旋转 5 个周期,每个旋转周期包括 98 个时间步长,总计算时间为 0.103 448 275 s,并选取结果较为稳定的第 5 个周期的结果用于分析。对 5 个具有不同分流叶片设计参数的低比转速离心泵

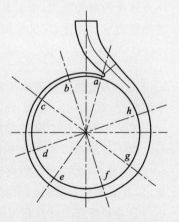

图 7-1 监测点布置示意

叶轮方案在小流量工况、设计工况和大流量工况下的内部流场进行非定常数值模拟。为了监测离心泵内压力脉动,在叶轮-蜗壳交界面处布置了 8 个监测点,如图 7-1 所示。

分别对定常和非定常模拟结果处理得到泵的 H-Q 曲线,并与试验结果进行比较,如图 7-2 所示。由图可以看出,方案 4 和方案 4-106 预测的性能有类似的趋势,定常计算预测的性能在大流量区域出现较大偏差,而非定常计算预测的性能在全流量区域内更接近试验值,预测精度更高;方案 4-106 的扬程明显高于方案 4 的,且其 H-Q 曲线更加平坦,H-Q 曲线的驼峰被中和。

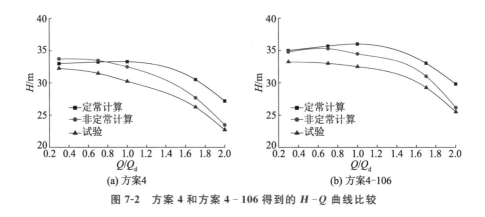

(a) 方案4   (b) 方案4-106

图 7-2   方案 4 和方案 4-106 得到的 H-Q 曲线比较

7.1.1   有/无分流叶片对离心泵内压力脉动特性的影响

离心泵内部流动极其复杂且不稳定,其中叶片与隔舌的相互作用是产生压力脉动的重要原因,也是泵体振动及产生噪声的主要原因。为了分析泵内流场压力脉动特性,定义量纲为一的压力系数[1]:

$$C_p = \frac{\Delta p}{0.5\rho u_2^2} \tag{7-1}$$

式中:Δp 为监测点的静压与参考压力之差,取参考压力等于 101 325 Pa;ρ 为水的密度,取 1 000 kg/m³;u_2 为叶轮出口圆周速度,m/s。

图 7-3 为设计工况下方案 4 和方案 4-106 在不同测点处的压力脉动分布。由于各测点波形存在相位差,其中测点 b,d,f,h 的相位较为一致,测点 c,e,g 的相位较为一致,因而选择 4 个测点 a,b,e,h 进行分析。由图 7-3 可以看出,方案 4 和方案 4-106 在各测点处的压力脉动都呈现明显的周期性,且压力脉动频率均为叶片扫过隔舌的频率。在一个周期内,方案 4 的压力脉动有 4 个波峰、波谷,而方案 4-106 的压力脉动则出现 8 个波峰、波谷,这是因为添置分流叶片后,各测点处的压力脉动不仅受到长叶片与蜗壳动静干涉的影响,还受到分流叶片与蜗壳动静干涉的影响。方案 4-106 的压力值明显大于方案 4,且压力脉动幅度明显小于方案 4,压力脉动波形更为平缓,这说明添

置分流叶片后,不仅泵的扬程得到了提高,而且叶轮-蜗壳交界面处的压力脉动情况也得到了有效改善,这是由于分流叶片改善了叶轮出口的"射流-尾迹"结构,从而减小了叶轮-蜗壳交界面处的压力变化梯度。

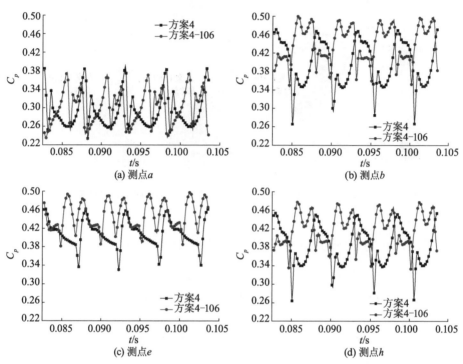

图 7-3　设计工况下采用方案 4 和方案 4 - 106 时不同测点处的压力脉动分布

图 7-4 为设计工况下采用方案 4 和方案 4 - 106 时 3 个不同时刻下的静压分布,其中,a 时刻为长叶片转过隔舌前,b 时刻为长叶片转过隔舌时,c 时刻为长叶片转过隔舌后。对比图 7-4 中方案 4 和方案 4 - 106 的静压分布可知,添置分流片后,蜗壳隔舌处的高压区消失,且蜗壳出口扩散段的静压分布更趋均匀,说明分流叶片的添置增加了蜗壳出口扩散段的利用率。

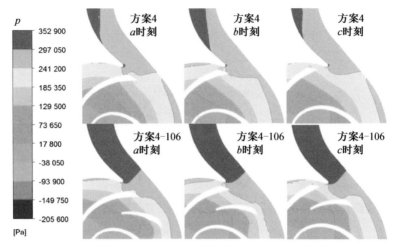

图 7-4　设计工况下不同时刻采用方案 4 和方案 4－106 时隔舌区的静压分布

7.1.2　分流叶片进口直径对压力脉动的影响

图 7-5 为设计工况下采用方案 4－96、方案 4－106 和方案 4－116 时不同测点处的压力脉动。比较各方案的压力脉动可以看出，方案 4－106 和方案 4－116 的波形比较一致，方案 4－96 的波形存在相位差，脉动规律接近 8 叶片。此外，分流叶片进口直径最小（即分流叶片最长）的方案 4－96 的压力值最小且压力脉动幅值最大，而方案 4－106 的压力值最大且压力脉动幅值最小。这说明不同的分流叶片进口直径对叶轮-蜗壳交界面处压力脉动的影响不同，且分流叶片进口直径存在最优值（$D_{si}=106$ mm）。

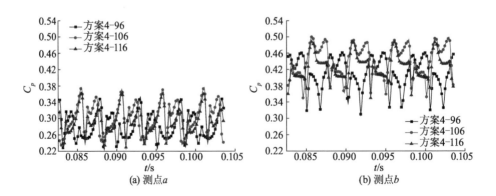

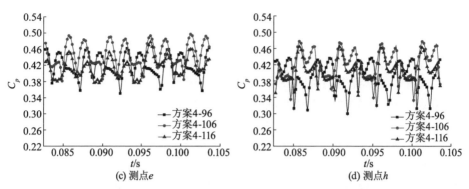

(c) 测点e　　　　　　　　　　　　　　(d) 测点h

图 7-5　设计工况下采用方案 4-96、方案 4-106 和方案 4-116 时不同测点处的压力脉动分布

7.1.3　分流叶片周向偏置度对压力脉动的影响

图 7-6 为设计工况下采用方案 4-106 和方案 4-106-2 时不同测点处的压力脉动分布。从图中可以看出，方案 4-106 和方案 4-106-2 的压力脉动规律类似，但方案 4-106 的压力值比方案 4-106-2 的略高，且方案 4-106 对"射流-尾迹"结构的改善更为明显。

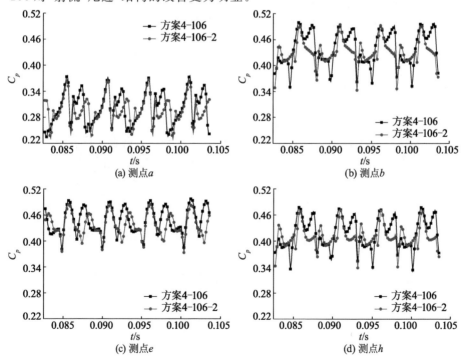

(a) 测点a　　　　　　　　　　　　　　(b) 测点b

(c) 测点e　　　　　　　　　　　　　　(d) 测点h

图 7-6　设计工况下采用方案 4-106 和方案 4-106-2 时不同测点处的压力脉动分布

7.1.4 不同流量工况的压力脉动分析

图 7-7 为不同流量工况下采用方案 4 - 106 时不同测点处的压力脉动分布。从图中可以看出，不同工况下，方案 4 - 106 的压力脉动波形基本一致，但大流量时的压力脉动幅值最大，设计流量时的压力脉动幅值最小。此外，还可以看出，测点 a 处的压力脉动、"射流-尾迹"结构最明显，且压力随流量的增大而增大，其余各测点处的压力均随流量的增大而减小；测点 b 的压力脉动幅值最大，测点 e 的压力脉动幅值最小，这说明压力脉动的最大值并不是出现在隔舌处，而是出现在隔舌区偏向叶轮旋转方向处，且沿着叶轮旋转方向逐渐减弱。

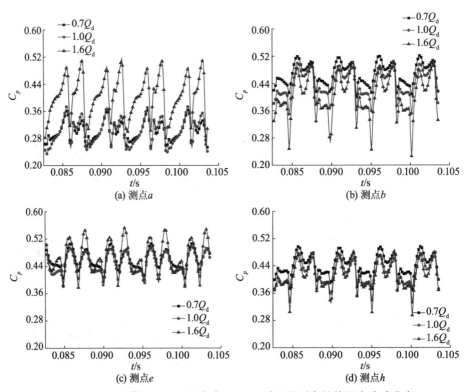

图 7-7 不同流量工况下采用方案 4 - 106 时不同测点处的压力脉动分布

7.2 分流叶片对离心泵径向力特性的影响

7.2.1 不同流量工况的径向力特性分析

为了分析泵内径向力特性,定义量纲为一的径向力系数 K,其定义式为[1]

$$K = \frac{100F}{0.5\rho u_2^2 \pi D_2 b_2} \tag{7-2}$$

式中:F 为径向力,N;u_2 为叶轮出口圆周速度,m/s;D_2 为叶轮出口直径,m;b_2 为叶片出口宽度,m。

各方案的非定常计算均在多工况下进行,选取 $0.7Q_d$,$1.0Q_d$,$1.6Q_d$ 工况下方案 4-106 的径向力特性进行分析。图 7-8 为不同流量工况下作用在方案4-106 叶轮上的径向力矢量分布。

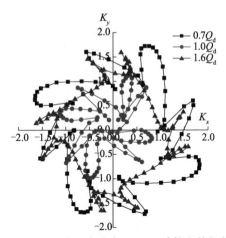

图 7-8 不同流量工况下作用在方案 4-106 叶轮上的径向力矢量分布

图 7-8 中某一点的矢量坐标代表某一时刻径向力的大小与方向。从图中可以看出,叶轮旋转一个周期内,不同工况下作用在叶轮上的径向力时刻在变化,且呈规则分布,并与叶片数有关。这是由于径向力的大小及方向受到叶轮与蜗壳之间动静干涉的影响,每当叶片扫过隔舌时,动静干涉作用增强,作用在叶轮上的径向力增大;设计工况下径向力最小,但其值并不为 0,这是由于泵体的非对称结构导致泵叶轮流道内及叶轮-蜗壳交界面处流体的流动速度和压力分布不均匀而引起的;小流量工况下的径向力大于大流量工况下

的。此外，可以看出，非设计工况时，径向力方向变化呈对称性分布，且大流量工况时，局部有明显的回旋现象。

7.2.2 有/无分流叶片对径向力特性的影响

图 7-9 为不同工况下采用方案 4 和方案 4－106 作用在叶轮上的径向力时域图。由于受到叶轮与蜗壳动静干涉的作用，作用在方案 4 和方案 4－106 叶轮上的径向力脉动均呈明显的周期性。在一个周期内，方案 4 的径向力脉动出现 4 个波峰、波谷，而方案 4－106 的径向力脉动则出现 8 个波峰、波谷，这与分流叶片与蜗壳隔舌间的动静干涉作用有关。由图 7-9 可知，小流量工况下，方案 4－106 的径向力略大于方案 4；设计工况下，方案 4－106 的径向力大于方案 4；大流量工况下，方案 4－106 的径向力明显小于方案 4。这可能是添置分流叶片后，泵的高效区向大流量点移动，即大流量点的力矩减小，使得作用在叶轮上的径向力也减小。

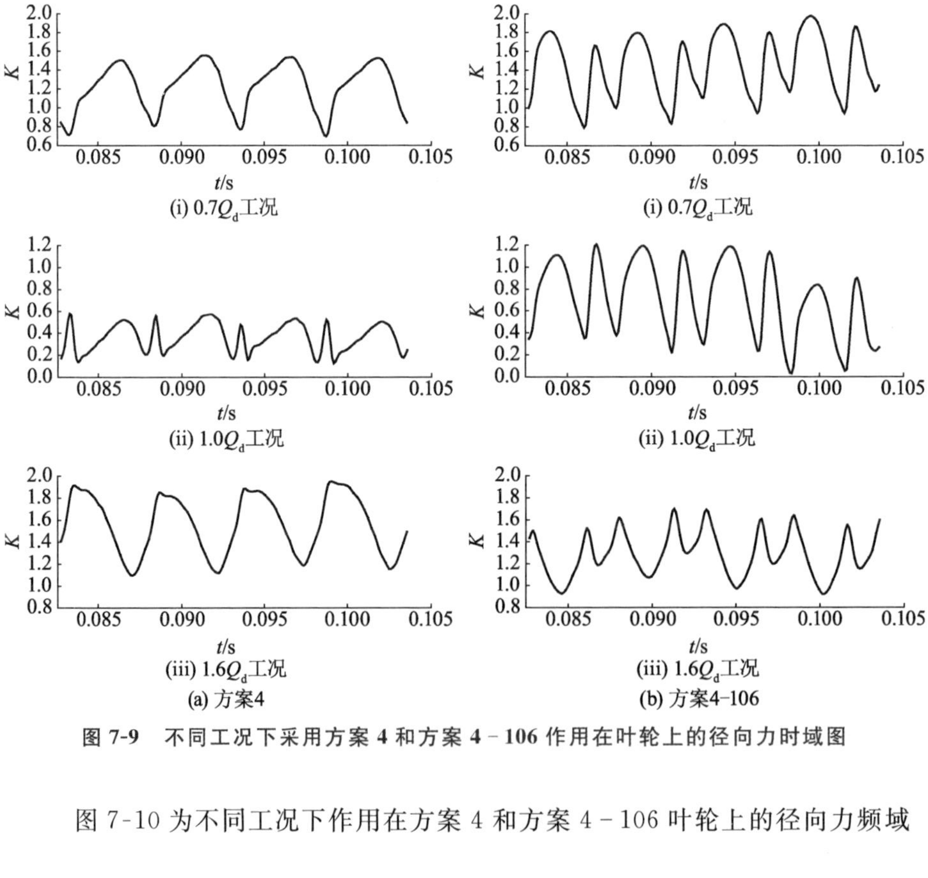

图 7-9　不同工况下采用方案 4 和方案 4－106 作用在叶轮上的径向力时域图

图 7-10 为不同工况下作用在方案 4 和方案 4－106 叶轮上的径向力频域

图。由图可以看出,不同工况下方案 4 和方案 4 - 106 的径向力脉动幅值都很小,且脉动均以叶片通过频率为主。小流量工况下,方案 4 - 106 和方案 4 的脉动幅值大小相当;设计工况下,方案 4 - 106 的脉动幅值大于方案 4;大流量工况下,方案 4 - 106 的脉动幅值小于方案 4。这说明分流叶片的添置有利于叶轮出口流体速度和压力分布的均匀性,从而改善了作用在叶轮上的径向力。

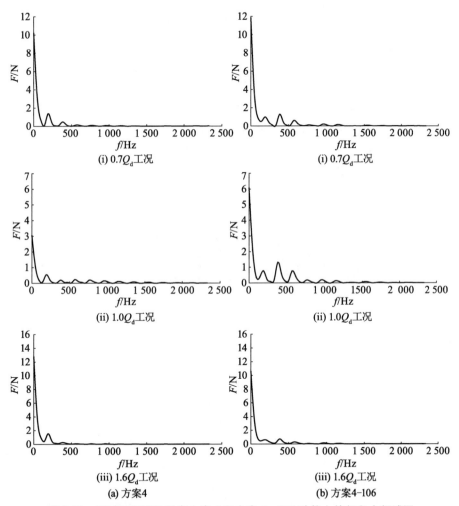

图 7-10　不同工况下作用在方案 4 和方案 4 - 106 叶轮上的径向力频域图

7.2.3　分流叶片进口直径对径向力特性的影响

图 7-11 为不同工况下采用方案 4 - 96、方案 4 - 106 和方案 4 - 116 时作

用在叶轮上的径向力时域图。通过比较可以看出,不同分流叶片进口直径对叶轮径向力大小及脉动的影响不同。其中,方案 4－106 和方案 4－116 的脉动波形较为一致,且与方案 4－96 的波形存在相位差。

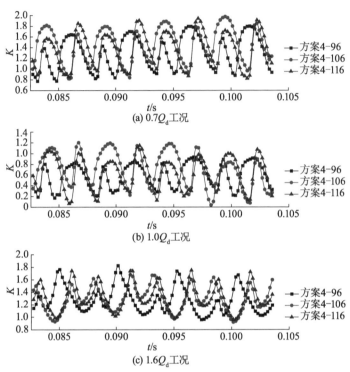

(a) $0.7Q_d$工况

(b) $1.0Q_d$工况

(c) $1.6Q_d$工况

图 7-11　不同工况下采用方案 4－96、方案 4－106 和方案 4－116 时
叶轮上的径向力时域图

　　小流量和设计工况下,方案 4－106 和方案 4－116 的径向力略大于方案 4-96;大流量工况下,3 个方案的径向力大小相当。此外,从图 7-11 中还可以看出,小流量工况下,3 个方案的径向力脉动幅值相当;设计工况下,方案 4－96 的径向力脉动幅值最小,方案 4－116 的脉动幅值最大,即径向力脉动幅值随着分流叶片进口直径的增大而增大;大流量工况下,方案 4－106 和方案4－116 的径向力脉动幅值均小于方案 4－96,其中,方案 4－106(即 $D_{si}=$ 106 mm)的脉动幅值最小。

　　图 7-12 为不同工况下采用方案 4－96、方案 4－106 和方案 4－116 时作用在叶轮上的径向力矢量分布。由图可知,方案 4－106 和方案 4－116 的矢量分布较为相似,且与方案 4－96 的矢量分布存在角度差,说明作用在方案

4-106 和方案 4-116 叶轮上的径向力大小及变化方向较为一致。设计工况下,方案 4-96 的径向力方向变化最小且规律明显;而非设计工况下,方案 4-96 的方向变化最为剧烈。以上分析说明非设计工况下,在一定范围内适当增加分流叶片进口直径能有效改善作用在叶轮上径向力的分布情况。

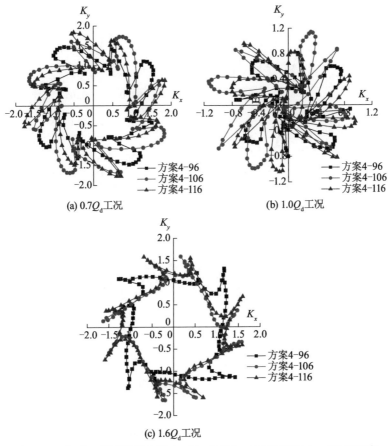

(a) 0.7Q_d工况   (b) 1.0Q_d工况

(c) 1.6Q_d工况

图 7-12   不同工况下采用方案 4-96、方案 4-106 和方案 4-116 作用在叶轮上的径向力矢量分布情况

7.2.4   分流叶片周向偏置度对径向力特性的影响

图 7-13 和图 7-14 分别为不同工况下采用方案 4-106 和方案 4-106-2 时作用在叶轮上的径向力时域图和径向力脉动最大幅值对比。从图 7-13 可以看出,方案 4-106 与方案 4-106-2 的径向力脉动规律类似,但脉动波形存在相位差。其中,小流量和设计工况下,径向力脉动波形较为平缓;大流量

工况下,径向力脉动最为剧烈,且方案 4 - 106 - 2 的脉动更为剧烈。从图 7-14 中可以看出,设计工况下,方案 4 - 106 的径向力脉动幅值大于方案 4 - 106 - 2; 但在非设计工况下,方案 4 - 106 的径向力脉动幅值则小于方案 4 - 106 - 2 的,说明分流叶片偏置能够更有效地改善作用在叶轮上径向力的脉动情况。

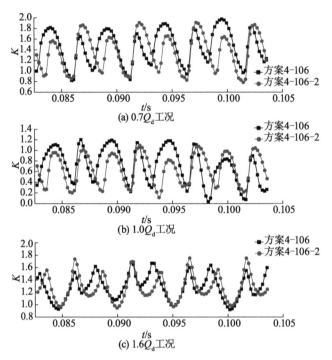

图 7-13 不同工况下采用方案 4 - 106 和方案 4 - 106 - 2 时作用在
叶轮上的径向力时域图

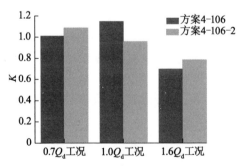

图 7-14 不同工况下采用方案 4 - 106 和方案 4 - 106 - 2 时作用在
叶轮上的径向力脉动最大幅值对比

7.3 分流叶片对离心泵空化性能影响的数值分析

空化是指液体流场的低压区域形成蒸汽空泡的过程,在医疗、水加工领域,可以利用空化进行结石破碎、机加工毛刺清除等工作。但到目前为止,在水力机械领域,空化过程都是有害的。通常在提高低比转速离心泵的效率时,需要大幅度减小叶轮外径。而叶轮外径减小后,为了达到规定的扬程,需选较大的叶片出口角 β_2 和较多的叶片数,叶片数增加后,会出现叶轮进口处排挤严重的现象,空化比较严重[2]。此时常采用分流叶片设计以避免叶轮进口出现排挤问题,同时改善叶轮流道的扩散程度,起到稳定液流的作用。

为了研究分流叶片位置对离心泵空化性能的影响规律,本节仍以 IS50-32-160 型模型泵为研究对象,采用 CFD 对此离心泵的全流道进行了数值模拟,并对分流叶片离心泵在不同空化余量时泵的空化性能和叶轮内部流场分布进行分析研究。

7.3.1 水力模型及设计方案

为了验证分流叶片对离心泵空化性能的影响规律,取 6.4.1 节中正交试验设计表 6-8 中 4 叶片的 3 个方案及无分流叶片的 4 个方案进行分析。综合考虑工艺、性能等方面的因素,采用圆柱叶片形式,其型线的设计和画法同一般叶片设计,其形状和进出口角度与长叶片的一致。取分流叶片进口直径 $D_{si} = (0.6 \sim 0.75)D_2$,方案 $4 - 0.6D_2$ 偏置 0.4,叶片出口偏转 $5°$;方案 $4 - 0.65D_2$ 无偏置,叶片出口偏转 $10°$;方案 $4 - 0.725D_2$ 偏置 0.45,叶片出口无偏转。

7.3.2 模型建立和网格划分

本例采用 Pro/E 5.0 软件生成三维全流场计算区域模型。为使模拟结果更加稳定,对叶轮进口和蜗壳出口进行适当延伸,整个模型包括叶轮、蜗壳、进出口延伸段及前后泵腔,如图 7-15 所示。

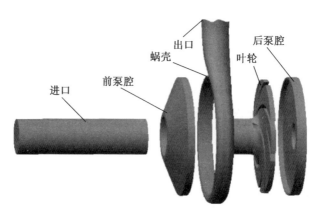

图 7-15　计算区域三维模型

　　本例的网格划分在 ICEM CFD 软件中完成,在全流域内采用非结构化四面体网格。从理论上讲,网格数量越多,数值计算结果的精度越高,但是网格数量多也意味着计算量增加,从而延长了计算时间,耗费计算资源。因此,本书选择了 10 种不同的网格数量对上述水力模型进行网格数量无关性分析,结果如图 7-16a 所示。当网格尺寸小于 1.65 时,随着网格数量的增加,扬程和效率的变化非常小,说明此时计算结果与网格数量的相关性很小。因此,综合考虑计算机的配置,选择网格尺寸 1.65 对计算域进行网格划分。最终取网格数分别为叶轮 372 225、蜗壳 422 490、进口 516 387、前后腔体 438 376,如图 7-16b 所示。

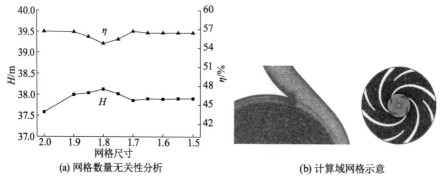

(a) 网格数量无关性分析　　　　　　　　(b) 计算域网格示意

图 7-16　网格无关性分析及计算域网格示意

　　数值计算选用以雷诺平均方程为基础的 SST k-ω 湍流模型。该模型是 k-ω 模型与 k-ε 模型的混合模型,同时具有 k-ω 模型计算近壁区域黏性流动的可靠性和 k-ε 模型计算远场自由流动的精确性。本例采用速度进口、静压出口作为边界条件。数值计算之前需要对流动的边界条件进行设置。进口与叶轮之间、叶轮与蜗壳之间采用滑移网格进行处理,其余壁面采用无滑移边界条件,并设置壁面粗糙度为 12.5 μm(产品为铸件),近壁区域采用标准壁面函数处理。

采用 Rayleigh-Plesset 方程来描述空泡的生成与溃灭,气泡平均直径设为 2 μm,室温 25 ℃水的饱和蒸汽压设置为 3 169.6 Pa,进口的空泡体积设置为 0,液体水的体积分数设置为 1。

7.3.3　计算结果与分析

(1) 空化性能曲线分析

定义泵的空化余量为

$$NPSHA = \frac{p_{in} - p_v}{\rho g} + \frac{v_{in}^2}{2g} \tag{7-3}$$

式中:v_{in} 为泵进口处的平均速度,m/s;p_v 为汽化压力,Pa,p_{in} 为泵进口处的压力,Pa。

图 7-17 为各方案模拟得到的空化性能曲线。从图中可以看出,添置分流叶片后,扬程提高了 2%～12%,效率提高了 1%～3%,泵的空化性能也有一定的改善。

其中,方案 4-0.65D_2 的扬程最高,效率和方案 4-0.725D_2 的相当,效率最高。取设计流量下扬程下降 3%时所对应的 $NPSHA$ 为泵的必需空化余量 $NPSHR$。由图 7-17 可以得到,方案 4 的

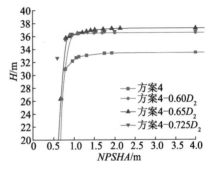

图 7-17　模拟空化性能曲线对比

临界空化余量为 1.2 m;方案 4-0.60D_2 的临界空化余量为 0.85 m;方案 4-0.65D_2 的临界空化余量为 0.88 m,但扬程在此处不是持续下降的,而是先稳定在一个值,然后再下降;方案 4-0.725D_2 的临界空化余量为 0.75 m。相对而言,进口直径为 0.725D_2 的方案的空化性能最佳。

(2) 流线云图分析

旋涡中心的压力明显小于流动的平均压力,因此,旋涡对空化的发生有很大的影响。图 7-18a 是无分流叶片的流线云图。分析该图可知,无分流叶片时,叶轮流道内速度场流线紊乱,当空化余量为 2 m 时,出现明显的旋涡区,随着空化余量的减小,旋涡空化区开始变大并充满整个叶轮流道,并伴随着其他小的旋涡空化区,严重阻碍流道内的正常流动。

图 7-18b、图 7-18c 和图 7-18d 分别是方案 4-0.60D_2、方案 4-0.65D_2 和方案 4-0.725D_2 的流线云图。从图中可以看出,不同分流叶片的设计会对

内部流动产生明显的影响。添置分流叶片后，叶轮流道内的流动轨迹明显比无分流叶片方案稳定。对于前 2 个方案，当空化余量减小到 1.5 m 时，在进口附近叶片吸力面才开始出现旋涡空化区。当空化余量减小到 1.1 m 时，在长叶片吸力面与分流叶片压力面间流道内出现 2 个旋涡空化区。而方案 $4-0.725D_2$ 流道内的流动轨迹更加稳定，当空化余量减小到 0.9 m 时，在进口附近叶片吸力面才出现明显的旋涡空化区。对比方案 $4-0.60D_2$ 和方案 $4-0.65D_2$，方案 $4-0.725D_2$ 的空化余量减小了至少 0.4 m，随着空化余量的减小、气泡的增多，旋涡空化区开始移动、变大，直到空化余量减小到 0.6 m 时，才在长叶片的吸力面出现两个并存的旋涡空化区，这比方案 $4-0.6D_2$ 和方案 $4-0.65D_2$ 减小了 0.5 m。

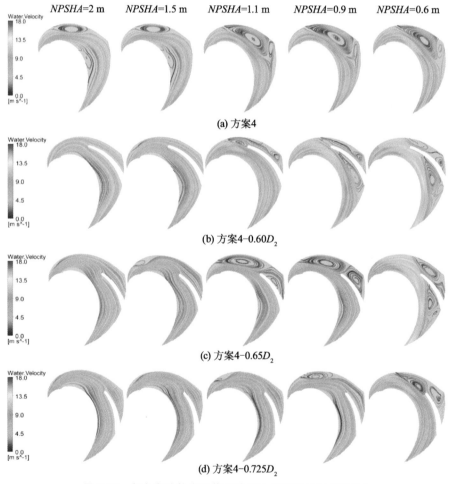

图 7-18　各方案叶轮中间截面速度流线图对比(1/4叶轮)

（3）叶轮内部绝对速度分析

图 7-19 为叶轮中间截面的半径示意。圆周 0°起始为靠近蜗壳隔舌的叶片压力面，如图 7-19 中红色线条所示。图 7-20 为各方案叶轮中截面在 $NPSHA=2\ \text{m},0.9\ \text{m},0.75\ \text{m},0.6\ \text{m}$ 时不同半径处绝对速度的分布情况（取绝对速度与 u_2 的比值，$u_2=\pi D_2 n/60$）。

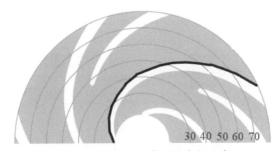

图 7-19　叶轮中间截面的半径示意

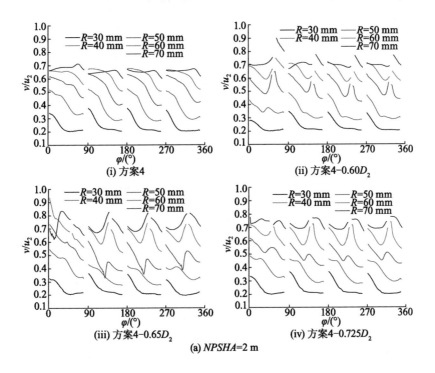

(a) $NPSHA=2$ m

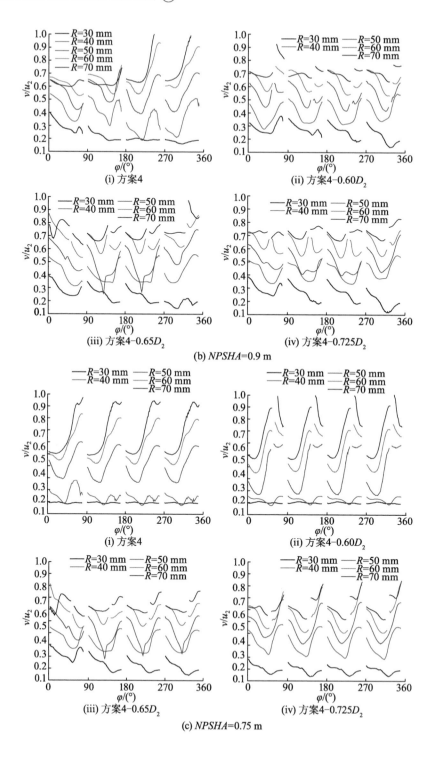

(i) 方案4

(ii) 方案4-0.60D_2

(iii) 方案4-0.65D_2

(iv) 方案4-0.725D_2

(b) NPSHA=0.9 m

(i) 方案4

(ii) 方案4-0.60D_2

(iii) 方案4-0.65D_2

(iv) 方案4-0.725D_2

(c) NPSHA=0.75 m

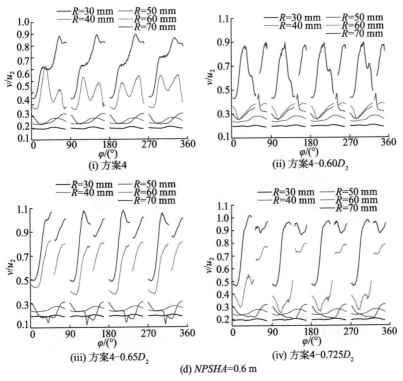

(i) 方案4

(ii) 方案4-0.60D_2

(iii) 方案4-0.65D_2

(iv) 方案4-0.725D_2

(d) $NPSHA=0.6$ m

图7-20　各方案叶轮中截面在不同$NPSHA$时的绝对速度分布

在$NPSHA=2$ m时速度分布较其他$NPSHA$时刻分布均匀,各方案均未发生明显空化,仅在靠近叶片进口处(包括分流叶片)存在较大的速度波动。在$NPSHA=0.9$ m时,方案4已经发生空化,对应强烈的速度变化,在$r=50$ mm处速度波动明显,与图7-18中的大旋涡对应,出口处出现射流现象;其他方案接近临界空化点,叶轮进口处出现速度波动,靠叶轮出口未出现明显变化。在$NPSHA=0.75$ m时,各个方案都到了空化发生的临界点,方案4-0.65D_2和方案4-0.725D_2的速度变化仍未出现明显的波动,其他2个方案的速度变化明显,基本以$r=50$ mm为界,靠近进口处的速度降低,而靠近叶轮出口处的速度增大,出现射流现象;在$NPSHA=0.6$ m时,各个方案都发生了明显的空化,对应着相似的速度分布,此时约以$r=60$ mm为界,靠近进口处的速度降低,而靠近叶轮出口处的速度增大,出现射流现象,与图7-18中旋涡相对应,旋涡空化区的存在严重排挤叶轮流道内流道,使得流速变大,流动条件恶化,损失增大。可以推测,空化发生以后,叶轮出口处的射流速度会增大损失,同时叶轮内部速度的减小又会减少叶轮产生的动能,因而扬程会发生突降。

（4）气泡分布情况分析

为了解分流叶片对泵内空化气泡分布及发展的影响规律,图 7-21 给出了有无分流叶片叶轮在不同空化余量下气泡的分布情况。

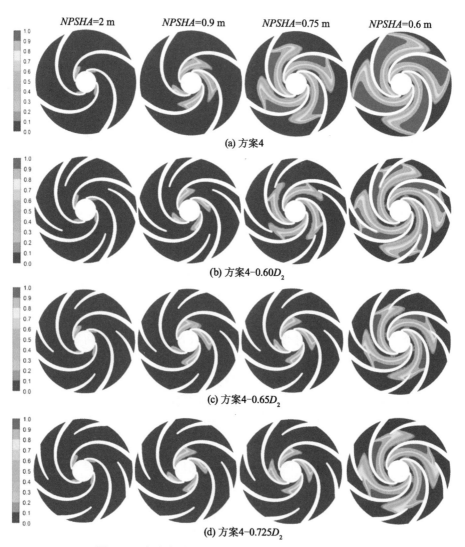

图 7-21　各方案叶轮中间截面气泡体积分布云图对比

在 $NPSHA=2$ m 时各方案均未发生明显空化,由于受叶片进口角的影响,气泡只在叶片进口吸力的一个很小的低压区域内产生,与图 7-20 所示的在叶片进口吸力处速度最低相对应。随着空化余量的减小，由于叶轮的转速较高，气泡会迅速向叶轮出口扩散，并且逐渐扩展到叶片的压力面、叶轮出口等处。在 $NPSHA=0.9$ m 时，方案 4 已经发生空化，气泡明显比其他 3 个方案多，在图 7-20 中可以看出，气泡体积变大时，速度波动较为明显；其他方案接近临界空化点，气泡也同样开始增多，与图 7-20 中速度在叶轮进口处出现速度波动相对应。在 $NPSHA=0.75$ m 时，各个方案都到了空化发生的临界点，前 2 个方案的气泡明显比后 2 个方案多，与图 7-20 中前 2 个方案的速度变化明显，靠近进口处的速度降低，后 2 个方案仍未出现明显的波动相对应。在 $NPSHA=0.6$ m 时，各个方案都发生了明显的空化，气泡占据大部分叶轮的流道。

可见，添置分流叶片后，泵的抗空化性能均有提高，且当离心泵分流叶片进口直径为 $0.725D_2$ 时，离心泵的抗空化性能最佳，必需空化余量比方案 $4-0.60D_2$ 和方案 $4-0.65D_2$ 减小了 0.5 m。设计选择合理的分流叶片位置可以更加有效地提高离心泵的空化性能，从而有效改善叶轮进口堵塞和流道内发生旋涡空化的情况。

带分流叶片方案的速度分布情况比无分流叶片方案的均有一定的改善。空化发生后，速度波动较为明显，而添置分流叶片后，改善了速度波动，使叶轮内部速度的分布较为均匀，其中，方案 $4-0.65D_2$ 和方案 $4-0.725D_2$ 的改善效果较好。空化发生以后，叶轮出口射流速度会增加损失，同时叶轮内部速度减小又会减少叶轮产生的动能，因而扬程会发生突降。带分流叶片方案的气泡分布情况比无分流叶片方案的均有一定的改善。添置分流叶片后，气泡发展较为缓慢。

7.4 分流叶片尾缘位置对低比转速离心泵内压力脉动的影响

7.4.1 非定常数值模拟设置

(1) 泵模型概述

本书研究的叶轮方案是 PIV 测试用泵模型，其主要参数如下：扬程 $H_d=8$ m，额定质量流量 $Q_d=2.78$ kg/s，转速 $n=1\,450$ r/min，比转速 $n_s=59$。

原型泵叶轮具有 6 个圆柱形后弯式叶片，叶片出口宽度为 6 mm，出口安放角为 30°，叶轮进、出口直径分别为 50 mm 和 160 mm。同时按此参数设计了 2 个 4 叶片带分流叶片叶轮方案（4 个长叶片＋4 个分流叶片）进行对比，原型泵和带分流叶片叶轮方案的二维图和试验照片分别如图 7-22 和图 7-23 所示。2 种分流叶片方案的分流叶片进口边均位于半径 53 mm 圆周处，方案 1

的分流叶片出口边位于流道中间,而方案 2 则是将方案 1 的出口边向吸力面偏移 12°。除此之外,原型泵和带分流叶片叶轮方案采用相同的蜗壳及其他部件。

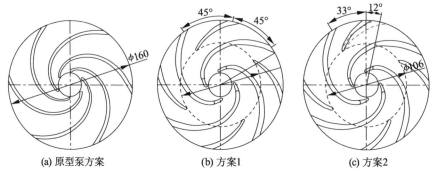

(a) 原型泵方案 　　　　(b) 方案1 　　　　(c) 方案2

图 7-22　原型泵和带分流叶片叶轮方案的二维图

(a) 原型泵方案 　　　　(b) 方案1 　　　　(c) 方案2

图 7-23　原型泵和带分流叶片叶轮方案试验照片

(2) 瞬态计算设置

如图 7-24 所示,将全流场计算域分为进口管道、口环、前泵腔、叶轮、蜗壳和后泵腔 6 个部分进行建模。采用网格生成软件 ANSYS-ICEM 进行混合网格划分:叶轮结构较为复杂,采用适应性较强的四面体非结构网格;而其他部件均采用六面体结构网格。同时在隔舌和叶片表面进行加密以捕捉更加细致的流动。由于网格数对计算结果有很大影响,本例划分了 5 套网格,并进行无关性分析,最终计算采用的网格数约为 300 万。

本例数值模拟采用有限元分析软件 ANSYS CFX,基于有限体积法对非定常雷诺平均 Navier - Stokes 方程进行离散求解。湍流模型选择 Shear Stress Transport (SST)模型,壁面处理选用自动壁面处理函数,时间和空间离散分别选用二阶向后欧拉和高精度模式。由于叶轮是唯一的旋转部件,叶轮采用旋转坐标系,而其他部件采用静止坐标系,叶轮与其他部件交界面采用瞬态转子-定子(Transient Rotor-Stator)模式来模拟其相对运动。泵进出口边界条件分别设置为总压进口和质量流量出口,壁面粗糙度根据实际模型设置为 1.6 μm。数值计算在 3 个流量下进行:小流量工况 1.4 kg/s、最佳效率工况 3.15 kg/s 和大流量工况 4.2 kg/s。首先进行稳态计算作为瞬态计算的初始流场,瞬态计算的时间步长设置为 2.29×10^{-4} s(对应于叶轮旋转 2°)。在每一个时间步长中,收敛残差标准设置为 1×10^{-5}。计算总时间为 10 个叶轮旋转周期。

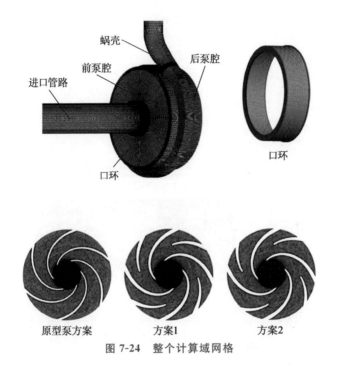

图 7-24　整个计算域网格

图 7-25 所示为离心泵内采集压力信号的监测点位置分布。其中,P_1 位于隔舌附近,$P_2 \sim P_7$ 均匀分布于蜗壳,P_6 位于泵出口,P_7 位于进口管道。

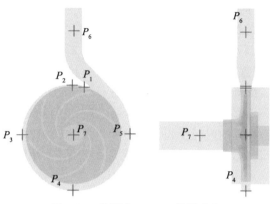

图 7-25　监测点 $P_1 \sim P_7$ 位置分布

7.4.2　PIV 试验验证

本试验在江苏大学国家水泵及系统工程技术研究中心试验台进行。该试验台满足国家Ⅱ级精度,其结构示意如图 7-26 所示。

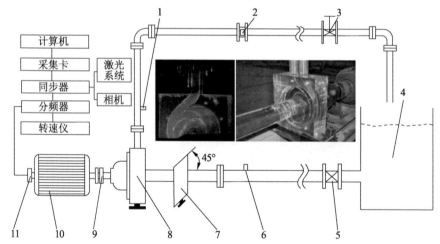

1—出口压力传感器;2—电磁流量计;3,5—阀门;4—水箱;6—进口压力传感器;7—镜子;
8—泵;9—电磁转矩测量仪;10—电动机;11—轴编码器

图 7-26　PIV 试验台结构示意

图 7-27 对比了原型泵和带分流叶片叶轮方案泵试验与瞬态模拟所得的泵外特性。其中,流量和扬程分别采用下列公式进行量纲一化处理得到流量系数 φ 和扬程系数 ψ:

$$\varphi = \frac{4Q}{\pi^2 n D_2^3} \tag{7-4}$$

$$\psi = \frac{2gH}{\pi^2 D_2^2 n^2} \tag{7-5}$$

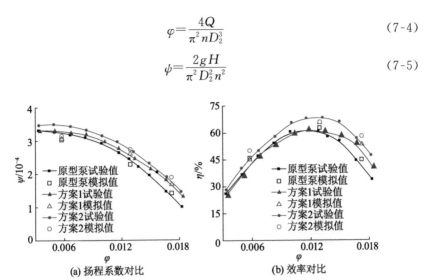

(a) 扬程系数对比　　　　　　　(b) 效率对比

图 7-27　原型泵和带分流叶片叶轮方案泵瞬态模拟与试验外特性对比

从图 7-27 可以看出,瞬态模拟所得扬程系数和效率值与试验结果吻合得较好。在 $\varphi=0.012\ 9$ 和 $\varphi=0.017\ 2$ 下,原型泵和带分流叶片方案的扬程系数和效率误差非常小,当流量系数减小至 $\varphi=0.005\ 7$,误差增大但最大误差小于 10%,在可接受范围内。对比 3 种叶轮方案,方案 1 和方案 2 的扬程系数和效率均大于原型泵叶轮方案。因此,增加分流叶片能够增强叶轮的工作能力,提高效率。此外,相比于方案 1,方案 2 因分流叶片出口边向吸力面偏转而性能更优。

图 7-28 表示原型泵方案和带分流叶片叶轮方案叶轮流道中半径为 $0.8R_2$ 和 $0.9R_2$(R_2 表示叶轮出口半径)圆周处绝对速度的径向和切向分量的 PIV 试验值与模拟值对比。

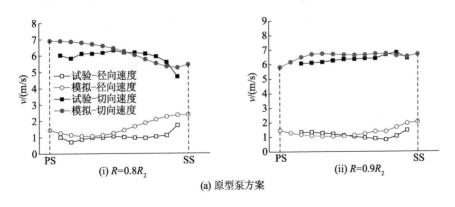

(i) $R=0.8R_2$　　　　　　　(ii) $R=0.9R_2$

(a) 原型泵方案

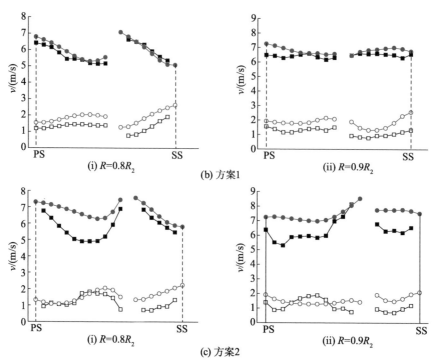

图 7-28 叶轮流道内半径为 0.8R_2 和 0.9R_2 圆周处绝对速度的径向与切向分量的 PIV 试验值与模拟值对比

由图 7-28 可以看出,模拟值与试验值吻合得较好。以上分析从泵的外特性和流道内速度两方面验证了数值模拟的可靠性和准确性。因此,下面进一步分析瞬态计算结果,揭示分流叶片尾缘位置对流场和压力脉动的影响。

7.4.3 结果与分析

(1) 蜗壳内压力脉动的频域分析

研究采用计算所得最后 4 个叶轮周期内 $P_1 \sim P_7$ 处压力脉动数据,将3种叶轮方案下所得的压力脉动数据采用汉宁窗进行快速傅里叶变换,得到压力脉动系数 C_p 的频域结果,其中 C_p 采用 $0.5\rho u_2^2$ 进行量纲一化,定义如下:

$$C_p = \frac{p - p_s}{0.5\rho u_2^2} \tag{7-6}$$

式中:p 为静压脉动,Pa;p_s 为泵进口总压,Pa;ρ 为流体密度,kg/m³;u_2 为叶轮出口圆周速度,m/s。

图 7-29 至图 7-31 为在不同流量系数下 3 种叶轮方案的压力脉动系数 C_p 随频率的分布。在原型泵方案中,压力脉动系数 C_p 的最大值位于叶频处

f_B(145 Hz),其他峰值位于叶频的倍频 $2f_B$(290 Hz)和 $3f_B$(435 Hz)处,且压力脉动系数随频率的增加而减小,与文献[3]结果一致。对比各监测点的压力脉动,压力脉动系数 C_p 的最大值位于远离隔舌的 P_2 处,而不是在隔舌附近的 P_1 处。在分流叶片方案中,主要脉动频率为叶频 f_m=96.6 Hz(等于4 倍轴频)和 f_{m+s}=193 Hz(等于 8 倍轴频)及两者各自的倍频。方案 1 中,f_{m+s} 频率在 3 种流量的各监测点中占据主导地位,除了 φ=0.005 7 下的监测点 P_3。与原型泵方案类似,方案 1 和方案 2 同一叶频及其倍频的压力脉动系数随频率的增加而减小。方案 2 中,最大压力脉动值随流量在 f_m,f_{m+s}(等于 $2f_m$),$3f_m$ 之间变化,且各自倍频处的压力脉动系数 C_p 相比于原型泵方案和方案 1 呈现出更加复杂的变化。例如,在 f_{m+s} 及其倍频处,压力脉动系数先减小后增加,再减小,而在 $3f_m$ 及其倍频处则是逐渐减小。此外,方案 1 中 $2f_{m+s}$ 处的压力脉动系数很大,而在方案 2 中却很小。

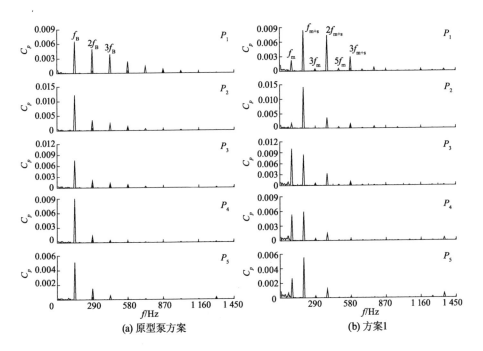

(a) 原型泵方案 (b) 方案1

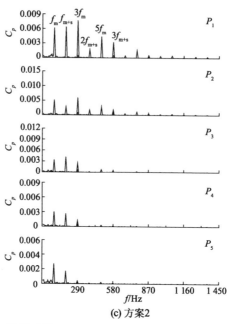

图 7-29　流量系数 $\varphi = 0.005\ 7$ 时 3 种方案的压力脉动系数 C_p

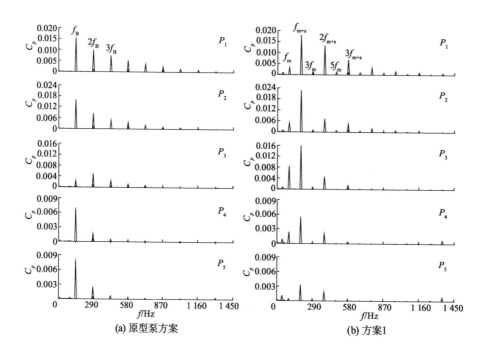

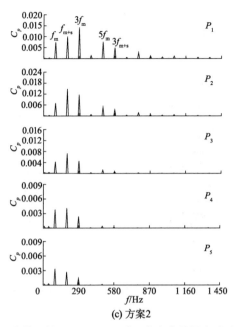

(c) 方案2

图 7-30 流量系数 $\varphi = 0.012\ 9$ 时 3 种方案的压力脉动系数 C_p

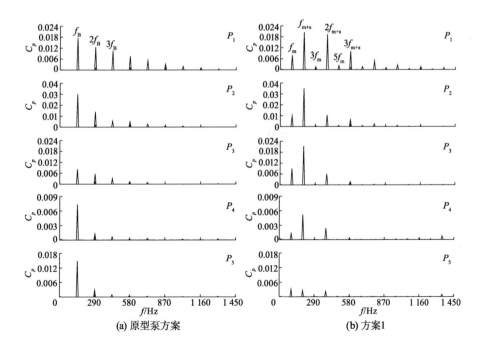

(a) 原型泵方案　　　　　　　　　　　　　(b) 方案1

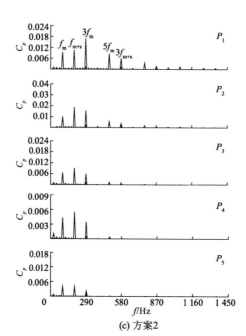

图 7-31　流量系数 $\varphi = 0.017\ 2$ 时 3 种方案的压力脉动系数 C_p

　　从图 7-30 至图 7-32 中可以看出方案 2 中 2 个主要频率 f_m 和 f_{m+s} 压力脉动系数的差值远小于方案 1。与此同时，3 种流量工况下方案 2 中 f_{m+s} 处的压力脉动系数远小于方案 1，尤其是在远离隔舌的监测点 $P_2 \sim P_5$ 处。根据 Guelich[4] 和 Parrondo[5] 的研究，叶频处压力脉动出现的原因一方面是叶轮出口处叶片表面压力差引起不均匀出流（"射流-尾迹"结构），另一方面是湍流与隔舌的间歇性作用。结合图 7-30 中的性能曲线，本研究中压力脉动呈现上述变化的原因可能是方案 2 中分流叶片的布置使得其流动分布相对于方案 1 更加均匀合理，尤其是在叶轮出口处通过减小流道后部的宽度，增强了叶片对流体的控制，从而优化了"射流-尾迹"结构。因此，分流叶片尾缘位置对泵内压力脉动的分布具有重要作用。

　　传统蜗壳式离心泵中非定常流动现象和噪声主要是由动静干涉作用引起的，尤其是叶片与隔舌的周期性相互作用[4,6]。对 3 种方案的监测点 P_1，P_2 和 P_5 处的压力脉动进一步分析比较，在监测点 P_1 处，原型泵叶轮的最大压力脉动系数（位于 f_B 处）与方案 2 的（位于 $3f_m$）相近，均稍小于方案 1 的（位于 f_{m+s}）。在监测点 P_2 处，方案 2 的最大压力脉动系数值远小于原型泵叶轮方案和方案 1 的，尤其是在小流量和大流量工况下。此外，在监测点 P_5 处流量系数为 $\varphi = 0.012\ 9$ 和 $\varphi = 0.017\ 2$ 时，与原型泵叶轮相比，方案 1 和方案 2

的压力脉动系数明显减小,其中方案 2 的最小。在监测点 P_3 和 P_4 处,方案 2 的最大压力脉动系数小于其他 2 个方案的。因此,方案 2 中分流叶片出口向吸力面偏移能够有效减小低比转速离心泵蜗壳内的压力脉动系数。

图 7-32 为 3 种方案不同流量系数下监测点 P_1,P_2 和 P_5 叶频处(f_B 对应于原型泵叶轮,f_m 和 f_{m+s} 对应于方案 1 和方案 2)压力脉动系数的变化情况。在流量系数从 0.005 7 变化至 0.017 2 的过程中可以看出,原型泵叶轮方案中监测点 P_1 处的压力脉动系数先增加 137.7%,再增加 13.5%;方案 1 的压力脉动系数的增长率在 f_m 处为 49.8% 和 136.2%(在 f_{m+s} 处为 113.6% 和 14.6%);方案 2 的压力脉动系数的增长率在 f_m 处为 16.6% 和 29.5%(在 f_{m+s} 处为 56.3% 和 6.4%)。在此过程中,方案 2 中监测点 P_2 处的压力脉动系数在 f_{m+s} 处变化较大,而在 f_m 处相比于原型泵方案和方案 1 变化最小。而在 P_5 处,与原型泵方案和方案 1 相比,方案 2 中 f_m 和 f_{m+s} 频率下的压力脉动系数 C_p 随流量变化得很小。以上都说明方案 2 相比于原型泵方案和方案 1,其蜗壳内压力脉动系数随流量的变化相对稳定,这有利于变流量工况下蜗壳的运行稳定性。

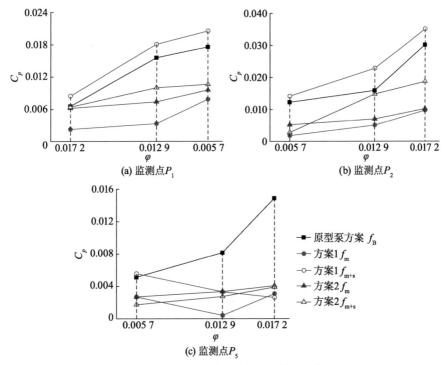

图 7-32 叶频处压力脉动系数随流量的变化情况

（2）进出口管道压力脉动频域分析

3 种流量系数下，方案 1 和方案 2 中监测点 P_7 处压力脉动系数的变化情况如图 7-33 所示。由图可以看出，在大多数频率处压力脉动系数处于变化复杂的高幅值状态，且在 $\varphi=0.005\,7$ 和 $\varphi=0.017\,2$ 下更为明显。进口管道的压力脉动系数比蜗壳小 2～3 阶，其原因一方面是与叶轮和蜗壳相比，进口管道的流速较低流动相对稳定；另一方面是监测点 P_7 远离隔舌，叶片与隔舌的相互作用对进口流动的影响较小。此外，方案 2 的压力脉动系数小于方案 1，两者的差别在 $\varphi=0.012\,9$ 和 $\varphi=0.017\,2$ 下甚至达到一阶，在 $\varphi=0.017\,2$ 时方案 2 的峰值数量少于方案 1 的。此外，从图 7-40 和图 7-41 中长叶片压力面和分流叶片吸力面的流线分布情况可以看出，方案 2 中的流线与叶片型线具有较好的一致性，而方案 1 中则存在旋涡和流动分离，这也解释了方案 2 进口处压力脉动系数较小的原因。

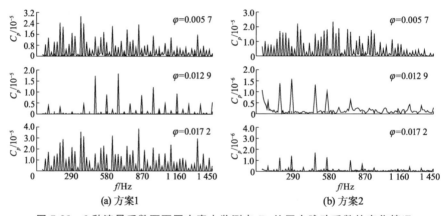

图 7-33　3 种流量系数下不同方案中监测点 P_7 处压力脉动系数的变化情况

图 7-34 所示为 3 种流量系数下不同方案监测点 P_6 处的压力脉动系数的变化情况。从图中可以看出，原型泵方案中叶频 f_b 及其倍频 $2f_b$ 处峰值较大，叶频处幅值随流量的增加而逐渐增大。而在方案 1 和方案 2 中，其主要峰值均出现在 f_m 和 f_{m+s} 处，且其随流量系数的增大而增加的幅值远小于原型泵方案。换而言之，方案 2 的压力脉动系数随流量系数的变化峰值幅度的变化最小，这有利于泵运行的稳定。同时，方案 1 和方案 2 的主要压力脉动系数小于原型泵方案，其中方案 2 更为明显。因此，增加分流叶片能够有效减小泵出口的最大压力脉动系数，这在大流量下尤为重要。

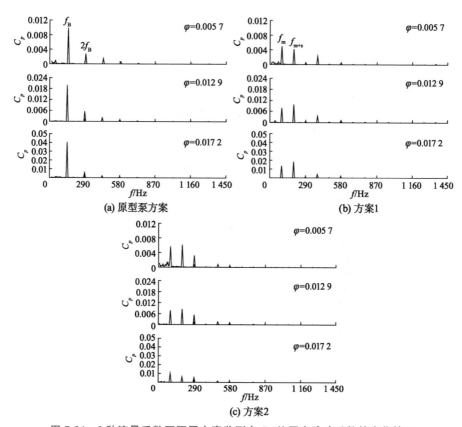

图7-34　3种流量系数下不同方案监测点 P_6 处压力脉动系数的变化情况

（3）湍流强度和相对速度分布

湍流强度通常被用作衡量流动不稳定性的指标。本节中，式（7-7）将无量纲化的湍流强度 T_i 定义为绝对速度波动的均方根，采用叶轮圆周速度 u_2 进行量纲一化，其中，u'_x，u'_y，u'_z 分别表示 x，y，z 方向的绝对速度脉动，k 表示湍动能。

$$T_i = \frac{u'}{u_2} = \frac{\sqrt{\frac{1}{3}(u'^2_x + u'^2_y + u'^2_z)}}{u_2} = \frac{\sqrt{2/3k}}{u_2} \qquad (7\text{-}7)$$

图7-35所示为叶轮出口附近中间截面半径为 $0.98R_2$ 的湍流强度的分布情况。3种方案中湍流强度在 $\varphi = 0.012\,9$ 的最佳效率工况取得最小值。在 $\varphi = 0.012\,9$ 和 $\varphi = 0.017\,2$ 下曲线较为平坦，而在 $\varphi = 0.005\,7$ 下湍流强度的变化较为复杂，此流量下原型方案中距叶片压力面流道1/4距离处出现峰值，

而方案 2 的峰值出现在分流叶片吸力面附近。此外，除小流量外，方案 2 在该
圆周方向的湍流强度低于原型泵方案和方案 1。

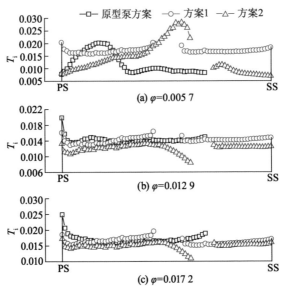

图 7-35　叶轮出口附近中间截面半径为 $0.98R_2$ 的湍流强度 T_i 的分布情况

图 7-36 所示为在 $\varphi=0.017\,2$ 时 3 种方案中间截面相对速度在叶轮出口
处的分布情况。由图可知，与原型泵方案和方案 1 相比，方案 2 的相对速度更
小，压力面附近高速区的速度值也更低，射流-尾迹结构得到优化，即便是在靠
近隔舌的叶轮流道出口处也可以看出。这些使得流动更加平滑，减小了对隔
舌的冲击。因此，方案 2 具有最小湍流强度和最优的叶轮出口速度分布，这使
得其压力脉动系数相对较低，与图 7-32 至图 7-34 一致。

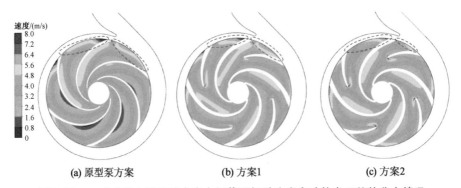

图 7-36　$\varphi=0.017\,2$ 时 3 种方案中间截面相对速度在叶轮出口处的分布情况

图 7-37 所示为 $\varphi=0.012\,9$ 时 3 种方案蜗壳内湍流强度的分布情况。由图可知,蜗壳具有 2 个高速区:一个是位于隔舌后叶轮出口处的蜗壳流道,并随着流道的扩散而消失;另一个位于出口管的肘形部分。与原型泵方案相比,方案 1 中叶轮出口处高湍流强度区的数值明显减小,而方案 2 中则几乎消失。此外,方案 2 出口管道部分的高湍流强度区明显小于原型泵方案和方案 1。因此方案 2 蜗壳内的流动比其他 2 个方案的更稳定,这可能是方案 2 具有最低的压力脉动强度的原因之一(见图 7-32 至图 7-34)。

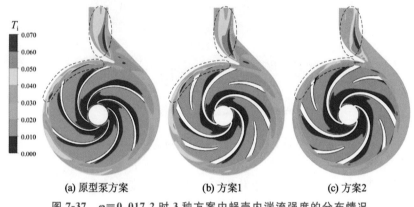

(a) 原型泵方案　　**(b) 方案1**　　**(c) 方案2**

图 7-37　$\varphi=0.017\,2$ 时 3 种方案中蜗壳内湍流强度的分布情况

(4) 径向和切向速度云图比较

图 7-38 所示为 3 种方案中叶轮出口处相对速度的径向分量云图,采用了叶轮圆周速度 u_2 进行量纲一化。从图 7-38 中可以明显看到,原型泵方案叶轮出口呈现典型的"射流-尾迹"结构。射流区表现为靠近叶片压力面的高径向速度区,而尾迹区是靠近叶片吸力面的低径向速度区,从文献[7,8]可以得到验证。尾迹区消耗了流体从叶轮获得的一部分能量,存在能量损失,因此对叶轮效率具有较大影响。同时,在原型泵方案叶轮靠近后盖板的尾迹区域发现了一个较大的低速区,这里存在较强的回流、"射流-尾迹"结构混合和动量的交换,这些复杂的流动导致泵的性能急剧下降。在方案 1 和方案 2 中,流道出口"射流-尾迹"结构被分流叶片切断,负速度区域被抑制,这就是方案 1 和方案 2 的性能优于原型泵方案的原因。此外,方案 1 的速度分布与原型泵方案更类似,尤其是在高径向速度的子流道内,且 2 个子流道内压力面附近径向速度明显高于吸力面。方案 2 中尾迹区域更小,径向速度分布更加均匀。因此,增加分流叶片优化了"射流-尾迹"结构,进而减小了能量损失,提高了泵的性能。

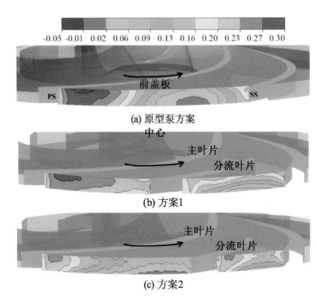

-0.05 -0.01 0.02 0.06 0.09 0.13 0.16 0.20 0.23 0.27 0.30

(a) 原型泵方案

(b) 方案1

(c) 方案2

图 7-38　3 种方案中叶轮出口处相对速度径向分量云图

　　图 7-39 所示为 3 种方案中叶轮出口处绝对速度的切向分量云图,并采用叶轮出口圆周速度进行量纲一化。

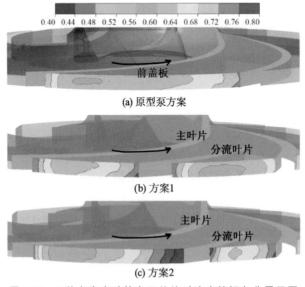

0.40 0.44 0.48 0.52 0.56 0.60 0.64 0.68 0.72 0.76 0.80

(a) 原型泵方案

(b) 方案1

(c) 方案2

图 7-39　3 种方案中叶轮出口处绝对速度的切向分量云图

根据欧拉方程,理论扬程 $H_{th} = \dfrac{v_{u2} u_2 - v_{u1} u_1}{g}$。本研究中,在流量一定的条件下,3种方案具有相同的 v_{u1},u_2 和 u_1,因此扬程随着 v_{u2} 的增加而增加。从图7-39中可以看出,从压力面到吸力面,v_{u2} 先减小再增加,其最小值位于压力面附近。原型泵方案中 v_{u2} 最小,方案1和方案2的2个子流道内的速度分布呈现不同的规律,增加分流叶片改善了 v_{u2} 的分布情况,尤其是在主流道中间区域。方案2靠近长短叶片吸力面附近的 v_{u2} 值总是大于方案1,这可能是方案2的扬程高于方案1的原因。

(5)流线分布比较

叶轮中间截面和对应长叶片压力面的流线分布情况如图7-40所示。在原型泵方案中(见图7-40a),在流道靠近压力面中部流线严重偏离叶片型线,这是影响流场和泵性能的主要原因。同时在对应的长叶片压力面上,叶片后部流线从后盖板向前盖板呈高曲率非均匀流动状态,导致二次流损失。在方案1(见图7-40b)中,叶片压力面的流线与叶片型线的一致性要优于原型泵方案,而其一致性在分流叶片前缘较差,此外,靠近前盖板处长叶片压力面出现进口回流。如图7-40c所示,与原型泵叶轮和方案1相比,方案2叶轮中间截面的流线分布情况最优,一致性较好,且二次流和进口回流减弱。

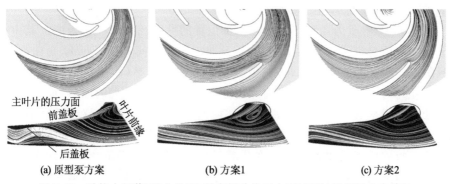

主叶片的压力面
前盖板
叶片前缘
后盖板

(a) 原型泵方案　　　　(b) 方案1　　　　(c) 方案2

图7-40　叶轮中间截面(上排)和对应长叶片压力面(下排)的流线分布情况

图7-41所示为方案1和方案2中分流叶片吸力面的流线分布情况。在方案1中,后盖板处存在流动分离,逐渐流入尾迹区域造成能量损失[9,10]。而在方案2的吸力面,流动分离消失,流线得到优化,流动平顺光滑。结合图7-40可知,方案2的设计增加了分流叶片吸力面与长叶片压力面流道内的流量,使得2个叶轮子流道内流动分配得更加合理;且使得轴向速度增加而进口液流角减小,因此抑制了分流叶片吸力面的流动分离。

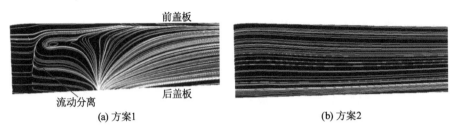

前盖板

流动分离　　　后盖板

(a) 方案1　　　　　　　　　　　　(b) 方案2

图 7-41　方案 1 和方案 2 中分流叶片吸力面的流线分布情况

（6）熵产率比较

泵的效率包含水力效率、容积效率和机械效率 3 个部分。泵的扬程可以通过总压和速度分布来衡量，但是很难用一个参数直观地预测泵的效率。Eckardt[8]发现在绝热机械中熵产率是一个能很好地衡量损失的参数，可直接表示透平机械中功的消耗。在离心泵中，单位体积的熵产率可以定义为[11]

$$\sigma=\frac{1}{T}\left(\overline{\tau_{ij}}\frac{\partial\overline{u_i}}{\partial x_j}+\frac{\mu_t}{\mu}\tau_{ij}\frac{\partial\overline{u_i}}{\partial x_j}\right),\tau_{ij}=\begin{pmatrix}\tau_{xx}&\tau_{xy}&\tau_{xz}\\\tau_{yx}&\tau_{yy}&\tau_{yz}\\\tau_{zx}&\tau_{zy}&\tau_{zz}\end{pmatrix}\tag{7-8}$$

式中：$\overline{\tau_{ij}}$ 是黏性应力张量；μ_t 是动力黏度；μ 是涡黏度；T 是流体的工作温度，本例取为常数 298 K。

图 7-42 所示为 3 种方案中在 3 个位置的叶间视图熵产率云图。其中，Span 0.1 的对应位置在后盖板附近，Span0.5 在中间截面，Span0.9 在前盖板附近。对 3 种方案而言，在前盖板附近截面熵产率（即能量损失）的最大值在叶片前缘处，且叶片前缘前部也存在一个熵产率较大的区域，而中间截面处的熵产率明显小于前盖板附近截面的熵产率。当截面越靠近后盖板，该区域逐渐减小，在原型泵方案中甚至消失。这可能是因为轴向速度方向从前盖板到后盖板逐渐从轴向变化到径向，且进口液流角减小。方案 1 中前盖板附近截面高熵产率所在位置与另两种方案类似，但其数值更大，与图 7-40b 中引起能量损失的进口回流对应。此外，分流叶片前缘出现高熵产率。对比方案 1，方案 2 中长叶片前缘的主要熵产率更小，这是由于方案 2 无进口旋涡（见图 7-40c）、无流动分离（见图 7-41），流动更加平顺。因此，方案 2 在叶轮流道内的熵产率最小，换言之，其能量损失最小，效率最高，与试验结果一致。

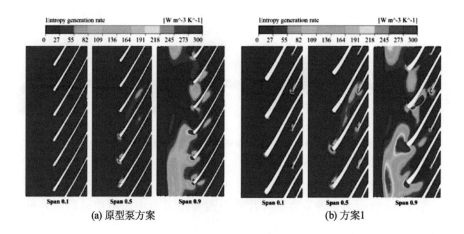

(a) 原型泵方案　　　　　　　　(b) 方案1

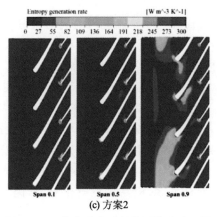

(c) 方案2

图 7-42　3 种方案中叶间视图熵产率云图

　　3 种方案中蜗壳内中间截面单位体积熵产率云图如图 7-43 所示。由图可以看出,高熵产率区域分布:一处位于隔舌区域,另一处在叶轮与蜗壳的交界面。流体对隔舌的冲击是流动不稳定和能量损失的来源之一,同时在叶轮出口相邻叶轮流道之间的"射流-尾迹"结构导致的不均匀出流相互掺混作用,造成能量损失。原型泵叶轮方案和方案 1 在高熵产率区域的值均高于方案 2 的。方案 2 将分流叶片向吸力面偏移使得叶轮出口"射流-尾迹"结构得到优化,隔舌区域能量损失减小。

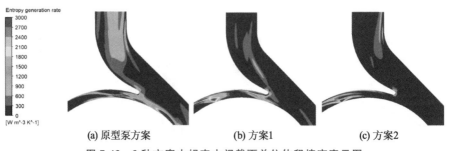

(a) 原型泵方案　　　　　　(b) 方案1　　　　　　(c) 方案2

图 7-43　3 种方案中蜗壳中间截面单位体积熵产率云图

（7）压力系数比较

图 7-44 所示为 3 种方案中叶片吸力面和压力面中间截面处沿叶片前缘至尾缘的压力脉动系数 C_p 的变化情况。压力系数 C_p 定义为 $C_p = \dfrac{p}{0.5\rho u_2^2}$，$p$ 表示静压。该压力系数代表了叶轮流道内的流动状态。具体而言，如果压力系数在某一流量下不均匀，将导致流场内相对速度的不均匀分布，从而引发流动分离，增加流动损失并降低泵的水力效率[12]。

总体而言，C_p 沿着长叶片从前缘到尾缘逐渐增大，在前缘处的变化复杂。对比方案 1 和方案 2 的前缘区域，方案 1 的压力面上 C_p 突然减小甚至低于吸力面，这可能是由流入流道内的流体与叶片型线不一致造成的，使得该区域发生流动分离，表现为图 7-40b 中的进口旋涡。此外，对比进口区域可以看出，方案 2 的压差大于方案 1，这有利于叶片将能量传递给流体。方案 2 吸力面的压力系数大于原型泵方案，提高了抗空化能力，因为空化通常发生在叶片进口吸力面处[13]。

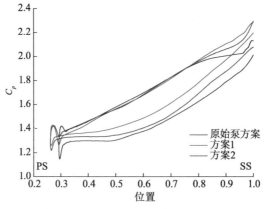

图 7-44　3 种方案中叶片压力面与吸力面中间截面处压力脉动系数 C_p 的变化情况

靠近叶轮出口处压力面的 C_p 分布表明原型泵叶轮内压力发生突降,远小于相同流线位置处分流叶片方案的值。这可能是因为叶片在该区域的控制能力减弱,导致相对速度突然变化,出现明显的不稳定流动,如图 7-40a 所示。压力面与吸力面的压力系数 C_p 的差值代表了流体的做功能力或叶片载荷,也决定了扬程大小。图 7-44 显示方案 2 的叶片载荷大于方案 1,这就解释了方案 2 扬程更高的原因。

图 7-45 所示为 2 种分流叶片方案中叶片吸力面和压力面中间截面处沿叶片前缘至尾缘的压力系数 C_p 的变化情况。C_p 沿着流线而逐渐缓慢增大。与长叶片类似,方案 2 的分流叶片载荷大于方案 1 的。方案 2 吸力面的压力系数总是小于方案 1 的,而在压力面两者数值相近。这是由于吸力面存在流动分离导致流线偏移分流叶片型线,曲率半径增加,最后使得吸力面的 C_p 增大。因此,方案 1 叶片载荷减小导致其扬程低于方案 2。

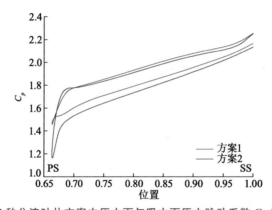

图 7-45　2 种分流叶片方案中压力面与吸力面压力脉动系数 C_p 的变化情况

7.5　叶片尾缘形状对离心泵性能与动静干涉的影响

离心泵中分流叶片设计可以改善"射流-尾迹"结构,起到提高扬程、扩大高效区、改善抗空化性能的作用,但叶片数的增加会改变内部动静干涉作用。叶片尾缘形状对离心泵动静干涉有直接影响,但目前关于叶片尾缘形状对其动静干涉影响的研究还不深入。本节通过对叶片尾缘的不同位置、厚度进行切削,研究不同方案下非定常压力与涡量的分布状况,揭示分流叶片尾缘形状对离心泵性能与动静干涉的影响,为改善离心泵动静干涉问题提供水力设计参考依据[14]。

7.5.1 计算模型及设置

(1) 研究对象

计算时仍以上一节 PIV 试验用单级单吸低比转速离心泵为研究对象。对叶片尾缘压力面与吸力面进行厚度切削,如图 7-46 所示。其中,原型记为 ORD,从中间厚度对压力面切削记为 PSF1,压力面完全切削记为 PSF2,从中间厚度对吸力面切削记为 SSF1,吸力面完全切削记为 SSF2。原型 ORD 的分流叶片经过正交优化设计后,较普通叶轮,其高效区较宽、驼峰现象不明显。

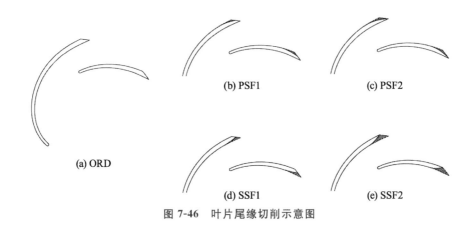

图 7-46　叶片尾缘切削示意图

(2) 计算模型与网格划分

为研究前后泵腔与口环间隙泄漏对计算结果的影响[15],本例对模型泵各方案进行全流场模拟,计算域如图 7-47 所示,包括蜗壳、叶轮、进口段、出口段(适当延伸 5～6 倍管径)、前泵腔、后泵腔、口环间隙。采用 ICEM 软件对各流域进行六面体网格划分,并对叶轮、蜗壳近壁面进行边界层加密,保证离壁面最近节点到壁面的距离 $y^+ < 10$,满足本例采用的 SST - SAS 湍流模型要求。边界层加密后,网格质量难以保证,为使 y^+ 满足模型要求,确保计算的收敛性与精度,本书在网格数量级为 10^6 下,将各计算域网格数均匀增大,划分了 4 种不同尺度的网格进行无关性分析。

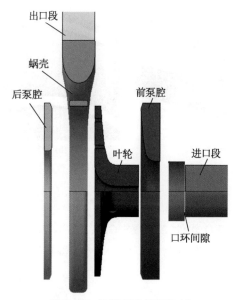

出口段

蜗壳

后泵腔

前泵腔

叶轮

进口段

口环间隙

图 7-47　模型泵计算流体域

选取额定流量 $Q_d = 6.3 \text{ m}^3/\text{h}$ 为验证工况,该工况下试验扬程系数 $\psi = gH/u_2^2 = 0.584\ 3$($u_2$ 为叶片出口处的圆周速度)。以模拟与试验扬程系数误差值为网格无关性评价指标,具体分析参数如表 7-1 所示,表中 N_m 为网格数、ψ 为扬程系数、Δe_ψ 为扬程系数相对误差。

表 7-1　网格无关性验证

方案	$N_m/10^6$	ψ	$\Delta e_\psi/\%$
网格 1	0.98	0.617 3	5.64
网格 2	2.18	0.596 3	2.05
网格 3	3.40	0.592 4	1.38
网格 4	4.57	0.591 1	1.16

综合考虑计算精度与计算资源消耗,本例采用网格 3 进行数值计算。网格质量均高于 0.3,最小角均大于 24°,其中蜗壳隔舌与叶轮分流叶片处边界层加密如图 7-48 所示。

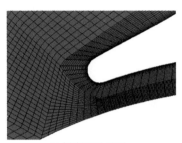 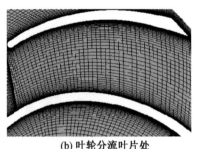

(a) 蜗壳隔舌局部　　　　　　　　(b) 叶轮分流叶片处

图 7-48　蜗壳隔舌局部与叶轮分流叶片处网格边界层加密

（3）湍流模型与边界条件

计算采用商用 CFD 软件 ANSYS CFX 14.5，湍流模型选用尺度自适应 SST-SAS 模型。该模型本质上是 URANS 模型，在标准 SST 湍流模型 ω 输运方程的源项中添加了 Q_{SAS} 项[16]：

$$Q_{SAS} = \max\left[\rho\zeta\kappa S^2\left(\frac{L}{L_{vk}}\right)^2 - C\frac{2\rho k}{\sigma_\varphi}\max\left(\frac{|\nabla\omega|^2}{\omega^2}, \frac{|\nabla k|^2}{k^2}\right),\ 0\right] \quad (7\text{-}9)$$

$$L_{vk} = \kappa\sqrt{2S_{ij}S_{ij}} / \sqrt{(\nabla^2 u)^2 + (\nabla^2 v)^2 + (\nabla^2 w)^2} \quad (7\text{-}10)$$

$$L = \sqrt{k} / (c_\mu^{1/4}\omega) \quad (7\text{-}11)$$

式中：L_{vk} 与 L 分别代表冯·卡门尺度与模化湍流应力尺度。SAS 通过引入 L_{vk}，可将流动划分为 RANS 区（$Q_{SAS}=0$）和 SAS 区（$Q_{SAS}>0$），近壁面区采用 RANS 求解，随着流动分离程度的加剧，Q_{SAS} 的增大促使大分离区求解具有 LES 特性，并且长度尺度可根据局部流动拓扑自动调整，因此不易产生网格诱导分离或者因网格分布造成非物理的流动结构[17]。

边界条件：进口段进口给定全压为 101.325 kPa，出口段出口给定质量流量边界，采用滑移网格控制方式，固体壁面均为无滑移壁面。动静部件模拟采用多参考坐标系模型（MRF），叶轮流道区域取旋转坐标系，蜗壳等其余流道区域取静止坐标系，叶轮-进口段、叶轮-蜗壳间动静交界面采用冻结转子法（Frozen Rotor），非定常计算中动静交界面采用滑移网格法。

（4）时间步长与监测点设置

首先对模型泵各工况进行定常计算，再将其结果作为相应工况非定常计算的初始条件。离心泵非定常计算中，时间步长越小，计算结果精度越高，但计算所需的时间及内存等资源越多[18]。因此，在综合考虑计算时间与精度的情况下，本例非定常计算选取叶轮旋转 2° 的时间为一个时间步长，收敛残差精度为 10^{-5}，计算时长为 14 个转动周期。在中间平面共布置 26 个监测点，如图 7-49 所示。通过观察测点的压力与涡量分布可以获得泵内各区域的动静干涉规律。

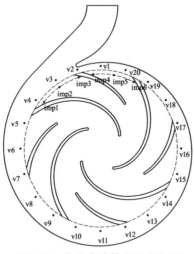

图 7-49　非定常计算监测点布置

7.5.2　试验台布置

模型泵外特性试验在 PIV 试验台上进行，如图 5-3 所示。具体设置参见 5.1 节内容，在此不再赘述。

7.5.3　结果与分析

（1）数值模拟与 PIV 试验对比分析

本例通过对比模型泵扬程系数的计算值与试验（见图 7-50）来判断计算结果的准确性。模型泵扬程系数的计算结果和试验结果在小流量工况下误差较大，在额定流量点附近误差最小；整体看，计算值与试验结果吻合良好。因此，采用的数值计算模型可较为准确地预测模型泵外特性。

为进一步验证模型泵内流场计算的准确性，对 PIV 试验测得的绝对速度场进行速度分解得到相对速度场，应用 Tecplot 后

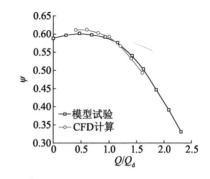

图 7-50　扬程系数 Ψ 计算值与试验值对比

处理软件读取相对速度数据,进而得到相对速度矢量图,再将其与模拟结果进行对比,如图 7-51 所示。从图中可以看出,同位置叶轮内部相对速度的计算与 PIV 结果基本一致,都体现出相对速度从叶轮进口到出口逐渐增大,在出口处达到最大值,叶片吸力面速度大于压力面的速度的变化趋势。

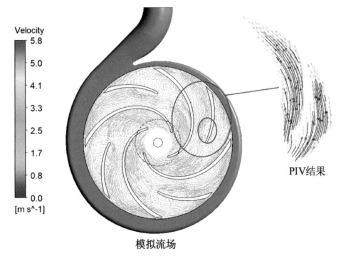

图 7-51　叶轮相对速度流场计算与 PIV 结果

总体看,本例采用的数值计算模型可以准确模拟模型泵的性能与内流场,因而本例的数值计算方法可以准确预测叶片尾缘切削后的模型泵性能及其内部动静干涉情况。

（2）尾缘形状对性能的影响

图 7-52 所示为不同叶片尾缘形状在不同工况下的模型泵外特性对比。由图可以看出,在额定流量下,扬程系数最优的方案 SSF2 较原型 ORD 增大 1.86%,同时水力效率减小 1.6%;水力效率最优的方案 PSF2 较原型 ORD 增大 1.3%,但扬程系数减小 1.86%;PSF1 与 SSF1 较 PSF2 与 SSF2,其对模型泵性能的影响趋势一致,但影响程度都有所下降。总体可以看出叶片尾缘形状对泵性能有显著影响:对叶片进行压力面切削会对扬程系数造成一定程度的减小,但对模型泵水力效率有明显提高,特别是在额定流量附近的效果最为显著。对叶片吸力面切削的效果与之相反。2 种方案的切削厚度越大,切削效应越明显。

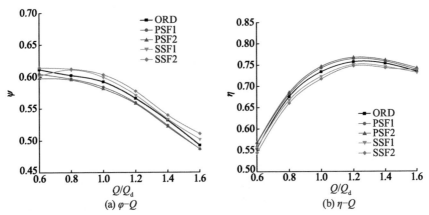

图 7-52　不同叶片尾缘形状在不同工况下的模型泵外特性对比

　　高波等[15]对常规叶轮叶片尾缘进行切削,发现压力面与吸力面切削都会增大扬程系数。张伟[17]认为对尾缘切削会增加叶轮截面面积,从而导致轴面速度 v_{m2} 减小,通过叶片出口速度三角形(见图 7-53a)与理论扬程公式($H_{th}=\dfrac{v_{u2}u_2-v_{u1}u_1}{g}$)解释了尾缘切削可提高泵扬程的原因。本例研究发现对叶片尾缘压力面切削会造成扬程系数减小,这种切削效应不同于常规叶片压力面切削,原因可能是叶片尾缘压力面切削会减小叶片出口角 β_2,较常规叶片,长短叶片间流道比较狭窄,且分流叶片尾缘压力面切削更加剧出口角 β_2 的减小,使整个叶片出口流场的 β_2 减小得更为明显。比较 2 种方案叶片出口相对速度的数值计算结果发现,w_{2-PSF} 略大于 w_{2-ORD},同时,叶轮截面面积增大会导致轴面速度 v_{m2} 减小。因此,叶片切削的出口速度三角形如图 7-53b 所示,$v_{u2-PSF}<v_{u2-ORD}$,PSF 方案较 ORD 方案扬程下降。

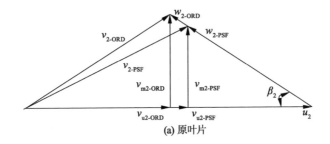

(a) 原叶片

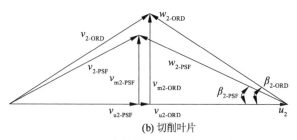

(b) 切削叶片

图 7-53　叶片出口速度三角形示意

（3）尾缘形状对压力脉动的影响

相关研究表明,叶片尾缘形状对尾迹结构的影响显著,从而会影响离心泵压力脉动特性[19]。为方便监测模型泵内压力的脉动强度分布,定义标准差压力脉动系数 C_p^*,具体如下[20]:

$$C_p^* = \sqrt{\frac{1}{N}\sum_{j=0}^{N-1}\bar{p}(t_0 + \mathrm{j}\Delta t)^2} \Big/ (0.5\rho u_2^2) \tag{7-12}$$

$$\bar{p} = \frac{1}{N}\sum_{j=0}^{N-1} p(t_0 + \mathrm{j}\Delta t)^2 \tag{7-13}$$

$$\bar{p}(t) = p(t) - \bar{p} \tag{7-14}$$

式中:$\bar{p}$ 为时均压力分量,Pa;N 为采样数;$\bar{p}(t)$ 为周期性压力分量,Pa;ρ 为流质密度,kg/m³;u_2 为叶片出口圆周速度,m/s。

非定常计算稳定后的第 10 个周期的数据进行分析,图 7-54 为额定流量下中间截面的压力脉动强度的分布情况。从图 7-54 可知,蜗壳区域中隔舌两侧的压力脉动强度较大,隔舌下方存在小范围弱脉动区域,且尾缘压力面切削下的弱脉动区域面积较大。这说明尾缘压力面切削对隔舌附近动静干涉效应起到一定改善作用。所有尾缘切削方案较原型、蜗壳出口附近的压力脉动强度都有所减小,说明尾缘切削可以有效改善蜗壳出口区域的压力脉动,这可能与叶片尾缘面积的减小有关。叶轮内压力脉动主要集中于叶片压力面出口附近,尤其在分流叶片压力面出口附近压力脉动最为剧烈,尾缘压力面切削有效减小了该区域的压力脉动强度,且切削厚度越大,改善效果越明显,而吸力面切削会显著加剧叶片出口压力面及进口附近的压力脉动,且切削厚度越大,加剧作用越明显。

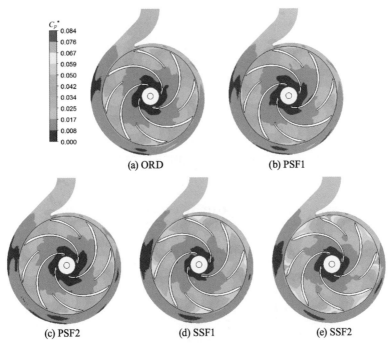

(a) ORD (b) PSF1

(c) PSF2 (d) SSF1 (e) SSF2

图 7-54 额定流量下中间截面压力脉动强度的分布情况

采用压力脉动系数 $C_p = (p - \overline{p})/(0.5\rho u_2^2)$ 对瞬态静压进行量纲一化，采用非定常计算稳定后的 10 圈数据进行 FFT 频谱分析。根据监测点 v1～v20 频谱分析，蜗壳流道内存在主频叶频 f_B 和次主频 $0.5f_B$ 两种典型频率。两种频率幅值沿圆周方向的分布规律如图 7-55 所示（v1～v20 角度依次递增 18°）。各方案压力脉动沿圆周方向的变化规律大致相同，在动静干涉作用下，f_B 幅值呈现 8 个峰谷，$0.5f_B$ 呈现 4 个峰谷，其中，次主频 $0.5f_B$ 为长短叶片各自的通过频率。这是由长短叶片各自扫掠蜗壳隔舌时的动静干涉差异性所导致。隔舌下方 v2 处幅值较小，两侧的 v1 和 v3 的幅值较为突出，距蜗壳壁面较远时，幅值明显减小。整体看，较原型 ORD，PSF2 压力脉动表现最优，SSF 会加剧压力脉动，且 SSF2 最为明显。

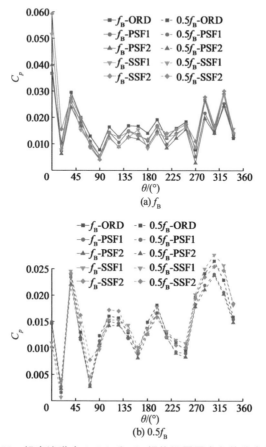

(a) f_B

(b) $0.5f_B$

图 7-55 蜗壳流道内 $0.5f_B$ 和 f_B 幅值沿圆周方向的分布规律

图 7-56 给出了额定流量下监测点 v1~v3 及 imp1~imp6 的频域分布，横坐标主刻度 1 倍叶频，次刻度为 1 倍轴频，纵坐标为 5 组尾缘切削方案代号，颜色表示脉动幅值大小，采用云图显示可以清晰对比各方案压力脉动在不同频率下的幅值变化。

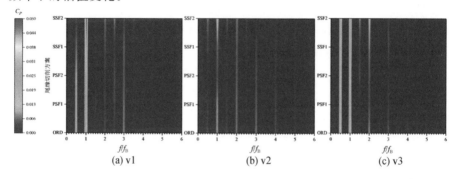

(a) v1   (b) v2   (c) v3

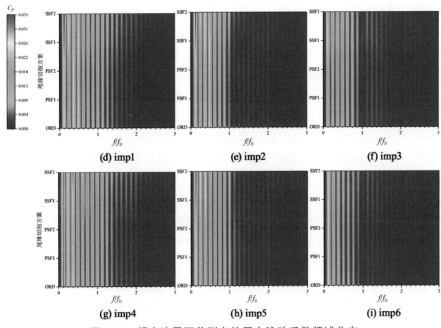

图 7-56　额定流量下监测点的压力脉动系数频域分布

　　图 7-56a～c 分别为额定流量下监测点 v1～v3 处的压力脉动频率分布。图 7-56a 中 v1 主频 f_B 处的压力脉动幅值最大,主要由于此处叶片尾缘与蜗壳壁面距离较小,动静干涉效应显著。在测点 v1 处,所有尾缘切削方案较原型 ORD 于主频 f_B 处的压力脉动幅值都有所提高,其中尾缘压力面切削 PSF 的影响微弱,而尾缘吸力面切削 SSF 则会造成显著影响,特别是 SSF2 较 ORD 脉动幅值提高约 86.03%。v1 次主频 $0.5f_B$ 处的尾缘切削效应则与该位置主频处的规律相反,由此可以看出,上述最优方案 PSF2 对 v1 处动静干涉的改善主要针对次主频 $0.5f_B$。

　　图 7-56b 中 v2 处于隔舌下方弱脉动区域,此处动静部件之间的距离很小,但压力脉动在动静干涉频率下的幅值较小,这可能是由于叶轮出流冲击隔舌时,隔舌下侧相当于翼型压力面流速较小,流动较稳定,导致该区域压力脉动幅值有所降低,此外,PSF 方案叶片出口绝度速度冲击隔舌的角度较小(见图7-53),隔舌处的流动更加稳定,因此 PSF2 压力脉动较小;最优方案 PSF2 对 v2 处压力脉动的改善主要针对主频 f_B 与次主频 $0.5f_B$,分别降低约 43.23% 与 64.43%。

　　图 7-56c 中 v3 位于隔舌出口附近,动静部件距离较大,但叶轮出流的圆周速度分量冲击隔舌后改变方向,持续影响上游流场,导致该点压力脉动较

为明显,其中次主频 $0.5f_B$ 处压力脉动幅值较 v1 和 v2 处更为突出,说明长短叶片与蜗壳之间动静干涉的差异性在 v3 处较大。各方案在 v3 处的压力脉动幅值差异不大,最优方案 PSF2 对 v3 主频 f_B 与次主频 $0.5f_B$ 的压力脉动幅值,分别降低约 26.58% 与 7.24%。

图 7-56d～i 分别为从长叶片压力面至长叶片吸力面间叶片尾缘附近流道中 imp1～imp6 处压力脉动频率的分布情况,结果可见,压力脉动频率主要集中在轴频及其倍频处,说明尾缘附近叶轮流场动静干涉效应显著。imp1～imp3 与 imp4～imp6 的脉动幅值呈减弱趋势,特别是轴频处的变化最为明显,说明长短叶尾缘压力面动静干涉最为强烈,并向叶片尾缘吸力面方向逐渐减弱,这与图 7-54 所示的现象对应。长叶片尾缘压力面附近 imp1 处,尾缘吸力面切削方案 SSF1 和 SSF2 较 ORD 轴频下的压力脉动幅值分别提高约 28.92% 和 56.81%,而尾缘压力面切削方案 PSF1 和 PSF2 较 ORD 轴频下的压力脉动幅值分别降低约 2.92% 和 4.03%,说明尾缘吸力面切削会明显加剧长叶片出口压力面附近的压力脉动,尾缘压力面切削则对此起一定的改善作用,且切削厚度越大,切削效应越明显。分流叶片尾缘压力面附近 imp4 处,各方案轴频及其倍频下压力脉动幅值基本均高于 imp1,说明分流叶片尾缘压力面附近较长叶片尾缘压力面附近动静干涉更为强烈,与图 7-54 对应。imp4 处尾缘切削效应在轴频处不明显,但可观察到尾缘吸力面完全切削 SSF2 会明显加剧该处的倍频压力脉动,尾缘压力面完全切削 PSF2 则对此起明显改善作用。

(4) 尾缘形状对涡量分布的影响

针对蜗壳与叶片出口流道中压力脉动较强的 v1,v3,imp1,imp4 进行非定常涡量监测,通过 FFT 变换得到涡量的频域分布情况,如图 7-57 所示。图 7-57a 和图 7-57b 分别为 v1,v3 处涡量的频域分布情况,可以看出,蜗壳隔舌两侧流道中涡量分布主要集中 $2f_B$ 以下且次频成分丰富;v1 处 f_B 涡流最强,v3 处 $0.5f_B$ 与 f_B 涡流最强,与压力脉动主次频对应,由此可以得出,蜗壳流道内涡量脉动频率决定了动静干涉的主导频率;v3 低频涡量压力脉动比较明显,这可能由于长短叶片经隔舌时,叶轮出口流场变化剧烈,冲击后形成复杂涡流持续向 v3 处演变,造成频率成分丰富的低频脉动,此外长短叶片尾缘流场的差异性造成两者冲击隔舌后形成的涡流形态差异较大,导致长短叶片各自通过频率 $0.5f_B$ 的涡量较为突出。

图 7-57c 和图 7-57d 分别为 imp1 和 imp4 处涡量的频域分布情况,可以观察到轴频及倍频处涡量脉动较为剧烈,其中 imp4 处各频率下的涡量明显较大,说明分流叶片尾缘压力面附近流场涡流强度较长叶片更强,动静干涉

效应更为显著。imp1 处各方案涡量较小，无大幅度变化；imp4 处轴频下，PSF2 较 ORD 涡量降低约 15.50%，而 SSF2 较 ORD 涡量提高约 113.01%，由此可以得出，分流叶片尾缘切削效应较长叶片更为显著。

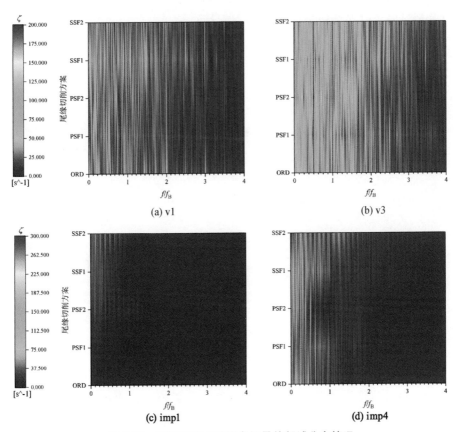

(a) v1

(b) v3

(c) imp1

(d) imp4

图 7-57　额定流量下监测点涡量的频域分布情况

选取动静干涉最剧烈的方案 SSF2，利用 Q 准则获得离心泵动静干涉区域涡结构分布，如图 7-58 所示。$t=0$ 时，长叶片尾缘开始经过蜗壳隔舌，隔舌两侧及叶片尾缘附近大尺度旋涡开始生成（图 7-58 中红线标注），随着叶片转动，旋涡逐渐扩展拉伸（如 $t=T/24$)，当长叶片尾缘距离隔舌较远时，旋涡逐渐衰减脱落（如 $t=T/12$)。$t=T/8$ 时，分流叶片尾缘开始经过蜗壳隔舌，同样引起隔舌两侧及叶片尾缘附近生成大尺度旋涡，随着叶片转动，旋涡逐渐扩展拉伸（如 $t=T/6$)，旋涡范围比长叶片同阶段（$t=T/24$)更大（局部放大所示），说明分流叶片尾缘与隔舌之间的动静干涉更为强烈，当分流叶片尾缘距离隔舌较远时,旋涡逐渐衰减脱落(如 $t=7T/36$ 至 $t=2T/9$),时间推进至 $t=T/4$,下一个长叶片开始经过蜗壳隔舌,其涡结构与 $t=0$ 的相同,涡结构演化由此开始周期性发生。由上述涡结构演化过程可以发现动静干涉区域涡脱落频率为 8 倍与 4 倍轴频(f_B 与 $0.5f_B$),其中 4 倍轴频 $0.5f_B$ 主要由长短叶片经过隔舌时涡结构演化程度不同所导致。

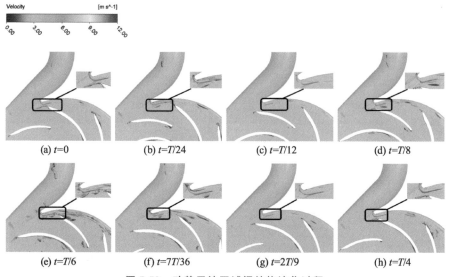

图 7-58 动静干涉区域涡结构演化过程

本节的研究结论如下[20]:

① 叶片尾缘形状对离心泵的性能有显著影响。在额定流量下,与原型 ORD 相比,叶片尾缘压力面切削 PSF 会在一定程度上降低扬程,但对模型泵水力效率有明显提高。叶片尾缘吸力面切削 SSF 则会提高扬程,降低效率。2 种方案的切削厚度越大,切削效应越明显。

② 在额定流量下,带分流叶片尾缘压力面切削造成扬程降低的切削效应不同于常规叶片尾缘压力面切削,原因可能是叶片尾缘压力面切削会减小叶片出口角 β_2,较常规叶片,长短叶片间流道比较狭窄,且分流叶片尾缘压力面切削更加剧减小叶片出口角 β_2,使整个叶片出口流场 β_2 的减小更为明显,从而导致扬程下降。

③ 在额定流量下,离心泵蜗壳流道中隔舌两侧附近动静干涉最为强烈,而隔舌下侧流速较小,流动较稳定,导致该区域压力脉动系数有所减小。此外,尾缘压力面切削 PSF 叶轮出流冲击隔舌的角度较小,隔舌处流动更加稳

定,因此 PSF 弱脉动面积较大。叶轮流道中叶片尾缘压力面附近动静干涉较为显著,其中分流叶片尾缘压力面附近动静干涉最为强烈。尾缘压力面切削 PSF 可有效改善动静干涉效应,减小压力脉动能量损耗,提高离心泵效率;叶片尾缘吸力面切削 SSF 则会大幅加剧离心泵动静干涉效应。两种方案切削厚度越大,切削效应越显著。

④ 压力脉动与涡量频域分布说明离心泵叶轮流道内动静干涉主要频率成分为轴频及其倍频,蜗壳流道内动静干涉的主频与次主频分别为 f_B 与 $0.5f_B$。分流叶片尾缘切削效应较长叶片更为显著。分流叶片经过隔舌时涡结构演化程度较长叶片更为剧烈,这决定了长短叶片与隔舌之间动静干涉的差异性,由此产生次主频 $0.5f_B$。

参考文献

[1] Majidi K. Numerical study of unsteady flow in a centrifugal pump[J]. Journal of Turbomachinery,2005(127):363 – 371.

[2] 袁寿其.低比速离心泵理论与设计[M]. 北京:机械工业出版社,1997.

[3] Gao B,Zhang N,Li Z,et al. Influence of the blade trailing edge profile on the performance and unsteady pressure pulsations in a low specific speed centrifugal pump[J]. Journal of Fluids Engineering,2016,138 (5):5 – 11.

[4] Guelich J F,Bolleter U. Pressure pulsations in centrifugal pumps[J]. Journal of Vibration and Acoustics,1992,114(2):272 – 279.

[5] Parrondo J,Jose G,Perez G,et al. The effect of the operating point on the pressure fluctuations at the blade passage frequency in the volute of a centrifugal pump[J]. Journal of Fluids Engineering,2002,124(3): 784 – 790.

[6] Dong R,Chu S,Katz J. Effect of modification to tongue and impeller geometry on unsteady flow, pressure fluctuations, and noise in a centrifugal pump [J]. Journal of Turbomachinery, 1997, 119 (3): 506 – 515.

[7] Zheng Q,Liu S. Topological analysis of the formation of jet-wake flow pattern in centrifugal impeller channel[J]. Journal of Marine Science and Application,2004,3(2):24.

[8] Eckardt D. Detailed flow investigations within a high speed centrifugal

compressor impeller[J]. Journal of Fluids Engineering,1976,98(98):
391-402.

[9] Abramian M,Howard J H G. Experimental investigation of the steady
and unsteady relative flow in a model centrifugal impeller passage[J].
Journal of Turbomachinery, 1994, 116(2):269-279.

[10] He X,Zheng X. Mechanisms of sweep on the performance of transonic
centrifugal compressor impellers [J]. Applied Sciences, 2017,
7(10):1081.

[11] Newton P, Copeland C, Martinez-Botas R, et al. An audit of
aerodynamic loss in a double entry turbine under full and partial
admission[J]. International Journal of Heat & Fluid Flow,2012,33
(1):70-80.

[12] Adjei R A,Wang W,Jiang J,et al. Numerical investigation of unsteady
shock wave motion in a transonic centrifugal compressor[C]. ASME
Turbo Expo 2017: Turbomachinery Technical Conference and
Exposition, Charlotte, NC, USA,2017.

[13] Friedrichs J, Kosyna G. Rotating cavitation in a centrifugal pump
impeller of low specific speed[J]. Journal of Fluids Engineering,2002,
124(2):356-362.

[14] 张金凤,蔡海坤,陈圣波,等. 长短叶片尾缘形状对离心泵性能与动静干
涉的影响[J]. 农业机械学报,2020,51(4):122-130.

[15] 高波,王震,杨丽,等.叶轮口环间隙对离心泵性能及流动特性的影响
[J].排灌机械工程学报,2017,35(1):13-17.

[16] Menter F R,Kuntz M,Bender R. A scale-adaptive simulation model for
turbulent flow predictions[C]. The 41st Aerospace Sciences Meeting
and Exhibit, Reno, Nevada, 2003.

[17] 张伟.叶片泵非设计工况叶轮内部流动分析和预测[D].上海:上海大
学,2011.

[18] 谈明高,徐欢,刘厚林,等.基于CFD的离心泵小流量工况下扬程预测分
析[J].农业工程学报,2013,29(5):31-36.

[19] 张宁. 离心泵内部非稳态流动激励特性研究[D]. 镇江:江苏大
学,2016.

[20] 裴吉,袁寿其,袁建平,等.单叶片离心泵压力脉动强度多工况对比研究
[J].华中科技大学学报(自然科学版),2013,41(12):29-33.

⟳8⟲ 带分流叶片高速离心泵压力脉动
数值模拟与试验研究

8.1 带分流叶片高速离心泵的水力设计

8.1.1 模型泵叶轮的水力设计

本研究所采用的模型泵的相关性能参数为 $Q=7.5 \text{ m}^3/\text{h}$, $H=85 \text{ m}$, $n=7\,600 \text{ r/min}$, $n_s=45$, 配套功率 $P=4 \text{ kW}$。设计要求:泵扬程曲线无驼峰, 轴功率无过载, 高效区宽。根据该泵的设计要求, 采用常规设计方法[1]设计了模型泵叶轮的主要几何参数, 其主要水力结构参数如表 8-1 所示, 水力图如图 8-1 所示。

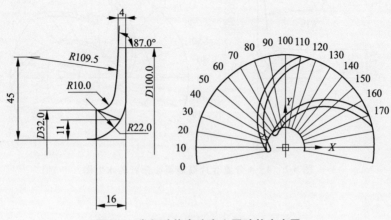

图 8-1 常规叶片高速离心泵叶轮水力图

表 8-1 模型泵叶轮的主要水力结构参数

参数		值		
叶轮	叶片进口安放角 β_1/(°)	16.96		
	叶片出口安放角 β_2/(°)	32		
	包角 θ/(°)	120		
	叶轮出口直径 D_2/mm	100		
	叶轮进口直径 D_1/mm	32		
	叶片出口宽度 b_2/mm	4		
分流叶片	叶片数 Z	4	5	6
	进口直径 D_{si}/mm	59.2	65.2	70.8
	进口偏置度 θ_{si}/(°)	0		
	出口偏置度 θ_{so}/(°)	0		
	偏转角度 α/(°)	0		

　　为了研究分流叶片对高速离心泵性能的影响,针对同样的性能参数,根据本课题组前期的研究成果[2,3]及文献[4],设计了 4+4 分流叶片、5+5 分流叶片、6+6 分流叶片 3 种不同结构的高速离心泵叶轮。其水力图分别如图 8-2 至图 8-4 所示。

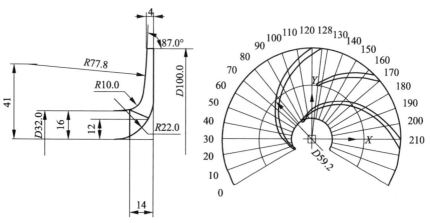

图 8-2 4+4 分流叶片高速离心泵叶轮水力图

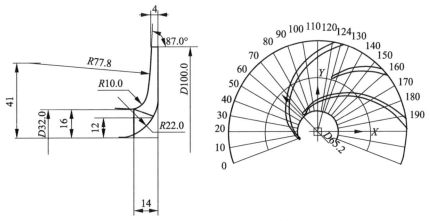

图 8-3 5+5 分流叶片高速离心泵叶轮水力图

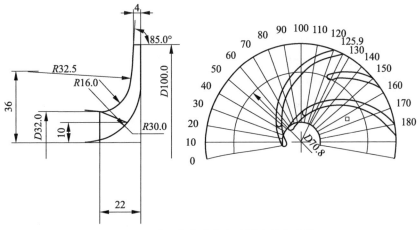

图 8-4 6+6 分流叶片高速泵叶轮水力图

（1）叶片数 Z 的选择

随着叶片数的增加，虽然扬程的增加非常明显，但会造成叶轮进口堵塞，因此叶片数的选择应综合考虑高速离心泵的扬程与效率，一般选用的叶轮结构为 4+4 分流叶片。

（2）分流叶片进口直径

D_{si} 的选取对分流叶片的作用长度有很大的影响，D_{si} 越小，分流叶片越长，高速离心泵的扬程较高。根据以前的研究可知，如果过于加大分流叶片的长度，会造成叶轮进口堵塞，降低泵的效率；但如果分流叶片太短，其对提高泵效率、改善叶轮出口"射流-尾迹"结构起不了重要的作用。因此，D_{si} 可按下式进行计算：

$$D_{si} = \left[\alpha \left(1 - \frac{D_1}{D_2} \right) + \frac{D_1}{D_2} \right] D_2 \qquad (8-1)$$

式中：D_1 为叶轮进口直径，m；D_2 为叶轮出口直径，m；α 为公式系数，一般取 $\alpha = 0.5 \sim 0.6$。

（3）分流叶片周向偏置度

根据流动滑移理论，在周向位置，叶轮流道的速度分布不均匀，所以分流叶片的安放位置在叶轮流道正中间不是最佳选择，应向叶片吸力面有一定的偏置角度，能改善对叶轮出口的"射流-尾流"结构，提高高速离心泵的性能。经研究表明，虽然分流叶片偏向叶片吸力面对泵的外特性有良好的改善作用，但在一定范围内，其对泵扬程和效率的影响并不大。

8.1.2　模型泵蜗壳的水力设计

压水室位于叶轮与泵出口或下一级叶轮之间，是非常重要的过流部件，压水室本身的效率及与叶轮匹配的效率直接影响泵的效率。设计时需保证压水室几何型线符合液体的流动规律，使压水室具有较高的效率，从而使叶轮内具有稳定的相对运动，以减少叶轮内的水力损失。

螺旋形压水室一般也称为蜗壳。从水力方面看，螺旋形压水室的流动比较理想，适应性强，高效率范围宽。但流道不能机械加工，尺寸形状、表面光洁度直接靠铸造来保证。本研究采用速度系数法来设计其蜗壳水力图，如图 8-5 所示。

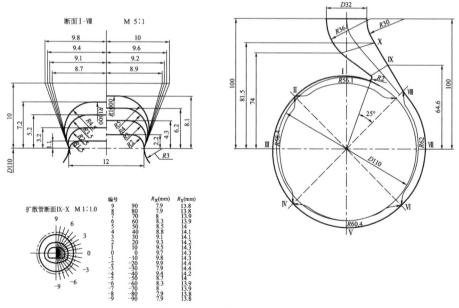

图 8-5　模型泵的蜗壳水力图

8.2 高速离心泵内部定常流动数值模拟

基于雷诺时均方程和 S－A 单方程模型,对不带分流叶片的高速离心泵和带分流叶片的高速离心泵分别进行定常数值模拟,分析不同工况下高速离心泵的速度、压力场分布特性,探索分流叶片对高速离心泵性能的影响规律。

8.2.1 数值计算方法及网格划分

（1）模型计算区域

考虑分流叶片对高速离心泵流场的影响,本章模型高速离心泵数值模拟选用的叶轮结构为 4＋4 分流叶片和 5＋5 分流叶片。而对于 6＋6 分流叶片的数值计算,本章把其作为非定常计算的初始条件,着重分析其对模型高速离心泵压力脉动的影响。为了能够更准确地模拟高速离心泵内部的流动状况,每一个计算模型的计算区域都包括叶轮、蜗壳及进出口延长段,计算模型高速离心泵的三维造型如图 8-6 所示。考虑到数值计算的稳定性和时间,计算区域忽略了高速离心泵的前后腔和口环。

图 8-6 模型高速离心泵的三维造型

（2）网格划分

本章采用 ANSYS ICEM 软件对高速离心泵的三维模型进行网格生成,并对隔舌区域进行网格加密。蜗壳和叶轮的网格划分如图 8-7 所示。高速离心泵的 4 个计算模型采用相同的蜗壳和进口管道、不同的叶轮,各模型的网格数如表 8-2 所示。

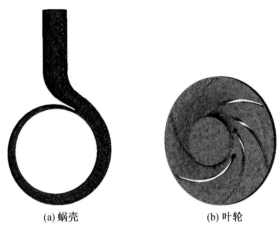

(a) 蜗壳　　　　　　　　　(b) 叶轮

图 8-7　蜗壳和叶轮的网格划分

表 8-2　不同计算模型的网格数

方案	常规叶片	6＋6 分流叶片	5＋5 分流叶片	4＋4 分流叶片
蜗壳及出水管	527 454	527 454	527 454	527 454
叶轮	402 806	434 856	472 542	441 907
进口管道	55 220	55 220	55 220	55 220
总数	985 480	1 017 530	1 055 216	1 024 581

（3）网格交界面及进出口边界条件设置

本章叶轮流道内的水体为高速旋转体，蜗壳内水体为非旋转体，用于两者之间衔接的交界面设置为"Frozen Rotor"模式动静间的交界面。该交界面对于两部分水体间的动静耦合有着重要作用。

本研究基于 CFD 商用软件 CFX，采用 SIMPLEC 方法求解不可压缩时均 N-S 方程，湍流模型选取标准 k-ε 模型，壁面采用无滑移边界条件，近壁区域采用标准壁面函数处理，进口采用总压进口边界条件，出口采用速度出口边界条件。

8.2.2　不同高速离心泵内部流场对比分析

本研究对不带分流叶片和带不同分流叶片数高速离心泵分别进行整机的定常数值计算。数值计算的流量工况有 6 个，即 $Q=4.5$ m³/h，$Q=6$ m³/h，$Q=7.5$ m³/h，$Q=9$ m³/h，$Q=10.5$ m³/h 和 $Q=12$ m³/h。为了便于分析，本章仅对设计流量工况 $Q=7.5 \text{ m}^3/\text{h}$、小流量工况 $Q=4.5 \text{ m}^3/\text{h}$ 和大流量工况 $Q=9 \text{ m}^3/\text{h}$ 高速离心泵进行内部流场分析。

（1）不同流量工况下高速离心泵相对速度分布及速度流线图

图8-8、图8-9 和图8-10 分别在 $Q=7.5 \text{ m}^3/\text{h}$, $Q=4.5 \text{ m}^3/\text{h}$ 和 $Q=9 \text{ m}^3/\text{h}$ 工况下的高速离心泵中截面速度流线图。从图8-8 中可以看出，在设计流量工况下，带分流叶片与不带分流叶片的高速离心泵中截面速度分布基本一致，在高速离心泵叶轮入口处，同一半径处介质在吸力面的相对速度大于压力面的相对速度；各叶轮流道内部速度分布都比较相似，在叶轮流道内，速度最大值出现在叶片出口与蜗壳进口附近；高速离心泵蜗壳低速度区集中在蜗壳扩散管内侧；与不带分流叶片的高速离心泵相比，带分流叶片高速离心泵叶轮内长叶片压力面区域的低压范围缩小。

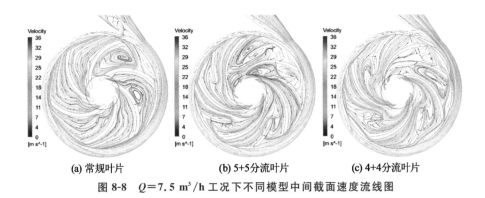

(a) 常规叶片　　　　　**(b) 5+5分流叶片**　　　　　**(c) 4+4分流叶片**

图 8-8　$Q=7.5 \text{ m}^3/\text{h}$ 工况下不同模型中间截面速度流线图

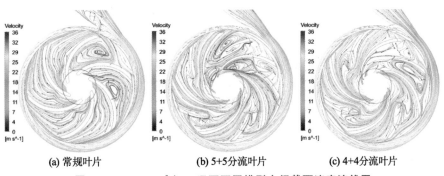

(a) 常规叶片　　　　　**(b) 5+5分流叶片**　　　　　**(c) 4+4分流叶片**

图 8-9　$Q=4.5 \text{ m}^3/\text{h}$ 工况下不同模型中间截面速度流线图

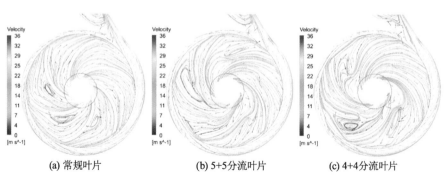

(a) 常规叶片　　　　　　(b) 5+5分流叶片　　　　　　(c) 4+4分流叶片

图 8-10　$Q＝9$ m³/h 工况下不同模型中间截面速度流线图

由图 8-9 可以看出,高速离心泵在小流量工况时,与设计流量工况相比从叶轮流出的高速液体的速度是增大的,这是因为从叶轮流出的高速流体和蜗壳内低速流体发生了液体能量的交换,而两者之间的交换是通过撞击作用实现的。由于小流量工况时高速离心泵叶片进口处来流的液流角与其叶片安放角不一致,导致叶片进口附近存在压力梯度,叶轮流道内出现流动分离。

由图 8-10 可以看出,在大流量工况下,高速离心泵叶轮各流道速度分布相对比较均匀,在叶轮出口处的速度最大。由叶轮出口至蜗壳流道出口速度呈逐渐减小的趋势,较明显的速度梯度出现在高速离心泵蜗壳隔舌处。

在靠近高速离心泵分流叶片中短叶片进口周围的流道内出现明显的旋涡,在小流量工况下叶轮流道进口附近旋涡更为明显。这表明短叶片对进入流道中的液体进行了重新划分,以便更好地控制流体运动和改善流场分布。通过对比发现,5＋5分流叶片的短叶片出口的速度分布比 4＋4 分流叶片的要均匀和稳定,表明其叶片对流体的控制相对更好。

从以上分析可以看出,在带分流叶片高速离心泵的方案中,同一半径上的速度分布更趋均匀,叶轮出口处速度值略有提高,但蜗壳的速度能转化使得蜗壳出口速度大小相差不多,减小了叶轮内的水力损失及从叶轮出口到泵体进口之间的混合损失。采用分流叶片能更好地控制流体的运动,对于改善"射流-尾迹"结构有良好的作用,并有效防止分流叶片中长叶片吸力面上流体的分离和脱流。

（2）不同流量工况下高速离心泵的静压分布

图 8-11、图 8-12 和图 8-13 分别为在 $Q＝7.5$ m³/h,$Q＝4.5$ m³/h 和 $Q＝9$ m³/h 工况下不带分流叶片和带不同分流叶片数的高速离心泵中截面静压的分布情况。

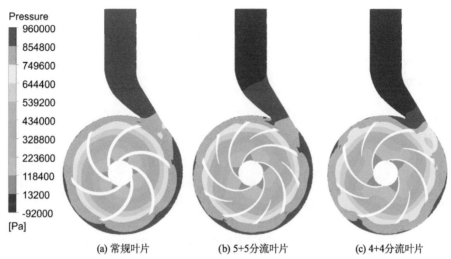

(a) 常规叶片 　　　　　　　(b) 5+5分流叶片 　　　　　　　(c) 4+4分流叶片

图 8-11　$Q=7.5 \text{ m}^3/\text{h}$ 工况下不同模型中间截面静压的分布情况

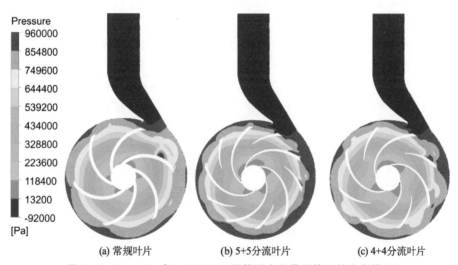

(a) 常规叶片 　　　　　　　(b) 5+5分流叶片 　　　　　　　(c) 4+4分流叶片

图 8-12　$Q=4.5 \text{ m}^3/\text{h}$ 工况下不同模型中间截面静压的分布情况

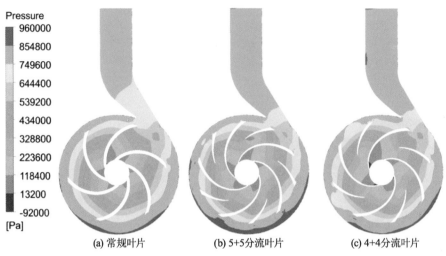

(a) 常规叶片   (b) 5+5分流叶片   (c) 4+4分流叶片

图 8-13　$Q=9$ m³/h 工况下不同模型中间截面静压的分布情况

从图 8-11 至图 8-13 中可以看出,由于高速离心泵叶轮流道均匀分布,静压沿圆周的分布呈现出一定的周期性,又由于蜗壳隔舌的存在,各叶片流道的静压分布也有着明显的差别。在高速离心泵叶轮流道内,由于叶片不断对流体做功,从叶轮进口到叶轮出口的静压值逐渐增大。在各流量工况下,叶轮中的最高静压均位于叶片出口处,最低静压位于叶片进口吸力面附近。在 $Q=9$ m³/h 工况下,在蜗壳内部静压已达到最大,往蜗壳出口管方向稍有减小的趋势。小流量工况下,从叶轮进口到出口静压的分布比较均匀,沿径向由小到大分布。非设计工况下的静压的分布规律与设计流量工况下基本相似,但随着流量的增大,进出口断面之间的压差逐渐降低。随着流量的增大,隔舌附近的压力分布越来越不均匀,梯度也越来越大,高速离心泵中截面静压不断减小。在各流量工况下,在叶轮出口隔舌附近,静压变化均很剧烈,这主要是隔舌对叶轮出口流动的干扰引起的。

在各流量工况下,从叶轮到蜗壳中间环面存在的压力分布不均匀,压力梯度也较大,但带有分流叶片高速离心泵中,有了相对减小的压力变化梯度,对减小高速泵出口的压力脉动有良好的作用。由于隔舌使得介质通过面积减小,出现了一个降压的过程,隔舌是蜗壳压力转化中的瓶颈,即隔舌是限制高速泵通过能力的一个重要因素。在 $Q=9$ m³/h 工况下,带分流叶片高速离心泵的蜗壳出口压力比不带分流叶片的大一些,说明分流叶片使高速离心泵在较大流量时也能获得较高的扬程。分流叶片之所以在较大流量时仍有较大的出口压力,是因为存在较高的叶轮出口速度,也即增加了叶轮出口的扬程,并通过蜗壳转化为压能,进而转化为高速离心泵的扬程。

对比在全流量范围内的高速离心泵的静压分布情况可以发现,在叶轮出口与隔舌相接处静压变化剧烈。随着流量的增加,蜗壳流道内的压力减小。不同的流量工况下,相对于不带分流叶片的高速离心泵,带分流叶片的高速离心泵中截面静压的均匀性更好,这是因为流体与叶片作用得更充分,叶轮传递给流体的能量更大,叶片对流道内流体的控制更稳定,所以流场分布得到改善,水力效率更高。通过对比发现,5+5分流叶片由叶轮进口到出口的静压值分布比4+4分流叶片更均匀,压力梯度的变化更为平缓,尤其在叶轮出口处其流体与分流叶片的作用更充分,对流体的控制更稳定。

8.2.3 高速离心泵性能曲线预测

本书分别对不带分流叶片和带不同分流叶片数的高速离心泵进行性能预测,性能预测结果如表 8-3 和表 8-4 所示。根据表 8-3 和表 8-4 绘出其性能曲线,如图 8-14 所示。

表 8-3 不带分流叶片与带分流叶片高速离心泵的扬程对比

$Q/(\mathrm{m^3/h})$	$H_{常规叶片}/\mathrm{m}$	$H_{6+6分流叶片}/\mathrm{m}$	$H_{5+5分流叶片}/\mathrm{m}$	$H_{4+4分流叶片}/\mathrm{m}$
4.5	85.5	86.4	86.3	87.4
6.0	84.2	85.6	83.2	85.2
7.5	83.2	84.9	82.7	84.1
9.0	76.4	82.1	80.2	78.1
10.5	64.7	73.4	68.6	67.4
12.0	59.3	66.3	60.1	60.2

表 8-4 不带分流叶片与带分流叶片高速离心泵的效率对比

$Q/(\mathrm{m^3/h})$	$\eta_{常规叶片}/\%$	$\eta_{5+5分流叶片}/\%$	$\eta_{5+5分流叶片}/\%$	$\eta_{4+4分流叶片}/\%$
4.5	45.6	41.9	45.7	44.4
6.0	51.7	48.2	50.2	50.9
7.5	56.5	50.8	55.2	52.8
9.0	56.3	53.0	56.4	53.1
10.5	55.3	53.2	55.7	52.0
12.0	53.5	51.4	51.8	50.0

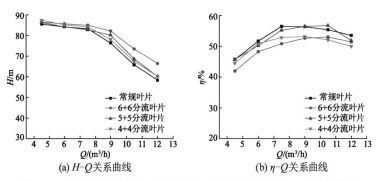

(a) H-Q关系曲线　　　　　　(b) η-Q关系曲线

图 8-14　不带分流叶片和带不同分流叶片数的高速离心泵性能预测

从表 8-3、表 8-4 和图 8-14 可以看出：

① 高速离心泵带分流叶片比不带分流叶片的扬程略有提高,且随着流量的增加,扬程提高的幅度逐渐增大。这是由于高速离心泵带分流叶片时,增大了有限叶片数的修正系数,增加了扬程,因此高速离心泵的扬程有所升高。

② 当高速离心泵在大流量区运行时,泵腔内的压力低,而从叶片流回蜗壳的液体从叶片获得的能量一定,所以扬程提高得就更大一些,导致高效点向大流量偏移。

③ 高速离心泵带分流叶片比不带分流叶片的效率略有下降,且高效点往大流量方向偏移,其中当叶轮结构为 5+5 分流叶片时效率较为理想。

出现以上差别的主要原因是在高速离心泵叶轮安装分流叶片后,增大了有限叶片数的修正系数,增加了扬程,在叶轮结构上表现为外径减小。高速离心泵在大流量区运行,泵腔内的压力偏低,流体间的能量交换更加强烈,扬程提高得更大,导致高效点向大流量偏移。安装分流叶片后,因为流体与叶片的作用更充分,叶轮传递给流体的能量更大,叶片对流道内流体的控制更稳定,所以流场分布得到改善,水力效率更高。

8.3　高速离心泵非定常压力脉动特性分析

本研究基于 CFD 商用软件 CFX,在上一节定常湍流计算结果收敛的基础上进行非定常数值计算,设置时间步长 $\Delta t = 6.578\,9 \times 10^{-4}$ s,即每个时间步长叶轮旋转 3°,其旋转一周需要 120 个步长,模拟高速离心泵叶轮转了 3 周,考虑叶轮旋转第三周流场相对较为稳定,取其第三周旋转数据进行分析。

为了对高速离心泵压力脉动的频谱进行分析,对获得的 5 个监测点(见图

8-15)的压力脉动数据进行快速傅里叶变换(FFT)分析,应用 Origin 软件绘制其压力脉动频谱图,进而分析高速泵压力脉动幅值和频率特性[5,6]。

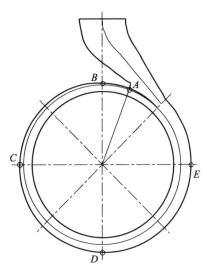

图 8-15 高速离心泵内压力脉动监测点位置示意

8.3.1 设计流量工况下高速离心泵出口压力脉动特性

图 8-16 为设计流量工况下出口监测点的压力脉动时域和频域特性。表 8-5 列出了不带分流叶片与带不同分流叶片数的高速离心泵出口压力值的比较。由图可以看出,无论是否在高速离心泵叶轮上安装分流叶片,其出口处监测点的压力脉动随时间周期性脉动明显。带有分流叶片的高速离心泵中,压力脉动出现了与分流叶片相应的小峰值,相对于其不带分流叶片的锯齿状波动,这在一定程度上对高速离心泵压力脉动的急剧波动起到了缓解作用。4+4 分流叶片高速离心泵和其常规叶片在出口处的平均压力和压力脉动幅值相同,分流叶片在增加其扬程的同时,没有在出口处产生较大的压力脉动幅值。在频谱图中,不带分流叶片的高速离心泵在其叶频倍频处存在较大的峰值,说明叶频是出口压力脉动的主要成分,叶频为其主要影响频率,即出口压力脉动是由叶轮与蜗壳的动静干扰引起的。带分流叶片的高速离心泵在出口监测点的压力脉动幅值比无分流叶片的幅值大幅度降低,由单一较大的脉动峰值变为相对较小的两个脉动峰值,说明叶轮的分流叶片设计能有效改善高速离心泵蜗壳流道出口的脉动情况。

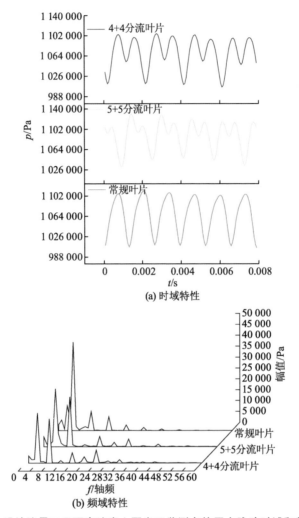

图 8-16　设计流量工况下高速离心泵出口监测点的压力脉动时域和频域特性

表 8-5　不同叶片结构的高速离心泵出口压力值对比

出口压力	常规叶片	5+5 分流叶片	4+4 分流叶片
平均压力/Pa	1 070 000	1 090 000	1 070 000
压力幅值/Pa	1 110 000	1 130 000	1 110 000

8.3.2　不同流量工况下高速离心泵蜗壳隔舌处压力脉动特性

由上节可知,叶轮转动频率 $f_n = n/60 = 126.7$ Hz,故 $Z=6$ 时叶片通过频

率 $f=Z\times f_n=760.2$ Hz,叶频为转频的 6 倍。

（1）常规叶片隔舌处压力脉动

对叶轮结构为常规叶片的高速离心泵隔舌处的压力脉动进行处理和分析,可以得到不同流量工况下高速离心泵的压力脉动特性。图 8-17 为不同流量工况下高速离心泵隔舌处压力脉动的时域和频域特性。表 8-6 为常规叶片隔舌处压力值的对比。不同流量工况下高速离心泵隔舌处的压力脉动随时间呈一定的周期性波动,在设计流量工况和大流量工况下压力脉动的波动范围幅值相对较小,而在小流量工况运行时脉动幅值大;在大流量工况下,其平均压力和压力幅值最小;在高速离心泵叶频倍频处存在峰值,脉动主要集中在低频区,脉动影响主频为其 6 倍叶频,其他非稳态脉动成分少,说明高速离心泵叶频为主要影响频率;设计流量工况下在叶频倍频处的脉动幅值小,非设计流量工况下脉动幅值大,特别是小流量工况。

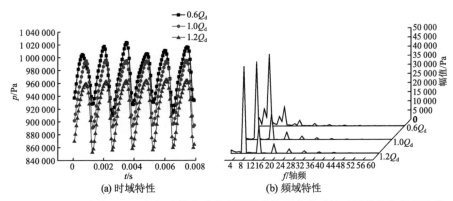

图 8-17　不同流量工况下常规叶片高速离心泵隔舌处压力脉动的时域特性和频域特性

表 8-6　常规叶片隔舌处压力值对比

压力	$0.6Q_d$	$1.0Q_d$	$1.2Q_d$
平均压力/Pa	974 276.8	952 036.3	920 937.8
压力幅值/Pa	1 023 700	995 980	965 160

（2）4+4 分流叶片隔舌处压力脉动

图 8-18 是带分流叶片高速泵在不同流量工况下隔舌处的压力脉动时域特性和频域特性。4+4 分流叶片隔舌处压力值的对比如表 8-7 所示。高速离心泵在不同流量工况下隔舌处的压力脉动随时间呈一定的周期性波动,在设计流量工况和大流量工况下其压力脉动的波动幅值相对较小,而小流量工

况下压力脉动波动的幅值增大。

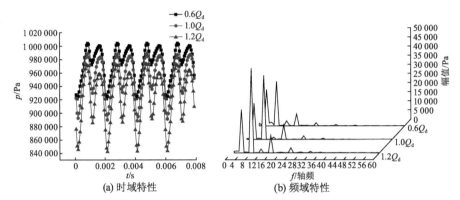

图 8-18 不同流量工况下 4＋4 分流叶片高速离心泵隔舌处的压力脉动时域特性和频域特性

表 8-7 4＋4 分流叶片隔舌处压力值比较

压力	0.6Q_d	1.0Q_d	1.2Q_d
平均压力/Pa	974 808.7	954 299.1	922 397.5
压力幅值/Pa	1 004 200	988 290	973 270

对比表 8-6 和表 8-7 可以看出,在设计流量和小流量工况下,4＋4 分流叶片高速离心泵的压力幅值大幅度降低。这为高速离心泵在设计流量工况下的平稳运行提供了有力保障。在叶频倍频处存在脉动峰值,最大脉动峰值出现在 8 倍转频处。与常规叶片的脉动幅值相比,4＋4 分流叶片高速离心泵脉动幅值减小,其脉动出现了 2 个主频,说明高速流动中的液体受到了分流叶片的影响,由常规叶片单一较大的脉动峰值变为相对较小的 2 个脉动峰值,这表明分流叶片对缓解高速离心泵的动静干涉作用和流动诱导振动同样有着重要的影响。

8.3.3 不同叶轮结构的高速离心泵压力脉动特性

本研究为了分析叶轮结构对高速离心泵蜗壳内壁压力脉动特性的影响规律,分别对常规叶片、6＋6 分流叶片、5＋5 分流叶片和 4＋4 分流叶片叶轮结构的高速离心泵压力脉动特性进行对比分析,进而分析分流叶片对其压力脉动特性的影响。

图 8-19 为不同叶轮结构的高速离心泵蜗壳流道内壁监测点 $B \sim E$ 在设计流量工况下的压力脉动频域特性。从图中可以看出,不同叶轮结构的 4 个监测点 $B \sim E$ 的压力脉动规律基本相同,随着监测点离高速离心泵叶轮出口

的距离越来越大,其压力脉动幅值减小,但并不是随着蜗壳圆周方向一直减小。监测点 B 离蜗壳隔舌的位置最近,受动静干涉作用的影响最强,压力脉动幅值最大,监测点 C 的压力脉动幅值明显高于监测点 D 和 E 的。

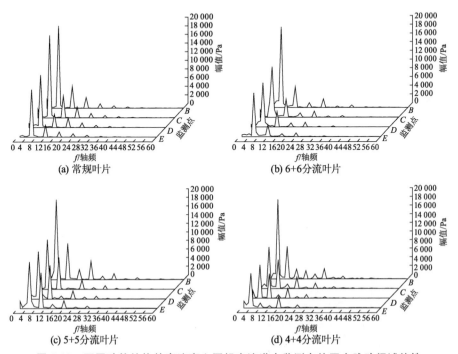

图 8-19　不同叶轮结构的高速离心泵蜗壳流道内监测点的压力脉动频域特性

由图 8-19 看出,虽然动静干扰产生的压力脉动会在整个流道内传播,但 6+6 分流叶片与常规叶片相比,其在监测点 C,D 和 E 的压力脉动幅值有明显的降低。这说明分流叶片对高速离心泵蜗壳流道内压力脉动特性有良好的改善作用。对高速离心泵叶轮使用分流叶片技术,对应监测点 B 的压力脉动幅值比常规叶片有所降低,尤其当叶轮结构为 4+4 分流叶片时,监测点的压力脉动幅值取得 4 种叶轮结构中的最小值。这说明当高速离心泵叶轮结构为 4+4 分流叶片时,动静干涉作用减小,蜗壳内壁的压力脉动值减小。

高速离心泵蜗壳流道内,在设计流量工况下其叶频倍频处存在峰值,在其他非稳态时脉动成分少,脉动主要集中在低频区。这说明叶频是高速离心泵蜗壳流道内频率的主要影响因素。

8.3.4 设计流量工况下高速离心泵压力脉动特性

（1）分流叶片对高速离心泵隔舌处压力脉动的影响

图 8-20 为在设计流量工况下蜗壳隔舌处的压力脉动时域特性和频域特性。表 8-8 为不带分流叶片与带不同分流叶片数的高速离心泵隔舌处压力值对比。由图 8-20 可以看出，高速离心泵在隔舌处的压力脉动随时间呈一定的周期性波动，当叶轮结构为分流叶片时，压力脉动出现了与分流叶片对应的峰值。这说明分流叶片结构对流体的控制更稳定，对缓解其动静干涉作用和流动诱导振动有着重要的作用；4＋4 分流叶片的压力脉动幅值比常规叶片的略有降低，但其平均压力略有增加；与常规叶片的压力脉动幅值相比，4＋4 分流叶片高速离心泵的脉动幅值减小，其脉动出现了 2 个主频，这说明高速流动中的液体受到了分流叶片的影响，由常规叶片单一较大的脉动峰值变为相对较小的 2 个脉动峰值，分流叶片对流场起到了改善的作用。

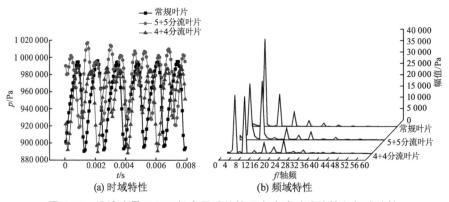

图 8-20　设计流量工况下蜗壳隔舌处的压力脉动时域特性和频域特性

表 8-8　不带分流叶片与带不同分流叶片数的高速离心泵隔舌处压力值对比

压力	常规叶片	5＋5 分流叶片	4＋4 分流叶片
平均压力/Pa	952 036.3	977 953.9	954 299.1
压力幅值/Pa	995 980	1 017 200	988 290

（2）分流叶片数对高速离心泵隔舌处压力脉动的影响

通过图 8-21 所示的在设计流量工况下蜗壳隔舌处的压力脉动时域和频域特性和表 8-9 所示的不同分流叶片数的高速离心泵隔舌处压力值对比可以看出，带分流叶片的高速离心泵的压力脉动随时间呈一定的周期性波动，时域图中出现了与分流叶片相对应的波动规律；当叶轮结构为 4＋4 分流叶片时，其平均压力和压力脉动幅值均取得 3 种叶轮结构中的最小值。这说明当叶轮结构为 4＋4 分流叶片时，其动静干涉作用减小。

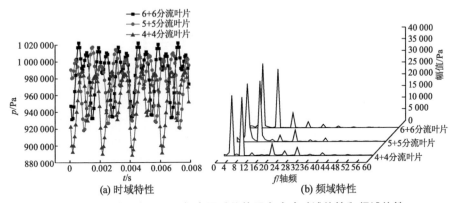

图 8-21 设计流量工况下蜗壳隔舌处的压力脉动时域特性和频域特性

表 8-9 不同分流叶片数的高速离心泵隔舌处压力值对比

压力	6＋6 分流叶片	5＋5 分流叶片	4＋4 分流叶片
平均压力/Pa	986 725.6	977 953.9	954 299.1
压力幅值/Pa	1 022 200	1 017 200	988 290

8.4 高速离心泵压力脉动特性试验研究

本节为了验证高速离心泵三维定常与非定常数值计算结果的准确度和可信度，对所研究的模型高速离心泵进行了外特性试验和压力脉动特性试验。压力脉动特性试验测量了高速离心泵在进、出口 2 个监测点的压力脉动数据，并与上节对应位置处高速离心泵进、出口 2 个监测点的计算结果进行对比分析[5,6]。

8.4.1 高速离心泵压力脉动特性试验

(1) 高速离心泵试验台构造及测点布置

本研究前两节基于 CFD 数值模拟技术对带分流叶片与不带分流叶片高速离心泵的性能特性、压力脉动特性进行了预测。本章为验证其准确性和可行性，对分流叶片(4＋4 分流叶片)和常规叶片 2 种叶轮结构的高速离心泵进行了性能试验和压力脉动特性试验。试验在江苏大学国家水泵及系统工程技术研究中心开式试验台上进行,试验台满足国家标准Ⅱ级精度,试验装置如图 8-22 所示,试验现场如图 8-23 所示。

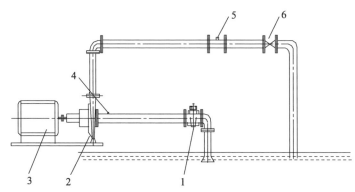

1—水封节流阀;2—高速离心泵;3—电动机;4—压力变送器;5—涡轮流量计;6—阀门

图 8-22 高速离心泵开式试验台示意

图 8-23 试验现场

本研究为了监测高速离心泵进、出口的压力脉动特性,在高速离心泵进、出口布置了 2 个监测点以监测压力脉动变化,测点的位置和第 4 章数值模拟计算压力脉动监测点的位置相一致。在高速离心泵进出口管路中 M6×1 的螺纹用于连接压力变送器。高速离心泵进、出口压力脉动变送器的安装位置如图 8-24a 所示。高速离心泵进口动态压力变送器如图 8-24b 所示,参数见表 8-10。出口压力动态变送器如图 8-24c 所示,参数见表 8-11。

高速离心泵压力脉动试验测试以 20 ℃的清水为工作介质,通过阀门开度调节试验台出口管路上的流量,使用涡轮流量计测量流量。试验通过调节阀门开度将流量调节到规定的流量,高速离心泵的转速通过手持式转数仪读取,最后由虚拟仪器中信息采集系统(见图 8-24d)将得到的试验数据传送到试验台的计算机中。

(a) 高速离心泵进出口
压力脉动传感器安装位置

(b) CYG1103动态压力变送器

(c) BEY-1103动态压力变送器

(d) 高速泵试验台虚拟仪器采集系统

图 8-24　高速离心泵压力脉动特性试验装置

表 8-10　CYG1103 动态压力变送器参数

类别	参数	类别	参数
型号	CYG1103	输出信号/V	0～5
量程/kPa	−200～200	精度等级	±0.25％
测量类型	表压	螺纹接口	M6×1
供电方式	24VDC	使用温度范围/℃	−40～80

表 8-11　BEY‑1103 动态压力变送器参数

类别	参数	类别	参数
型号	BEY‑1103	输出信号/V	0～5
量程/MPa	0～2	精度等级	0.25 级
测量类型	表压	螺纹接口	M6×1
供电方式	24VDC	使用温度范围/℃	−40～80

（2）压力脉动试验中的关键问题

本研究利用高频动态压力传感器同时测量高速离心泵进、出口 2 个监测点处的压力脉动。所用 CFX 模拟计算对高速离心泵流道的假设条件是壁面光滑，与高速离心泵试验台条件有所不同。试验所用的高速离心泵进、出口直径都为 32 mm。在进、出口流道上开设 2 个监测孔会对液体的正常流动状态有所影响。为了减少进、出口流道内壁监测孔对高速离心泵内液体流动的影响，试验时应尽量减小测孔直径。测孔直径越小，对流动的影响也越小，但这对压力传感器的选型要求较高。压力传感器测头的面积、动态响应性能是影响高速离心泵试验精度的主要因素。最终本试验选择的压力传感器的测头直径为 6 mm。

（3）压力脉动试验数据的处理方法

对高速离心泵蜗壳进、出口 2 个监测点的压力脉动数值进行傅里叶变换，相应得出了 2 个监测点的压力脉动频谱图。通过压力脉动频谱图，就可以分析这 2 个监测点压力脉动的主频及其主要影响因素。

8.4.2　高速离心泵试验结果分析

（1）高速离心泵外特性试验结果与计算结果对比

在开式试验台上对不带分流叶片和带分流叶片高速离心泵分别进行了外特性性能试验，并将试验结果与数值模拟结果进行对比。图 8-25 和图 8-26 分别是常规叶片和带分流叶片高速离心泵的外特性曲线。

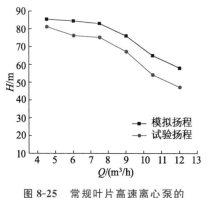

图 8-25　常规叶片高速离心泵的
外特性曲线

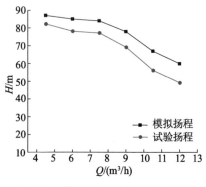

图 8-26　带分流叶片高速离心泵的
外特性曲线

从图 8-25 和图 8-26 可以看出，在设计流量工况下，高速离心泵流场中的非稳态成分小，所以在设计流量工况下高速离心泵模拟计算值与试验值吻合

得相对较好;在非设计流量工况,尤其是大流量工况下其数值计算值和试验值有一定的差别。其主要原因如下:

① 试验用高速离心泵蜗壳在加工过程中,由于其加工工厂的工艺限制,加工的蜗壳壁面比模拟计算用模型粗糙得多,因而增加了部分水力损失,试验中扬程略有下降。试验用高速离心泵叶轮的直径较小,叶片间的流道狭小,采用传统铸造加工叶轮的方法效果不理想,为避免水力损失过大,采用精密加工,对叶片和后盖板采用一体式精密加工,然后通过焊接技术把前后盖板连接起来。这样能保证高速离心泵叶轮流道的顺滑。

② 对于高速离心泵扬程的测量,其进、出口压差的监测位置和模拟计算的位置有些偏差。这是因为管路和法兰的选择导致进、出口的监测位置距离高速离心泵偏远,所以在模拟计算中测量位置得出的压差偏高。

③ 试验中没有考虑高速离心泵蜗壳出口和叶轮进口在垂直方向上的距离。

通过与 8.3 节高速离心泵数值模拟结果进行对比发现,数值模拟值与试验值的性能曲线变化规律基本一致,数值模拟结果和试验结果取得了一致性。

(2) 不同流量工况下高速离心泵进、出口监测点压力脉动特性

图 8-27 至图 8-32 为在不同流量工况下高速离心泵进、出口监测点的压力脉动频域特性。由图可以看出,在进口监测点处,不带分流叶片高速泵在不同流量工况下出现了以 1/2 转频为主的压力脉动。这说明其进口处出现了部分回流等流动现象。高速离心泵出口监测点在设计流量工况下和大流量工况下出现了其他非稳态脉动成分。上述现象产生的主要原因如下:

① 电机轴和泵轴随着转速的提高,对共线的要求越来越高,高速旋转的过程中产生了惯性力。

② 工厂加工工艺粗糙,叶轮安装得稍有不同心,就会导致蜗壳口环和叶轮出现摩擦。

③ 机械诱发的振动与转速成正比,而在本研究中离心泵的转速相对较高,存在机械振动诱发的流体压力脉动。

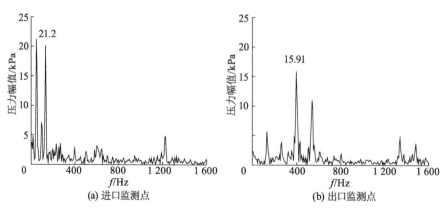

图 8-27　不带分流叶片高速离心泵在 $0.6Q_d$ 工况下进、出口监测点的压力脉动频域特性

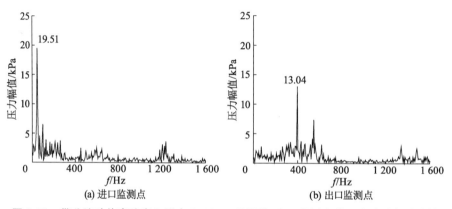

图 8-28　带分流叶片高速离心泵在 $0.6Q_d$ 工况下进、出口监测点的压力脉动频域特性

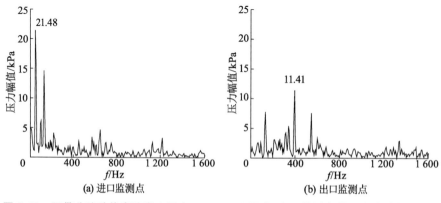

图 8-29　不带分流叶片高速离心泵在 $1.0Q_d$ 工况下进、出口监测点的压力脉动频域特性

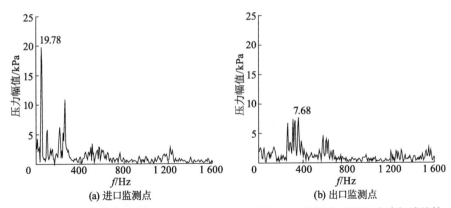

图 8-30　带分流叶片高速离心泵在 1.0Q_d 工况下进、出口监测点的压力脉动频域特性

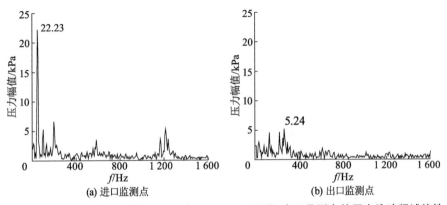

图 8-31　不带分流叶片高速离心泵在 1.2Q_d 工况下进、出口监测点的压力脉动频域特性

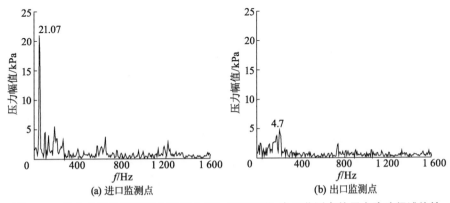

图 8-32　带分流叶片高速离心泵在 1.2Q_d 工况下进、出口监测点的压力脉动频域特性

在各个流量工况下,与不带分流叶片的高速离心泵相比,带分流叶片的高速离心泵的脉动幅值有一定的减小,在低频区表现得尤为明显。这表明分流叶片结构对改善其流场和压力脉动特性起到了积极的作用。

（3）高速离心泵出口监测点压力脉动峰值特性比较

为了分析叶轮结构对高速离心泵出口监测点压力脉动峰值的影响,试验分析了不同叶轮结构的高速离心泵出口压力脉动的峰值变化,如图 8-33 所示。

从图 8-33 中可以看出,不同流量工况下,高速离心泵压力脉动峰值不同,流量越大,压力脉动峰值越小。当高速离心泵叶轮结构为 4+4 分流叶片时,出口监测点处的压力脉动峰值在各个流量工况下均有所下降,在设计流量下表现得尤为明显。这说明高速离心泵采用分流叶片可改善其流场分布和出口监测点的压力脉动峰值,即动静干涉作用减弱。

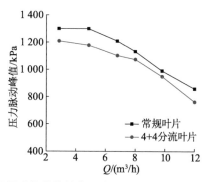

图 8-33 不同叶轮结构的高速离心泵出口压力脉动的峰值变化

8.5 带分流叶片高速离心泵压力脉动特性

本研究应用 CFX 分析了高速离心泵内流场的特点及速度、压力场分布,尤其是隔舌附近的流动特性,重点分析了设计流量工况下其内部压力脉动特性;通过对比不带分流叶片及带不同分流叶片数的高速离心泵的时域和频域特性,分析叶片结构及分流叶片数对压力脉动特性的影响;搭建高速离心泵开式试验台,采用高频动态压力传感器测量了其进出口监测点的压力脉动特性。

① 本研究对不带分流叶片与带不同分流叶片数的高速离心泵进行了定常数值模拟,对比分析了 3 种不同流量工况下其内部压力及速度场分布,并且

从内部流场及外特性的变化规律两方面研究了叶片结构对高速离心泵性能的影响,并得到以下结论:

a. 在带分流叶片高速离心泵方案中,同一半径上的速度分布更趋均匀,叶轮出口处速度值略有提高,但蜗壳的速度能转化使得蜗壳出口速度大小相差不多,减小了叶轮内的水力损失及从叶轮出口到泵体进口之间的混合损失。采用分流叶片能更好地控制流体的运动,对改善"射流-尾迹"结构有良好的作用,并有效防止分流叶片中长叶片吸力面上流体的分离和脱流。

b. 对比在全流量范围内高速离心泵的静压分布情况可以发现,在叶轮出口与隔舌相接处的静压变化剧烈。随着流量的增加,蜗壳流道内的压力减小。不同流量工况下,相对于不带分流叶片的高速离心泵,带分流叶片的高速离心泵中的截面静压均匀性更好。这是因为安装分流叶片后流体与叶片的作用更充分,叶轮传递给流体的能量更大,叶片对流道内流体的控制更稳定,所以流场的分布得到改善,水力效率更高。对比发现,5+5分流叶片高速离心泵的静压分布比4+4分流叶片更均匀,压力梯度的变化更为平缓,尤其在叶轮出口处分流叶片的作用更充分,对流体的控制更为稳定。

c. 从外特性变化规律分析看出,带分流叶片的高速离心泵比不带分流叶片的高速离心泵的扬程略有提高,且随着流量的增加,扬程提高逐渐增大。这是因为高速离心泵叶轮安装分流叶片后,加大了有限叶片数的修正系数,与不带分流叶片的高速离心泵相比,带分流叶片的高速离心泵的高效点往大流量方向偏移。

② 本研究在定常数值计算的基础上对高速离心泵进行了非定常数值计算,对比分析了高速离心泵在设计流量工况下及其偏流量工况下的压力脉动特性,并对高速离心泵的叶轮结构进行了改变,分析高速离心泵叶轮结构对其压力脉动特性的影响。主要结论如下:

a. 在带分流叶片的高速离心泵中,其出口监测点处的压力脉动出现了与分流叶片相对应的小峰值。相对于其不带分流叶片的锯齿状波动,这在一定程度上对高速离心泵压力脉动的急剧波动起到了缓解作用。在频谱图中,不带分流叶片的高速离心泵在其6倍叶频处存在较大的峰值,说明叶频是其出口压力脉动的主要成分,即出口压力脉动是由叶轮与蜗壳的动静干扰引起的。

b. 根据高速离心泵蜗壳流道4个监测位置在设计流量工况下的压力脉动特性可以看出,监测点 B 离蜗壳隔舌的位置最近,受动静干涉作用的影响最强,压力脉动幅值最大;监测点 C 的压力脉动幅值明显高于监测点 D 和 E。虽然动静干扰产生的压力脉动会在整个流道内传播,但6+6分流叶片与常规叶片相比,其在监测点 C,D 和 E 的压力脉动幅值有明显的降低。这说明分流叶片对高速离心泵蜗壳内壁的压力脉动有良好的改善作用。

c. 通过分析叶轮分流叶片数对高速压力泵压力脉动的影响可知,当叶轮结构为 4+4 分流叶片时,高速离心泵隔舌处监测点的压力脉动幅值取得 4 种叶轮结构中的最小值。这说明当叶轮结构为 4+4 叶片时,高速离心泵动的静干涉作用减小。

③ 本研究介绍了高速离心泵进、出口压力脉动测试装置和试验需解决的关键问题,采用高频动态压力传感器测量了 2 个监测点的压力脉动特性,得到如下结论:

a. 通过高速离心泵的扬程-流量试验值与数值计算值的对比可知,数值计算的结果和试验结果趋势一致,高速离心泵在设计流量点附近的误差相对较小,越偏离设计流量工况点,则相对误差也相应增大。这说明高速离心泵在设计流量工况点附近数值计算的流场更符合实际运行的情况。但是由于数值计算使用的高速离心泵模型和试验测量用的高速离心泵在生产工艺上和内部结构上的差别,以及 CFD 软件自身的局限性和数值计算网格质量的好坏,试验所测量的进、出口压力监测位置与数值计算存在一定的差别,因而数值计算结果有一定的误差。

b. 在进口监测点处,不带分流叶片的高速离心泵在不同流量工况下出现了以 1/2 转频为主的压力脉动,这说明其进口处出现了回流等流动现象。高速离心泵出口监测点在设计流量工况下和大流量工况下出现了其他非稳态脉动成分,其原因一方面是随着转速的提高,电机轴和泵轴对共线的要求越来越高,高速旋转的过程中产生了惯性力;另一方面是工厂加工工艺粗糙,叶轮的安装稍有不同心,则导致叶轮和蜗壳口环存在摩擦。在各个流量工况下,与不带分流叶片的高速离心泵相比,带分流叶片的高速离心泵脉动幅值有一定的减小,尤其在低频区表现得尤为明显。这表明分流叶片结构对改善其流场和压力脉动特性起到了积极的作用。

c. 不同流量工况下,高速离心泵压力脉动峰值不同,一般情况下流量越大,压力脉动峰值越小。当高速离心泵叶轮结构采用 4+4 分流叶片时,出口监测点处的压力脉动峰值在各个流量工况下均有所下降,这说明采用分流叶片可改善其流场分布和出口监测点的压力脉动特性,即动静干涉作用减弱。

参考文献

[1] 关醒凡. 现代泵技术手册[M]. 北京:宇航出报社,1995.

[2] 袁寿其. 低比转速离心泵理论与设计[M]. 北京:机械工业出版社,1997.

[3] 张金凤. 带分流叶片离心泵全流场数值预报和设计方法研究[D]. 镇江：江苏大学,2007.

[4] 朱祖超. 低比转速高速离心泵的理论及设计应用[M]. 北京：机械工业出版社,2008.

[5] 张伟捷. 带分流叶片高速离心泵的压力脉动与试验研究[D]. 镇江：江苏大学,2012.

[6] 袁野,张金凤. 带分流叶片的高速离心泵压力脉动特性研究[J]. 中国农村水利水电,2012(10)：160 – 164.

9

带分流叶片离心泵高效无过载设计

分流叶片可以有效防止尾流的产生和发展,更好地控制流体运动,改善叶轮内的速度分布,减少叶轮内的水力损失及从叶轮出口到蜗壳进口之间的混合损失,提高泵的性能。目前,对于带分流叶片离心泵的研究主要基于传统的设计方法,初步得到了分流叶片的设计准则、几何参数与外特性的理论表达式以及分流叶片几何特征对叶轮内流场的影响等,但在分流叶片综合提高低比转速离心泵性能,尤其在平衡高效率和无过载 2 个相矛盾的特性方面的研究较少。

本研究应用 Matlab 神经网络工具箱,建立了带分流叶片离心泵的效率和扬程的 BP 网络预测模型[1],推导得到带分流叶片离心泵无过载的理论方程,结合 CFD 模拟技术,得到多工况高效且具有无过载特性的优化设计方案,并通过正交试验进行了验证,为带分流叶片离心泵高效无过载应用提供了参考实例。

9.1 基于改进 BP 神经网络的带分流叶片离心泵性能预测

9.1.1 BP 神经网络模型介绍

(1) BP 神经网络结构

如图 9-1 所示,典型的 3 层 BP 神经网络结构通常由输入层、隐含层和输出层构成,上、下层之间实现全连接,而每层神经元之间无连接。各层神经元数分别为 N_1,N_2 和 N_3,构成 $N_1 - N_2 - N_3$ 结构。输入层与隐含层、隐含层与输出层之间的连接权值分别为 ω_{ih} 和 ω_{hj}。连接权值的大小体现神经元之间的连接强度。

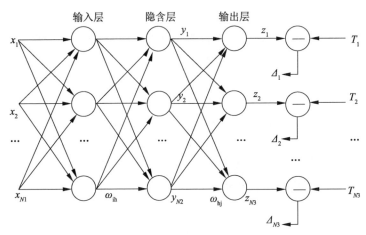

图 9-1　BP 神经网络结构

（2）改进的 BP 算法的基本思想

BP 算法的基本思想就是通过网络输出误差的反向传播，调整和修改网络的连接权值 ω，使误差达到最小。为了使误差最小，传统的 BP 算法采用梯度下降法来修正网络权值，训练是从某一起始点沿误差函数的斜面逐渐达到误差的最小值。然而对于复杂的网络，其误差函数为多维空间的曲面，在对其训练过程中，可能陷入某一小谷区，而这一小谷区产生的是一个局部极小值。由此点向各方向变化均使误差增加，以致训练无法跳出这一局部极小值。

针对非线性系统的特点，本研究对传统的 BP 网络进行了改进，引入了 Levenberg - Marquardt 优化算法，其基本思想是使其每次迭代不再沿着单一的负梯度方向，而是允许误差沿着恶化的方向进行搜索，同时通过在梯度下降法和高斯-牛顿法之间自适应调整来优化网络权值，使网络能够有效收敛，大大提高了网络的收敛速度和泛化能力。Matlab 工具箱中的训练函数 trainlm. M 包含了 Levenberg - Marquardt 优化方法。

9.1.2　带分流叶片离心泵性能预测

本研究借助 Matlab 工具箱建立带分流叶片离心泵性能 BP 网络预测模型，并对网络进行训练及仿真测试。

（1）预测网络拓扑结构的确定

叶片出口安放角 β_2、叶片出口宽度 b_2、叶片数 Z 是影响泵性能的主要几何参数，而泵的流量与泵的效率和扬程的关系更紧密。对于带分流叶片离心泵,分流叶片进口直径 D_{si} 对泵性能有较大的影响。

本研究分析影响带分流叶片离心泵性能的因素,建立以带分流叶片叶轮几何设计参数及流量为输入层,泵性能参数为输出层,包含一个隐含层的 3 层 BP 神经网络。其中,输入层包括流量 Q、叶片数 Z、叶片出口安放角 β_2、分流叶片进口直径 D_{si}、叶片出口宽度 b_2,输出层包括效率 η 和扬程 H。因此,确定输入层的神经元数为 5,输出层的神经元数为 2。采用试验试凑法确定隐含层神经元数,经比较对效率和扬程的预测,选取隐含层神经元数为 20 个,进而确定神经网络结构为 5 - 20 - 2。BP 网络输入层和隐含层采用 tansig 作为传递函数,输出层采用 purelin 作为传递函数。

（2）网络模型的建立及网络的训练

本研究选取江苏大学国家水泵及系统工程技术研究中心的带分流叶片离心泵在不同设计参数、不同流量下的 73 组试验数据作为训练样本。表 9-1 列出了部分训练神经网络的样本。为了加快网络学习速度,对输入信号进行归一化处理,使得所有样本的输入信号的均值接近于 0 或与其均方差相比很小。

利用 Matlab 神经网络工具箱中的 premnmx 函数将网络的输入数据与输出数据进行归一化,而在网络仿真测试时,所用的新数据利用 tramnmx 进行相同的预处理,最后使用函数 postmnmx 还原归一化的数据。利用网络工具箱中的 newff 函数建立 BP 神经网络,选取 trainlm 作为训练函数,该函数的学习算法为 Levenberg - Marquardt 算法。应用 train 函数对建立的 BP 网络进行训练,设置训练次数为 400,学习效率为 0.05,网络的目标误差为 10^{-3},经过 38 次训练后,达到所要求的训练精度。

表 9-1　部分训练神经网络的试验数据

输入变量					输出变量	
$Q/(\text{m}^3/\text{h})$	Z	$\beta_2/(°)$	D_{si}/mm	b_2/mm	$\eta/\%$	H/m
12.50	3	25	106	6	56.33	30.89
15.50	3	25	96	6	57.00	28.64
24.11	4	30	106	6	26.76	63.61
52.05	4	15	168	5	47.59	39.34
50.00	5	13.5	168	12	64.82	55.77
52.24	5	16	166	9	63.15	52.92

9.1.3 预测结果分析

(1) 网络的仿真测试及分析

对于训练好的网络,利用 sim 函数进行仿真测试,随机选取 12 组训练样本外的试验数据作为测试样本对网络进行测试。表 9-2 列出了部分网络样本的试验值与预测值。经仿真测试得出,效率预测的最大相对偏差为 10.10%,平均相对偏差为 5.97%,最小相对偏差为 1.19%;扬程预测的最大相对偏差为 8.71%,平均相对偏差为 4.78%,最小相对偏差为 0.44%。图 9-2 和图 9-3 分别绘制出了 BP 网络对带分流叶片离心泵效率及扬程的预测值与试验值对比曲线,并与原始试验数据曲线相比较。从图中可以看出,BP 网络预测得到的数值和原始的试验数据具有一致的训练模式,如果再让网络进行学习,预测效果会更好,只是还需重新调整很多次权值,以使网络的预测误差最小。

表 9-2 部分测试样本的试验值与预测值

输入变量					输出变量			
					试验值		预测值	
$Q/(\text{m}^3/\text{h})$	Z	$\beta_2/(°)$	D_{si}/mm	b_2/mm	$\eta/\%$	H/m	$\eta/\%$	H/m
50.00	5	32	108	8	46.50	55.50	48.24	58.06
30.43	5	13.5	158	7	54.74	61.59	53.78	61.75
24.30	3	25	116	6	61.27	23.14	60.16	25.71
12.50	4	15	151	6	53.06	32.63	57.01	29.13
69.84	5	13.5	158	6	57.20	39.11	59.58	35.06
19.75	5	15	108	12	43.71	62.91	44.23	63.87

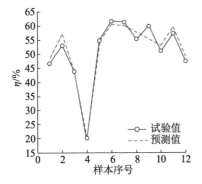

图 9-2 BP 网络对效率的预测值与试验值对比

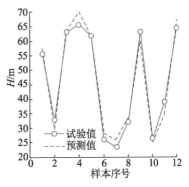

图 9-3 BP 网络对扬程的预测值与试验值对比

由误差分析及图 9-2 和图 9-3 可以看出,训练好的网络可以满足带分流叶片离心泵性能预测的基本要求,且网络模型对扬程的预测比对效率的预测更准确。这与已有的结论一致。

（2）预测结果的回归分析

Matlab 神经网络工具箱的 postreg 函数利用线性回归方法分析网络输出相对于目标输出的变化。图 9-4 和图 9-5 分别为利用工具箱中的 postreg 函数对效率和扬程预测结果的线性回归分析曲线,其中纵坐标表示预测值,横坐标表示试验值。

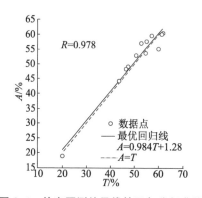

图 9-4　效率预测结果线性回归分析曲线　　图 9-5　扬程预测结果线性回归分析曲线

相关系数 R 是描述 2 个变量之间的线性相关关系的密切程度的数量指标,且 R 越趋于 1 则表示关系越密切。图中显示的效率和扬程预测结果和试验值的相关系数 R 分别为 0.978 和 0.989,说明预测与试验的相关性很好,从而说明 BP 神经网络具有较好的泛化性能,可以对带分流叶片离心泵性能的预测提供一定的参考价值。

9.2　带分流叶片离心泵无过载特性研究

9.2.1　带分流叶片离心泵无过载特性的理论分析

带分流叶片离心泵的理论扬程可表示为

$$H_{th} = H_a + H_b = \mu_a H_{a\infty} + \mu_b H_{b\infty} \tag{9-1}$$

式中：H_a 为带分流叶片叶轮进口至分流叶片进口产生的扬程；H_b 为带分流叶片叶轮分流叶片进口至叶轮出口产生的扬程；μ_a 为与 $H_{a\infty}$ 相对应的滑移系

数；μ_b 为与 $H_{b\infty}$ 相对应的滑移系数，其中，$\mu_a = \left[1 + \dfrac{1.1(1+\sin\beta_i)}{z_1} \times \dfrac{1}{1-(D_1/D_{si})^2}\right]^{-1}$，$\mu_b = \left[1 + \dfrac{1.1(1+\sin\beta_2)}{z_t} \times \dfrac{1}{1-(D_{si}/D_2)^2}\right]^{-1}$。

根据无限叶片数理论及泵的欧拉方程求得

$$H = H_{th}\eta_h = \{\mu_a(u_i - v_{mi\infty}\cot\beta_i)u_i + \mu_b[(u_2 - v_{m2\infty}\cot\beta_2)u_2 - v_{ui}u_i]\}\eta_h/g \tag{9-2}$$

代入泵轴功率的表达式为

$$P = \frac{\rho g Q}{\eta_m\eta_v}H_{th} = \frac{\rho Q}{\eta_m\eta_v}\{\mu_a(u_i - v_{mi\infty}\cot\beta_i)u_i + \mu_b[(u_2 - v_{m2\infty}\cot\beta_2)u_2 - v_{ui}u_i]\} \tag{9-3}$$

由于机械损失 η_m 与流量基本无关，容积损失 η_v 随流量变化而有很小的改变，故对某一比转速的泵而言，η_m 和 η_v 可视为常量。对某台给定的泵输送某种液体时，在转速一定时，各几何参数以及 $\rho, u_1, u_i, u_2, v_m, v_u$ 等均为已知量，轴功率 P 仅为流量的函数 $P = f(Q)$。

根据数学极值理论，若一阶导数 $\mathrm{d}P/\mathrm{d}Q = 0$，函数的极值存在；若二阶导数 $\mathrm{d}^2 P/\mathrm{d}Q^2 < 0$，则函数有极大值。根据轴功率的实际问题可知，此极大值即为最大值，因此根据 Pfleiderer 滑移系数公式及速度三角形，式(9-3)对流量 Q 求导，并令 $\mathrm{d}P/\mathrm{d}Q = 0$，即

$$\frac{\mathrm{d}P}{\mathrm{d}Q} = \frac{\rho}{\eta_m\eta_v}[\mu_a u_i^2 + \mu_b u_2^2 - \mu_a\mu_b u_i^2 - 2\mu_a u_i v_{mi\infty}\cot\beta_i - 2\mu_b u_2 v_{m2\infty}\cot\beta_2 + 2\mu_b\mu_a u_i v_{mi\infty}\cot\beta_i] = 0 \tag{9-4}$$

整理得

$$\mu_a u_i^2 + \mu_b u_2^2 - \mu_a\mu_b u_i^2 = 2\mu_a u_i v_{mi\infty}\cot\beta_i + 2\mu_b u_2 v_{m2\infty}\cot\beta_2 - 2\mu_b\mu_a u_i v_{mi\infty}\cot\beta_i \tag{9-5}$$

从而推出

$$\frac{\mathrm{d}^2 P}{\mathrm{d}Q} = \frac{2\rho}{\eta_m\eta_v}\left[-\frac{\mu_b\mu_2\cot\beta_2}{\eta_v\pi D_2 b_2} - \frac{\mu_a u_i(1-\mu_b)}{\eta_v\pi D_{si}b_i}\cot\beta_i\right] \tag{9-6}$$

由于 $\mu_b < 1$，因而 $\dfrac{\mathrm{d}^2 P}{\mathrm{d}Q} < 0$。

故式(9-3)存在极大值，此极大值即为最大值，由式(9-5)可以得出

$$Q_{P\max} = \frac{K_1[(1-\mu_b)\mu_a u_i^2 + \mu_b u_2^2]\eta_v\pi D_2 b_2 D_{si}b_i}{2[\mu_b u_2 D_{si}b_i\cot\beta_2 + (1-\mu_b)\mu_a u_i D_2 b_2\cot\beta_i]} \tag{9-7}$$

将式(9-7)代入式(9-3)，推导得

$$P_{\max} = \frac{K_2\rho Q_{P\max}}{2\eta_m\eta_v}\{\mu_a(u_i - v_{mi\infty}\cot\beta_i)u_i + \mu_b[(u_2 - v_{m2\infty}\cot\beta_2)u_2 - (u_i -$$

$v_{mi\infty} \cot \beta_i) \mu_a u_i]\}$ \hfill (9-8)

式中:K_1,K_2 为修正系数,推荐 $K_1 = 0.85 \sim 0.95$,$K_2 = 0.8 \sim 0.9$,本例取 $K_1 = 0.9$,$K_2 = 0.85$。

式(9-5)是带分流叶片离心泵轴功率出现极值的理论条件,而式(9-7)和式(9-8)为带分流叶片离心泵轴功率极值点的预估公式。

由式(9-7)和式(9-8)可知,D_2,z,β_2,b_2,D_{si},ψ_2(排挤系数)等是影响离心泵 P_{max} 和 Q_{Pmax} 的重要因素,此外叶轮进口参数、流道几何形状及蜗壳喉部面积 F_t 等对离心泵的性能也有一定的影响。为了探索主要几何参数对效率、最大轴功率值及其位置的影响规律及主次顺序,选择确定模型泵的最优设计参数组合,正交试验研究是一种快速而又科学的方法。

9.2.2 蜗壳对离心泵无过载特性影响规律研究

根据加大流量设计方法设计的低比转速离心泵,由于选择了较大的 β_2,b_2 和 F_t 等,因而使得 H-Q 曲线变得平坦,相同流量下的轴功率增大,泵在大流量区运行更易产生过载现象。

采用分流叶片后,改变了原有叶轮和蜗壳的匹配关系,尤其改变了蜗壳入流分布,必将产生新的问题,但综合考虑分流叶片对叶轮和蜗壳影响的研究仍比较少,尤其在非设计流量工况下的内部流场特性还不为人知。同时,分流叶片可以提高泵扬程,因此它对于泵功率的影响关系也需要进行深入研究;而且在偏设计流量工况运行时,尤其是在小流量区运行时,分流叶片增加了流道数目,也必将产生新的流量分配规律,这些都需要进一步研究。

由前面几章数值模拟和试验研究数据可知,添加分流叶片后对离心泵性能的影响趋势:H-Q 曲线更趋平坦;η-Q 曲线向大流量方向偏移,且高效区变宽;P-Q 曲线更加陡增。这些特性使带分流叶片的离心泵在大流量、低扬程工况运行时更易产生过载,甚至烧坏电动机,因此在设计分流叶片时,必须考虑低比转速离心泵的电动机过载问题。

要解决带分流叶片低比转速离心泵的过载问题,采用无过载设计方法是不可行的。因为加大流量法和无过载设计方法是相互矛盾的,加大流量法的设计关键在于选择较大的 β_2,b_2 和 F_t 等参数,其实质是设计一台具有较大流量的大泵在较小流量下作小泵使用;而无过载设计法的关键在于选择较小的 β_2,b_2 和 F_t 等,也即减小叶轮内的过流面积,其实质是设计一台具有陡降扬程曲线和平坦轴功率曲线的泵。要避免离心泵出现功率过载的可能性,除了添加节流装置(例如闸阀)、选用变速原动机外,采用蜗壳喉部节流是当前最有效的方法,即通过减小蜗壳喉部面积,限制泵的过流流量,使泵不可能在大流量区运行。

关于蜗壳喉部面积对泵性能的影响。文献[2]的试验结论为:增大蜗壳喉部面积,流量增大时水力损失相对较小,可使泵的最高效率点偏向大流量,同时扬程曲线趋于平坦;减小蜗壳喉部面积,在减小流量时水力损失较小,使泵的最高效率点偏向小流量,同时使扬程曲线趋于陡峭。因此,改变蜗壳喉部面积可以改变扬程曲线的形状和最高效率点的位置。通过改变喉部面积来改变泵的性能要比通过改变叶轮结构参数来改变泵的性能更敏感。因此,本节主要针对蜗壳喉部面积设计,研究带分流叶片低比转速离心泵的无过载特性。

低比转速离心泵第八断面和喉部面积相差很小,通常按线性规律变化,故近似认为第八断面面积即为喉部面积。因此,蜗壳第八断面面积 F_8 与叶轮出口各几何参数是否匹配是决定泵性能优劣的重要因素。

试验中采用的新蜗壳是美国 ITT 同类型号泵的蜗壳。该泵的特点是扬程曲线在偏大流量处呈现快速下降的趋势,功率曲线有极值出现。相比于原来的加大流量法设计的原始蜗壳,新蜗壳主要有以下特点:喉部面积减小,断面面积与原蜗壳相差不多(见图 9-6);同时原蜗壳断面为矩形,新蜗壳断面为梯形,接近圆形。

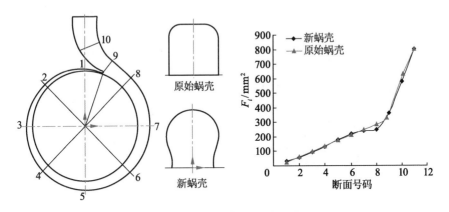

(a) 原始蜗壳与新蜗壳的断面面积对比

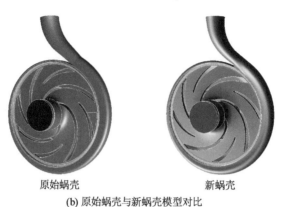

原始蜗壳   新蜗壳

(b) 原始蜗壳与新蜗壳模型对比

图 9-6   原始蜗壳与新蜗壳方案对比

把该蜗壳与前面的 4-106 叶轮匹配进行全流场的数值模拟,并与原蜗壳模拟结果进行对比,蜗壳断面内的速度矢量图如图 9-7 所示。

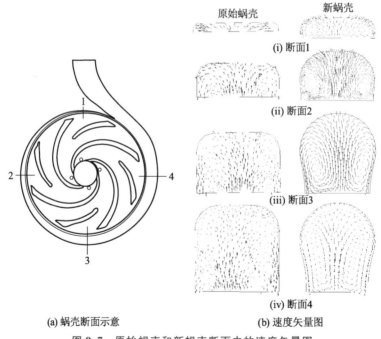

(a) 蜗壳断面示意   (b) 速度矢量图

图 9-7   原始蜗壳和新蜗壳断面内的速度矢量图

从图 9-7 可明显看出,径向断面上存在明显的二次流,基本上呈反向对称涡形状,此分布与文献[3,4]中数值计算得出的结果有较好的一致性。但原始方案的矩形断面内部速度分量没有圆形断面的新蜗壳涡发展充分,而且新蜗壳内速度分布的对称性明显比原始蜗壳好,尤其在靠近出口位置的 4 号断面,圆形断面有更好的对中性。虽然已有试验证明不同形状的蜗壳断面对泵的性能没有明显的影响[5],但圆形断面形状有利于蜗壳的径向受力。

原始蜗壳与新蜗壳 4 - 106 数值模拟的预测性能曲线如图 9-8 所示。总体来说,新蜗壳的最高效率点向小流量偏移了近 $0.2Q_d$,H - Q 曲线变得略为陡峭(即有向小流量偏的趋势),相同流量下的功率消耗减小了,说明喉部面积确实影响高效点的位置,而性能曲线的形状是与叶轮密切相关的。这个预测趋势与文献[2]的试验结论——"减小蜗壳喉部面积,在减小流量时水力损失较小,泵的最高效率点偏向小流量,同时使扬程曲线趋于陡峭"是相一致的。

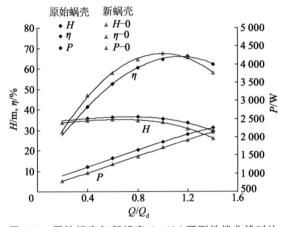

图 9-8   原始蜗壳与新蜗壳 4 - 106 预测性能曲线对比

原始蜗壳中出现的功率极值及扬程大流量的突降特性在新蜗壳中都不见了。这说明要从设计方面实现泵的功率无过载特性,叶轮的影响比蜗壳更敏感,添加分流叶片的离心泵叶轮很难实现无过载功率特性。因此要避免其功率过载的可能性,除了添加节流装置(例如闸阀)、选用变速原动机外,采用蜗壳喉部节流是当前最有效的方法。减小蜗壳喉部面积,可以限制泵的过流流量,使泵不在大流量区运行,因此需要进一步探索研究。

蜗壳喉部面积是影响泵性能的关键因素,通过蜗壳第八断面的面积可间接确定喉部的面积。数值计算和试验的结果证明,采用本例提出的方法计算蜗壳第八断面面积设计蜗壳,能在设计点获得该叶轮蜗壳组合的最高效率。适当加大计算结果,能使泵在设计点获得最高的效率,且可在大流量区获得陡降的扬程特性。

对带分流叶片的 4‐106 叶轮方案与同一型号性能较好的蜗壳进行配对并进行全流场数值模拟,结果表明喉部面积的大小影响高效点的位置,但性能曲线的形状没有大的改变。

对另一个型号,即有高效和无过载要求的低比转速离心泵的 3 个设计方案进行数值模拟,并和试验数据进行对比分析。3 个方案都不能满足性能要求,原因在于叶轮和蜗壳的配比不合适,因此需要对蜗壳进行重新设计,而且带分流叶片叶轮设计需要改进。

改进设计的要点在于叶轮设计应偏向于无过载叶轮的设计,即减小叶片出口角;分流叶片的主要设计参数选取原则参考文献[6]及本例的研究结论;蜗壳的断面面积仍需适量增大,减小面积比,使之在 0.73～1.90 范围内取值。

9.2.3　考虑蜗壳影响的高效无过载设计方案

为了更深入地研究蜗壳断面分布对无过载特性的影响规律,基于某横向设计参数:$Q=50 \text{ m}^3/\text{h}$,$H=55 \text{ m}$,$n=2\,900 \text{ r/min}$,配套功率 $P=15 \text{ kW}$;性能要求:效率指标 68%,$NPSHR=3 \text{ m}$,泵的功率特性全扬程无过载,最大功率 $\leqslant 1.1$ 倍的额定功率。

设计难点:$n_s=62$,效率比《离心泵　效率》(GB/T 13007－2011)规定的 62.2% 高 6%;全扬程无过载的要求。

由于设计不仅要求效率指标比现行国家标准高将近 10%,而且要求无过载,因而用普通的低比转速离心泵设计方法很难同时兼顾两者。加大流量法设计可以实现低比转速离心泵效率的提高,但功率特性会恶化;采用无过载设计可能实现无过载要求,但效率会降低。因而在此采用分流叶片设计方法来提高效率,通过蜗壳喉部和断面变化规律设计来限制泵的无过载特性。

因此针对本设计的要求,拟采用分流叶片设计方法提高效率,且在设计中兼顾无过载设计因素,再通过蜗壳喉部和断面变化规律设计来限制泵的无过载特性。本设计借鉴该设计方案和试验数据进行数值模拟分析。

(1) 初步方案设计

① 叶轮的设计

采用加大流量法进行低比转速离心泵叶轮设计,且添加分流叶片,其主要设计参数如图 9-9 所示。其中分流叶片的主要设计参数:$D_{si}=0.5D_2=107.5 \text{ mm}$,$\theta=0°$,$\alpha=0°$,$z=5+5$。

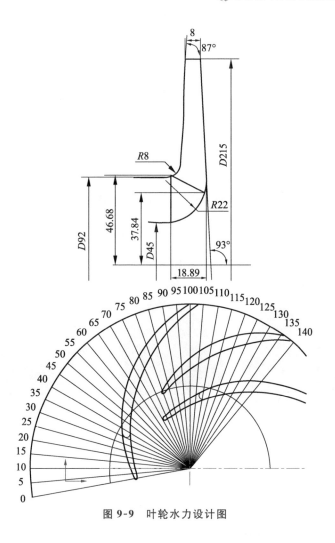

图 9-9　叶轮水力设计图

② 各方案蜗壳喉部和断面面积变化

a. 蜗壳方案 1(no-1)：采用极限设计方法，断面形状为梯形。首先根据 1.1 倍设计流量无过载的要求，假设喉部处能实现截流，也即此处不能通过大于 1.1 倍的设计流量，通过大流量时，此处发生汽化，出口压力不再增加。假设通过喉部面积后，出口压力完全由动能转化而来，这是一种极其理想的设计。喉部面积的计算程序如下：

假设在 $1.1Q_d$ 流量工况时，喉部开始空化，即此处的压力为汽化压力，此时扬程主要由出口的动能实现，即

$$\frac{v^2}{2g}+\frac{p_v}{\rho g}=H_{1.1Q_d} \tag{9-9}$$

291

假设 $H_{1.1Q_d} = 50$ m，已知 $p_v = 2\,000$ kPa，则可以估测喉部速度 $v_s = 33.8$ m/s。从而可以获得喉部面积：

$$A_s = \frac{Q}{v_s} = \frac{1.1Q_d}{33.8} = 446.682 \text{ mm}$$

b. 蜗壳方案 2(no-2)：各断面面积按照传统的设计方法进行设计，面积比为 2.9，断面形状为矩形。

c. 蜗壳方案 3(no-3)：按照加大流量设计法设计各断面面积，面积比为 2.5，断面形状为梯形。

3 个设计方案的蜗壳模型如图 9-10 所示。各个方案的断面面积变化规律如图 9-11 所示。

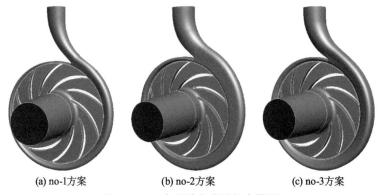

(a) no-1方案　　　　　　(b) no-2方案　　　　　　(c) no-3方案

图 9-10　3 个设计方案的蜗壳模型

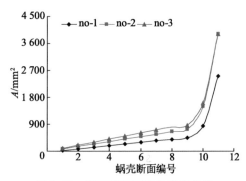

图 9-11　蜗壳断面面积的变化规律

（2）数值预测性能对比分析

本设计采用 Fluent 模拟计算了 3 种设计方案的叶轮加蜗壳的流场。模型和计算设置与第 3 章类似,在此主要对比各个方案的可能工作流量范围,以及其最大效率和功率出现的位置。

图 9-12 为 3 种方案通过 CFD 数值预测得到的性能曲线。从图 9-12 可以看出,3 种蜗壳设计方案的性能曲线变化规律不尽相同;随着蜗壳断面面积的加大,$H-Q$ 曲线趋于平坦,高效点向大流量偏移,功率增加比较明显;在蜗壳断面较大的 no-2 方案,其 $H-Q$ 曲线在小流量区比 no-3 方案降低较多,但也减小了小流量处出现驼峰的可能性;$\eta-Q$ 曲线在小流量区域也比 no-3 方案降低较多,而且最高效率点偏向大流量,最高效率也比 no-3 方案低较多;$P-Q$ 曲线在 no-1 方案和 no-3 方案中仍在较大流量处出现功率极值,但 no-2 方案的功率特性曲线没有下降的趋势。喉部面积越大,关死扬程越低,$H-Q$ 曲线不稳定,这个特性在喉部面积最大的 no-3 方案预测性能中有体现。no-2 方案比 no-3 方案的喉部面积略小,2 个方案从喉部到出口的面积变化比较接近,主要区别在于从断面 1 到断面 8 面积增大的程度不同。

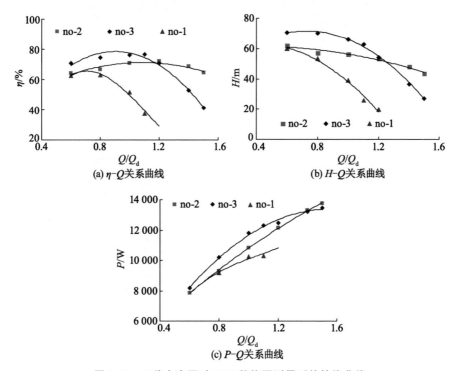

图 9-12　3 种方案通过 CFD 数值预测得到的性能曲线

　　图 9-13 为蜗壳在不同流量工况和不同方案下的静压分布。no-1 方案在
$1.0Q_d$ 处就已经出现较明显的负压,由试验可知实际应用中泵的流量不能达
到 $0.9Q_d$,虽然计算时计算到了 $1.2Q_d$ 工况,但此时在靠近隔舌的叶轮流道内
已经出现很明显的不同于其他流道的低压,这必然会引起蜗壳扩散段内高压
流体的回流。其他 2 个方案在较大流量时也出现了类似的情况,但相对而言
都是比较符合预想的流动情况的。

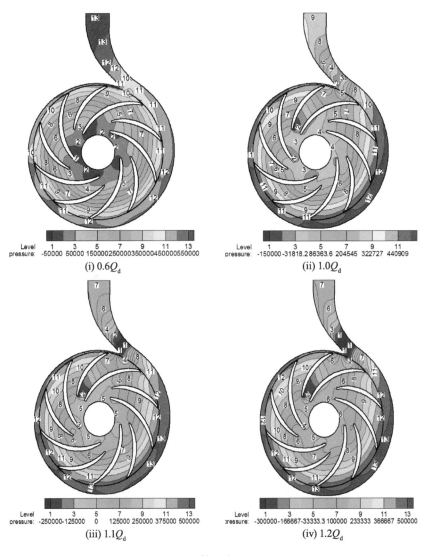

(i) $0.6Q_d$　　　　　　　　　　　　(ii) $1.0Q_d$

(iii) $1.1Q_d$　　　　　　　　　　　　(iv) $1.2Q_d$

(a) no-1

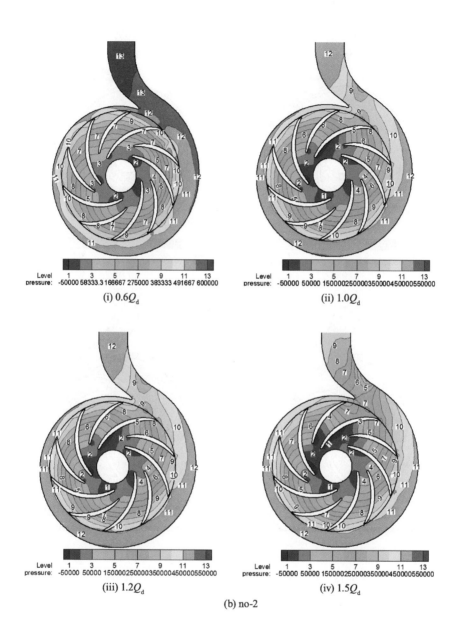

(i) $0.6Q_d$

(ii) $1.0Q_d$

(iii) $1.2Q_d$

(iv) $1.5Q_d$

(b) no-2

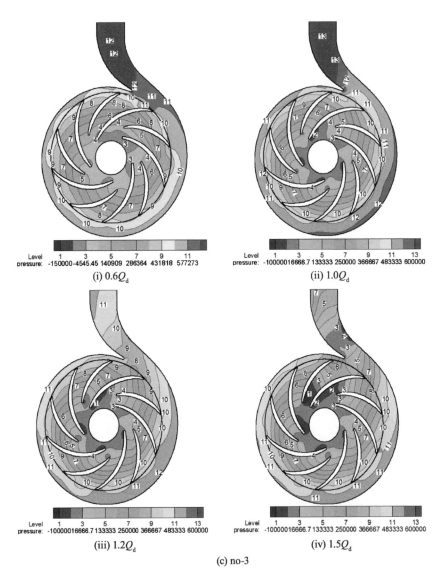

(i) 0.6Q_d

(ii) 1.0Q_d

(iii) 1.2Q_d

(iv) 1.5Q_d

(c) no-3

图 9-13　蜗壳在不同流量工况和不同方案下的静压分布

（3）初步设计方案试验结果分析

图 9-14 和图 9-15 分别为 no-1 方案和 no-3 方案试验性能（实线）和数值模拟预测性能（虚线）的对比。由图可以看出，数值模拟可以给出与实测性能相似的曲线规律，但数值模拟的数值要比试验值高一些，主要是由于数值模拟中忽略了很多损失，对模型等进行了简化处理，而且数值模拟中没有考虑低压空化的极限情况，所以在较大流量工况下，实际可能已经发生空化，但数

值计算仍能继续计算。例如,对于方案 no-1,可以计算 $1.2Q_d$ 工况,由计算结果可以看出,在 $1.0Q_d$ 工况时喉部已经出现很明显的负压,在更大流量工况下出现了绝对负压,而实际是不可能出现这种情况的。这也是 CFD 的作用之一,可以模拟临界工况,从而获得试验得不到的规律。

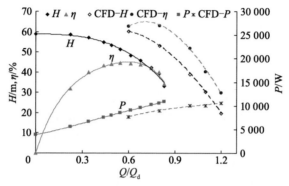

图 9-14　no-1 方案蜗壳试验数据与数值预测结果对比

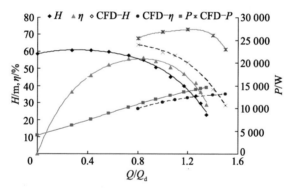

图 9-15　no-3 方案蜗壳试验数据与数值预测结果对比

从试验数值可以看出,no-1 方案和 no-3 方案都不能达到设计的要求。尤其是 no-1 方案的最大流量仅能达到 $0.9Q_d$,扬程和效率都相差较大;no-3 方案中流量范围扩大了很多,功率没有发生过载,但仍没有在 $1.0Q_d$ 处达到最高效率,而是在 $0.9Q_d$ 左右达到最高效率,此点对应的扬程也刚刚达到设计要求,但要获得设计点的最高效率,则需要将喉部面积的计算值适当加大。由上节数值模拟性能对比可以预知 no-2 方案也不能达到设计要求,因而没有制作模型和进行试验。

3个方案都不能满足性能要求的原因可能在于叶轮和蜗壳的配比不合适,分流叶片设计得不合理会明显影响泵效率的提高,因此需要对叶轮和蜗壳进行重新设计。

　　叶轮对泵的无过载特性有至关重要的作用,因此要偏向于无过载叶轮的设计,即减小叶片出口角,分流叶片的主要设计参数选取原则参考文献[6]及本例的研究结论;蜗壳的断面面积仍需适量增大,减小面积比,使得其最优工况点右移。文献[6]推荐要实现低比转速离心泵的无过载特性的面积比应在0.73~1.90范围内取值。

　　(4)叶轮和蜗壳匹配方案设计

　　根据设计经验,本研究设计了13个叶轮和9个蜗壳[7]。叶轮的主要设计参数列于表9-3中,所有叶轮设计方案细节参见附录Ⅰ。图9-16显示了9个蜗壳断面面积的变化规律。蜗壳断面的面积大致随断面编号的增加而增加,D_3和b_3也有相应的变化,所有蜗壳设计方案细节参见附录Ⅱ。试验用泵和几个蜗壳的实物照片如图9-17所示。

表9-3　叶轮主要设计参数

序号	主要设计参数						
	D_2/mm	b_2/mm	D_1/mm	z	β_2/(°)	θ/(°)	D_{si}/mm
1	215	8	92	5+5	32	105	108
3	215	12/9	92	5+5	15	110	108
5	224	7/6	92	5+5	13.5	100	158
6	224	9	92	6	20	110	—
7	224	12	92	5+5	13.5	115	168
8	224	12	92	6	13	150	—
9	240	5	80	4+4	13.5	180	168
11	238	6	80	4+4	15	180	151
12	224	9	90	5+5	14	160	166
13	238	7	80	6	11	200	—

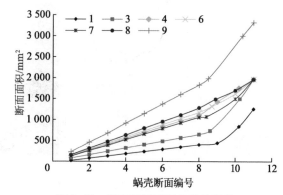

图 9-16 蜗壳断面面积的变化规律

(a) 试验用泵

(b) 1号蜗壳

(c) 3号蜗壳

(d) 4号蜗壳

(e) 6号蜗壳

(f) 7号蜗壳

(g) 8号蜗壳

图 9-17　试验用泵及部分蜗壳实物图

本书对不同的叶轮和蜗壳进行了 26 组匹配试验,如表 9-4 所示。其中,括号内数字代表了试验顺序,试验数据汇总见附录Ⅲ。

表 9-4　多方案匹配试验

叶轮方案	蜗壳设计方案									备注
	1	2	3	4	5	6	7	8	9	
1	(1)		(2)	(23)		(24)				无叶轮
2										无叶轮
3	3.1			(3)						$b_2=12$ mm
3	3.2			(4)	(5)					$b_2=9$ mm
4										没有达到性能要求
5	5.1			(6)	(7)					$b_2=7$ mm,$b_2=6$ mm,达到全扬程,但扬程、效率偏低
5	5.2				(8)					
6	6.1				(9)					在不同地方试验了 4 次;没有全扬程特性;叶片全扭曲;叶片进口前伸很多
6	6.2				(10)					
6	6.3				(11)					
6	6.4						(21)			
7	7.1				(12)		(13)			$b_2=12$ mm,$b_2=9$ mm,达到 1.1 倍全扬程,但扬程偏低;数控铝加工
7	7.2				(14)(25)				(26)	
8					(15)					没有全扬程特性

续表

叶轮方案	蜗壳设计方案									备注
	1	2	3	4	5	6	7	8	9	
9							(16)	(17)		1.01倍全扬程,扬程、效率太低
10										无叶轮
11							(18)	(19)		扬程偏高,效率达63%,1.04倍全扬程
12				(20)						达到1.11倍全扬程,效率达62%~65%
13								(22)		叶片进口前伸多,且叶片进口全扭曲

（5）多方案叶轮和蜗壳匹配试验结果分析

通过大量的匹配试验发现,4号蜗壳是多种叶轮设计的最佳匹配,基本能满足性能要求。试验结果如图9-18所示,其中,1号叶轮＋4号泵体、6号叶轮＋4号泵体、7.1号叶轮＋4号泵体、7.2号叶轮＋4号泵体、11号叶轮＋8号泵体、12号叶轮＋4号泵体6个方案基本满足客户要求。此外,6号和8号蜗壳也有较好的匹配效果。从目前的研究中可以得出,叶轮的参数,尤其是带分流叶片的叶轮,对效率的影响较大,蜗壳喉部和截面的设计变化对功率特性的影响也较大。虽然有这么多参数同时改变,但要找出主要影响因素是非常困难的。在这些经验探索的基础上,还需要进一步研究高效率的无过载特性设计。

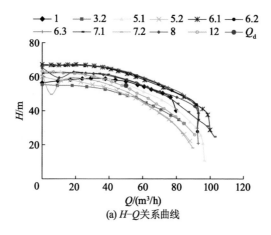

(a) H-Q关系曲线

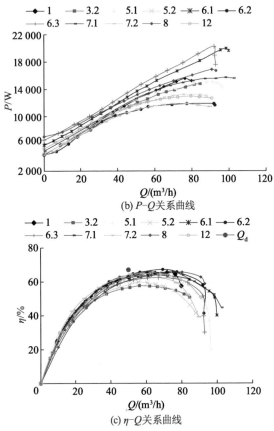

(b) P-Q关系曲线

(c) η-Q关系曲线

图 9-18 与 4 号蜗壳匹配的所有方案的试验结果

9.2.4 无过载特性正交试验研究

(1) 试验因素的确定

延续 9.2.3 中的模型泵研究,对其无过载特性进行深入研究[8]。D_2,Z,β_2,b_2,D_{si},ψ_2 等是影响离心泵 P_{max} 和 Q_{Pmax} 的重要因素,此外叶轮进口参数、流道几何形状及蜗壳喉部面积 F_t 等对泵的性能有一定的影响。D_2 虽然是影响泵性能的重要参数,但根据已有的测试结果及经验,按经验公式精算得到的 D_2 基本可以满足要求。表 9-3 中列出的带分流叶片叶轮离心泵是本研究前期按无过载、保持相对高效要求设计的部分带分流叶片叶轮离心泵模型,由表中的设计参数可以看出,这些泵模型大部分实现了无过载,但部分泵额定点效率或扬程未达到设计要求。根据表中列出的模型性能测试结果,选择的 4 个因素 β_2,b_2,D_{si},F_t 的水平如表 9-5 所示。根据因素及水平,选择 $L_9(3^4)$

标准正交试验方案,其对应的设计方案如表 9-6 所示。

表 9-5　因素水平

水平	因素			
	A	B	C	D
	$\beta_2/(°)$	b_2/mm	D_{si}/mm	F_t/mm^2
1	13	6	151	996.9
2	15	9	158	1 428.7
3	18	12	168	1 716.0

表 9-6　$L_9(3^4)$ 正交试验方案

方案	代号				对应参数			
	A	B	C	D	$\beta_2/(°)$	b_2/mm	D_{si}/mm	F_t/mm^2
1	A_1	B_1	C_1	D_1	13	6	151	996.9
2	A_1	B_2	C_2	D_2	13	9	158	1 428.7
3	A_1	B_3	C_3	D_3	13	12	168	1 716.0
4	A_2	B_1	C_2	D_3	15	6	158	1 716.0
5	A_2	B_2	C_3	D_1	15	9	168	996.9
6	A_2	B_3	C_1	D_2	15	12	151	1 428.7
7	A_3	B_1	C_3	D_2	18	6	168	1 428.7
8	A_3	B_2	C_1	D_3	18	9	151	1 716.0
9	A_3	B_3	C_2	D_1	18	12	158	996.9

　　图 9-19 为正交试验方案 2 中叶轮与蜗壳的水力模型图。本研究所选离心泵设计的比转速为 62.83,为低比转速泵,因此选用圆柱形叶轮叶片。根据设计经验及文献[6]所述,分流叶片进出口均向长叶片吸力面适量偏转,且各组长叶片进口边应尽量减薄,使叶片更趋近于流线型以提高泵的汽蚀性能。另外考虑叶轮前盖板形状对转弯处离心力的影响,设计中前盖板取较大的曲率半径,尽量减弱转弯处离心力的影响。泵蜗壳采取梯形断面设计,通过 8 个彼此呈 45°的断面来控制蜗室形状,设计时其他断面以第Ⅷ断面为基础进行确定。按照相同的方法设计其余试验方案的 8 个叶轮和 3 个蜗壳水力模型。

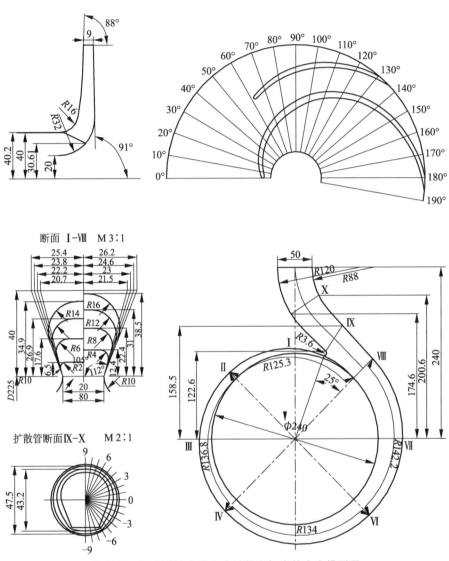

图 9-19 正交试验方案 2 中叶轮和蜗壳的水力模型图

（2）数值正交试验

将各正交试验方案模型在 Pro/E 中构建三维造型，并按 9.2.3 中所用方法进行网格划分、边界条件设定及湍流模型选取，利用 Fluent 进行数值计算，预测各模型的性能。

① 数值模拟结果汇总

表 9-7 为 9 次数值模拟性能预测结果的汇总。由表可以看出,前 8 次数值模拟轴功率均出现了最大值,且 1,2,4,7 号试验泵的轴功率最大值小于额定功率,5 号泵的轴功率与额定功率较为接近,且 1,4,7 号泵在额定点扬程均较低,未达到设计要求。3,6,8 号泵的轴功率均在较大流量点出现轴功率极值,由于 9 号泵最大轴功率点流量已经过大,因此,实际 9 号泵为普通设计泵,其最大轴功率点的流量及最大轴功率是通过最小二乘曲线拟合计算得到的(如表 9-7 中括号中所示),用来进行正交分析,且各泵数值模拟中均未考虑大流量下汽蚀等因素的影响,因此并不影响对结果的分析。

表 9-7 数值模拟性能预测结果汇总

序号	额定点			最高效率点			最大轴功率点	
	$Q/(\mathrm{m^3/h})$	H/m	$\eta/\%$	$Q/(\mathrm{m^3/h})$	H/m	$\eta_{max}/\%$	$Q_{Pmax}/$ $(\mathrm{m^3/h})$	P_{max}/kW
1	50.00	44.42	61.49	47.58	46.49	61.69	54.58	10.08
2	50.00	58.73	66.49	60.16	54.06	68.14	82.50	14.17
3	50.00	63.35	60.77	73.92	56.05	68.60	107.15	18.27
4	50.00	50.93	64.60	58.92	45.57	65.80	65.93	11.42
5	50.00	60.22	63.49	61.30	55.60	65.00	98.76	16.48
6	50.00	64.84	63.36	72.24	58.98	67.50	125.00	20.90
7	50.00	53.70	64.03	58.75	49.05	65.02	76.58	12.84
8	50.00	62.01	64.66	70.35	56.31	68.69	114.22	18.31
9	50.00	65.88	63.21	68.94	60.35	68.81	(142.56)	(23.63)

② 极差计算及因素的主次顺序确定

K_i:表示任意列上水平号为 $i(i=1,2,3)$ 时所对应的试验结果之和。

k_i:$k_i=K_i/s$,其中,s 为任意列上各水平出现的次数,k_i 表示任意列上因素取水平 i 时所得试验结果的算术平均值。

R:表示极差,在任意列上 $R=\max\{K_1,K_2,K_3\}-\min\{K_1,K_2,K_3\}$,或 $R=\max\{k_1,k_2,k_3\}-\min\{k_1,k_2,k_3\}$,本书中利用后者进行计算。

一般来说,各列的极差是不同的,这说明各因素的水平改变对试验结果的影响是不相同的。极差越大,表示该列因素的数值在试验范围内的变化会导致试验指标在数值上有更大的变化,所以极差最大的那一列就是因素的水平对试验结果影响最大的因素，也就是最主要的因素。

表 9-8 列出了额定点模拟结果的极差。最高效率点、最大轴功率点直观分析的极差分别如表 9-9 和表 9-10 所示。

表 9-8　额定点模拟结果的极差

性能参数		A	B	C	D
		$\beta_2/(°)$	b_2/mm	D_{si}/mm	F_t/mm^2
H/m	K_1	166.49	149.05	171.26	170.51
	K_2	175.99	180.95	175.54	177.26
	K_3	181.58	194.06	177.26	176.28
	k_1	55.50	49.68	57.09	56.84
	k_2	58.66	60.32	58.51	59.09
	k_3	60.53	64.69	59.09	58.76
	R	5.03	15.01	2.00	2.25
$\eta/\%$	K_1	188.75	190.12	189.51	188.19
	K_2	191.44	194.64	194.29	193.88
	K_3	191.90	187.34	188.30	190.03
	k_1	62.92	63.37	63.17	62.73
	k_2	63.81	64.88	64.76	64.63
	k_3	63.97	62.45	62.77	63.34
	R	1.05	2.43	2.00	1.89

表 9-9　最高效率点模拟结果的极差

性能参数	A	B	C	D
	$\beta_2/(°)$	b_2/mm	D_{si}/mm	F_t/mm^2
$Q_{\eta max}/(\text{m}^3/\text{h})$	5.46	16.61	1.98	8.46
$H_{\eta max}/\text{m}$	3.04	11.42	0.60	1.51
$\eta_{max}/\%$	1.41	4.13	1.62	1.72

表 9-10   最大轴功率点模拟结果的极差

性能参数	A	B	C	D
	$\beta_2/(°)$	b_2/mm	D_{si}/mm	F_t/mm^2
$Q_{Pmax}/(m^3/h)$	29.71	59.21	3.77	3.94
P_{max}/kW	4.09	9.49	0.57	0.76

分别比较额定点、最高效率点、最大轴功率点下各因素对流量、扬程、轴功率、效率等性能指标的极差大小,按极差大小可以确定各因素对各性能指标影响的主次顺序,如表 9-11 所示。

表 9-11   各因素对性能指标影响的主次顺序

性能指标	性能指标	主———次			
额定点	H	B	A	D	C
	η	B	C	D	A
最高效率点	$Q_{\eta max}$	B	D	A	C
	$H_{\eta max}$	B	A	D	C
	η_{max}	B	D	C	A
最大轴功率点	Q_{Pmax}	B	A	D	C
	P_{max}	B	A	D	C

③ 性能指标与因素关系的直观图分析

将因素水平作为横坐标,以它的试验指标的平均值 k_i 作为纵坐标,可以画出指标与各因素关系的直观图,通过直观图可以很容易地看出指标随着因素数值增大的变化趋势。图 9-20 至图 9-22 分别为数值计算在额定点、最高效率点和最大轴功率点的流量、扬程、轴功率、效率等性能指标与各因素关系的直观图。

由图 9-20a 可以看出,随着叶片出口宽度 b_2 的增大,额定点扬程 H 的变化趋势非常明显,其次是 β_2;D_{si} 和 F_t 变化时,H 的变化较为小;H 均随 b_2,β_2,D_{si} 的增大而增大,而 F_t 增大时,H 先增大后减小。根据直观图的陡峭程度可以确定 4 个因素对 H 的影响主次顺序为 $b_2>\beta_2>F_t>D_{si}$,与极差分析结果一致。由图 9-20b 可以看出,额定点效率 η 随因素 b_2,D_{si},F_t 增大时,均先增大后减小,且均在第二水平时,η 值较高。由直观图的陡峭程度可以得知这 3 个因素对 η 的影响程度基本相同;η 随着 β_2 的增大逐渐增大,且在第二水平和第三水平间比较平坦。根据直观图的陡峭程度得出 4 个因素对 $Q_{\eta max}$ 影响程度的主次顺序为 $b_2>D_{si}>F_t>\beta_2$。

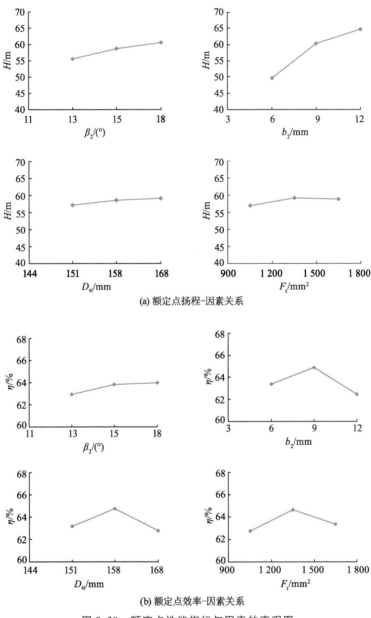

(a) 额定点扬程-因素关系

(b) 额定点效率-因素关系

图 9-20　额定点性能指标与因素的直观图

　　由图 9-21a 可以看出,最高效率点流量 $Q_{\eta\max}$ 随因素 b_2,β_2,F_t 增大时均增大,而 D_{si} 变化时,$Q_{\eta\max}$ 的变化较为平坦,由直观图的陡峭程度得出 4 个因素对 $Q_{\eta\max}$ 影响程度的主次顺序为 $b_2 > F_t > \beta_2 > D_{si}$。由图 9-21b 可以看出,除 b_2

外，随着其他 3 个因素的变化，最高效率点扬程 $H_{\eta max}$ 的变化比较平坦，但在 β_2 的第二、三水平之间变化趋势渐于陡峭，由此确定出对 $H_{\eta max}$ 影响的主次顺序为 $b_2 > \beta_2 > F_t > D_{si}$。由图 9-21c 最高效率与各个因素的关系图可以看出，最高效率 η_{max} 曲线 随 β_2，F_t，D_{si} 变化的陡峭程度基本相同，而随 b_2 的变化较大，但在 b_2 的第二、三水平间变化相对平坦。

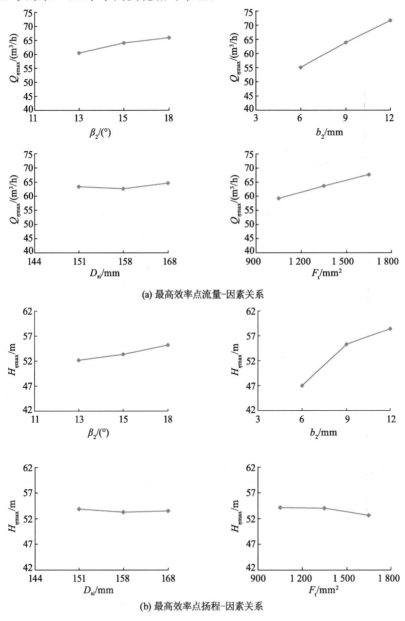

(a) 最高效率点流量-因素关系

(b) 最高效率点扬程-因素关系

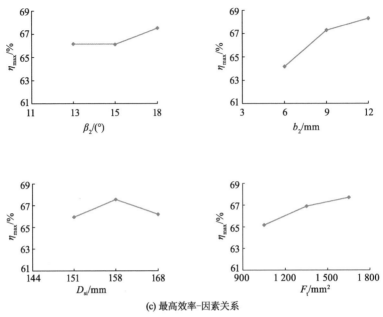

(c) 最高效率-因素关系

图 9-21　最高效率点性能指标与因素关系的直观图

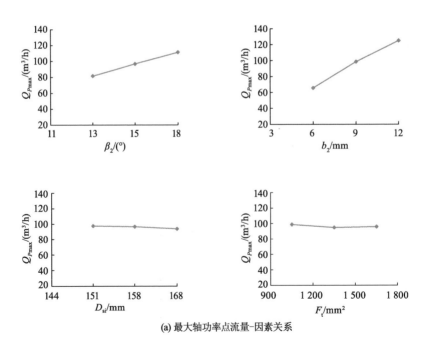

(a) 最大轴功率点流量-因素关系

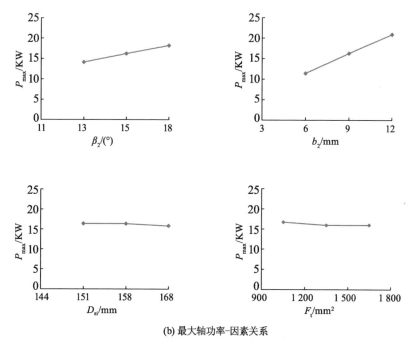

(b) 最大轴功率-因素关系

图 9-22　最大轴功率点性能指标与因素关系的直观图

由图 9-22a 可以看出，β_2，b_2 对最大轴功率点流量 Q_{Pmax} 的影响较为明显，且由直观图的陡峭程度可以得出 4 个因素对 Q_{Pmax} 影响的主次顺序依次为 $b_2 > \beta_2 > F_t > D_{si}$。由图 9-22b 可以看出，$\beta_2$，$b_2$ 对最大轴功率 P_{max} 的影响较为明显，而随着 D_{si} 的增大，P_{max} 略有减小的趋势，而 F_t 在第二水平时较其他水平为优。

由直观图 9-20 至图 9-22 可以看出，b_2 的变化对于流量、扬程、轴功率、效率等性能指标的影响最为明显，且由各性能指标随因素值增长的变化可以更直观地看出因素的较优取值。对无过载带分流叶片叶轮离心泵而言，各因素对性能指标 Q，H，η，Q_{Pmax}，P_{max} 影响的主次顺序为 $b_2 > \beta_2 > F_t > D_{si}$，因此初选的各因素水平如表 9-12 所示。

表 9-12　初选各因素水平

性能指标	因素			
	A(β_2)	B(b_2)	C(D_{si})	D(F_t)
H	A$_3$	B$_3$	C$_3$	D$_2$
η	A$_3$	B$_2$	C$_2$	D$_2$

性能指标	因素			
	A(β_2)	B(b_2)	C(D_{si})	D(F_t)
$Q_{P\max}$	A_1	B_1	C_3	D_2
$P_{\max}$	A_1	B_1	C_3	D_2
$Q_{\eta\max}$	A_1	B_1	C_2	D_1
$H_{\eta\max}$	A_3	B_3	C_1	D_1
$\eta_{\max}$	A_3	B_3	C_2	D_3

④ 最优方案的选择

本研究是多指标正交试验,不同指标的重要程度是不一致的,各因素对不同指标的影响程度也不完全相同,综合平衡法可以用来对多指标正交试验进行分析。综合平衡法首先对每个指标分别进行单指标直观分析,得到每个指标的影响因素的主次顺序和最佳水平组合,然后根据理论知识和实际经验,对各指标的结果进行综合比较和分析,进而得出较优方案。

对于本研究,前面已经对各指标进行了单独的直观分析,下面根据理论知识和实际经验,对各指标的分析结果进行比较和分析,得出无过载带分流叶片叶轮离心泵的最优设计方案。

因素 A:对 $Q_{P\max}$,$P_{\max}$,$Q_{\eta\max}$,均是 A_1 最好,A_2 次之,尽管 A_1 因素对应的扬程较小,但综合考虑其他参数的选取,A_1 可以达到设计要求;对 H,η,$H_{\eta\max}$,$\eta_{\max}$,A_3 较优,A_2 次之,但选择 A_3 时轴功率偏大。因此综合考虑各因素,选择 A_1 较优。

因素 B:对 $P_{\max}$,$Q_{P\max}$,$Q_{\eta\max}$,均是 B_1 最优,B_2 次之;对 η,B_2 最优;对 H,$H_{\eta\max}$,$\eta_{\max}$,均是 B_3 最优,B_2 次之,但 B 是影响轴功率的重要因素,取 B_3 的 3,6,9 号泵预测的轴功率均过大。因此综合考虑因素 A 的选取,选择 B_2 为优。

因素 C:对 $H_{\eta\max}$,C_1 为优,C_3 次之;对 η,$Q_{\eta\max}$,$\eta_{\max}$,均是 C_2 最优;对 H,$Q_{P\max}$,$P_{\max}$,C_3 为优。考虑 C 对 $Q_{P\max}$,$P_{\max}$ 等指标的影响不大,故综合考虑各因素,选 C_2 为优。

因素 D:对 $Q_{\eta\max}$,$H_{\eta\max}$,均是 D_1 最优,取 D_2 时的指标值与 D_1 相差不大;对 $Q_{P\max}$,H,η,$P_{\max}$,均是 D_2 最优;对 $\eta_{\max}$,D_3 最优。因此综合考虑各因素,选 D_2 为优。

最终选出的带分流叶片叶轮无过载离心泵最优组合参数为 $A_1B_2C_2D_2$,而该组合恰为正交试验中的 2 号试验泵(该方案记为方案 1)。由于对 A 因素,选取 A_1 水平预测的扬程较小,A_2 预测的扬程较为适中,且其对应的轴功率也较为适中,考虑到预测与试验的误差,因而组合 $A_2B_2C_3D_2$ 也是可能的最优组合(该最优方案记为方案 2)。

图 9-23 为 2 种优化方案的预测性能曲线。由图 9-23 可以看出,随着流量的增加,方案 2 的扬程大于方案 1 对应点的扬程,幅度逐渐增大。2 种方案的轴功率均出现了极值,且方案 2 较方案 1 对应点的预测轴功率偏大,超过了配套电动机功率;在中小流量区,方案 2 的效率值略低于方案 1 对应点的效率值,但在流量超过 $1.3Q_d$ 的较大流量区,方案 2 的效率远大于方案 1 对应点的效率,且方案 2 具有更宽的高效区。

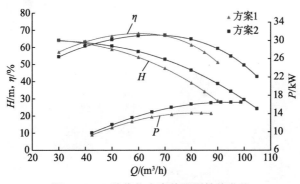

图 9-23 2 种优化方案的预测性能曲线

表 9-13 列出了 2 种优化方案下额定点、最高效率点和最大轴功率点对应的指标值。由表 9-13 可以看出,2 种方案下额定点的扬程均略高于设计点要求,而方案 1 中的额定点的效率预测值高于设计点要求,方案 2 中的确额定点的效率预测值略低于设计点要求;方案 2 中最高效率点及最大轴功率点的位置均较方案 1 偏向于大流量。尽管方案 2 中轴功率预测值超过了设计要求,但考虑到各性能指标的预测误差,方案 2 仍可能是最优选择方案。

表 9-13 2 种选优方案预测性能指标值

方案	额定点			最高效率点			最大轴功率点	
	$Q/(\mathrm{m^3/h})$	H/m	$\eta/\%$	$Q_{\eta max}/$ $(\mathrm{m^3/h})$	$H_{\eta max}/\mathrm{m}$	$\eta_{max}/\%$	$Q_{Pmax}/$ $(\mathrm{m^3/h})$	P_{max}/kW
方案 1	50.00	58.73	66.48	60.16	54.06	68.14	82.50	14.17
方案 2	50.00	60.77	64.55	65.81	54.97	67.18	99.04	16.41

(3)正交试验实测数据分析

试验叶轮采用熔丝沉积成型工艺(简称快速成型)进行加工,3 个蜗壳采用木模铸造而成。图 9-24a 为 9 个叶轮快速成型的最终产品,图 9-24b 为蜗壳的木模和样机。试验在机械工业排灌机械产品质量检测中心(镇江)开式试验台上进行(见图 9-25),试验数据和曲线均自动采集和处理。

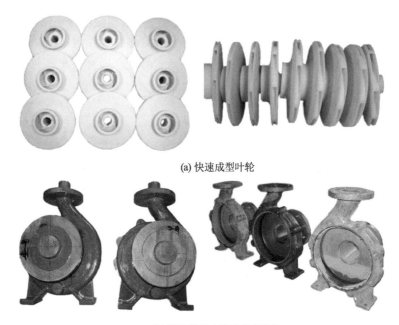

(a) 快速成型叶轮

(b) 铸造蜗壳木模及蜗壳样机

图 9-24   试验用叶轮和蜗壳

图 9-25   开式试验台测试现场

① 试验结果汇总

表 9-14 列出了 9 台泵正交试验结果的汇总。试验中，1～8 号泵的轴功率均出现了最大值。其中，1，2，4，7 号试验泵的轴功率最大值小于额定功率，3，5，8 号泵的轴功率与额定功率较为接近，且 1，4，7 号泵在额定点的扬程均较低，未达到设计要求。6 号泵最大轴功率值过大，且最大值均在较大流量点取得。与模拟结果一致，9 号泵轴功率未出现极值。

表 9-14   试验结果汇总

编号	额定点			最高效率点			最大轴功率点	
	$Q/(\mathrm{m^3/h})$	H/m	$\eta/\%$	$Q/(\mathrm{m^3/h})$	H/m	$\eta/\%$	$Q_{P\max}/$ $(\mathrm{m^3/h})$	$P_{\max}/\mathrm{kW}$
1	45.01	45.82	58.18	45.23	45.39	58.53	49.59	9.60
2	51.50	57.17	64.17	62.01	50.84	65.30	74.82	13.48
3	55.42	61.19	65.12	66.27	56.26	66.31	85.08	16.30
4	49.31	50.41	60.67	52.65	46.16	61.12	58.77	10.95
5	52.21	60.81	65.33	63.13	54.80	66.32	82.48	15.15
6	56.18	66.67	67.51	71.91	60.62	70.05	90.41	17.98
7	49.55	54.25	64.02	60.60	47.34	64.62	67.83	12.20
8	53.21	61.58	65.04	70.51	54.38	66.54	91.39	16.67
9	56.25	68.02	66.01	70.03	63.52	68.66	98.69	19.87

② 极差计算及因素的主次顺序确定

表 9-15 至表 9-17 分别列出了额定点、最高效率点、最大轴功率点试验结果的极差。

表 9-15   额定点试验结果的极差

性能参数	A	B	C	D
	$\beta_2/(°)$	b_2/mm	$D_{\mathrm{si}}/\mathrm{mm}$	$F_{\mathrm{t}}/\mathrm{mm^2}$
$Q/(\mathrm{m^3/h})$	2.36	7.99	0.93	1.49
H/m	6.56	15.13	0.73	1.64
$\eta/\%$	2.53	5.26	1.25	2.06

表 9-16 最高效率点试验结果的极差

性能参数	A	B	C	D
	$\beta_2/(°)$	b_2/mm	D_{si}/mm	F_t/mm^2
$Q_{\eta max}/(\text{m}^3/\text{h})$	9.21	16.58	1.77	5.38
$H_{\eta max}/\text{m}$	4.25	13.84	0.71	2.30
$\eta_{max}/\%$	3.23	6.92	0.72	2.15

表 9-17 最大轴功率点试验结果的极差

性能参数	A	B	C	D
	$\beta_2/(°)$	b_2/mm	D_{si}/mm	F_t/mm^2
$Q_{P max}/(\text{m}^3/\text{h})$	16.14	32.66	1.33	1.49
P_{max}/kW	3.12	7.13	0.22	0.32

分别比较在额定点、最高效率点、最大轴功率点下各因素对流量、扬程、轴功率、效率等性能指标的极差大小，按极差大小确定各因素对各性能指标影响的主次顺序，如表 9-18 所示。

表 9-18 各因素对各性能指标影响的主次顺序

工况点	性能指标	主 —→ 次		
额定点	H	B	A	D	C
	η	B	A	D	C
最高效率点	$Q_{\eta max}$	B	A	D	C
	$H_{\eta max}$	B	A	D	C
	η_{max}	B	A	D	C
最大轴功率点	$Q_{P max}$	B	A	D	C
	P_{max}	B	A	D	C

③ 性能指标与因素关系的直观图分析

与数值模拟结果分析类似，试验中性能指标与各因素关系的直观图分别如图 9-26 至图 9-28 所示。根据直观图可以看出指标随因素数值增大的变化趋势。

a. 额定点性能指标与因素关系的分析结果如图 9-26 所示。

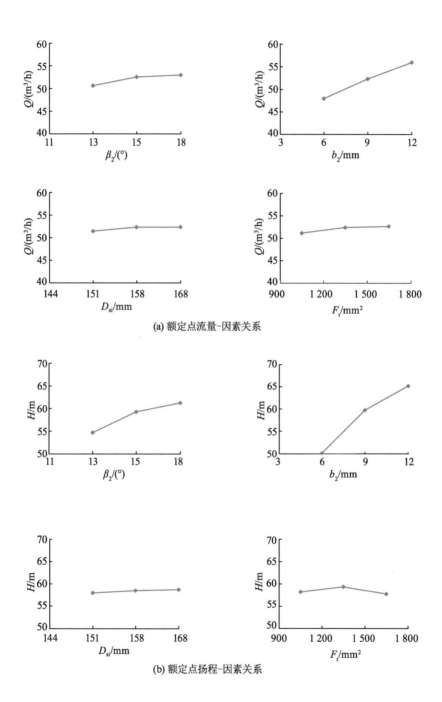

(a) 额定点流量-因素关系

(b) 额定点扬程-因素关系

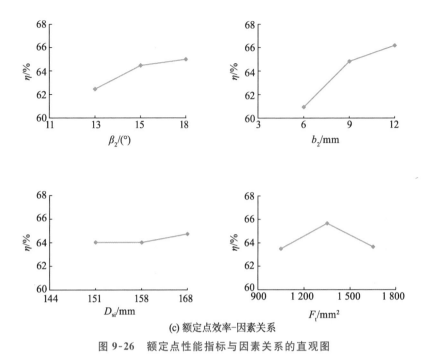

(c) 额定点效率-因素关系

图 9-26 额定点性能指标与因素关系的直观图

b. 最高效率点性能指标与因素关系的分析结果如图 9-27 所示。

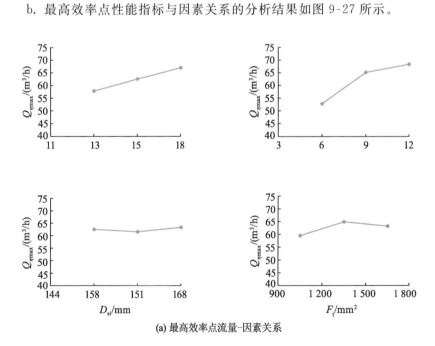

(a) 最高效率点流量-因素关系

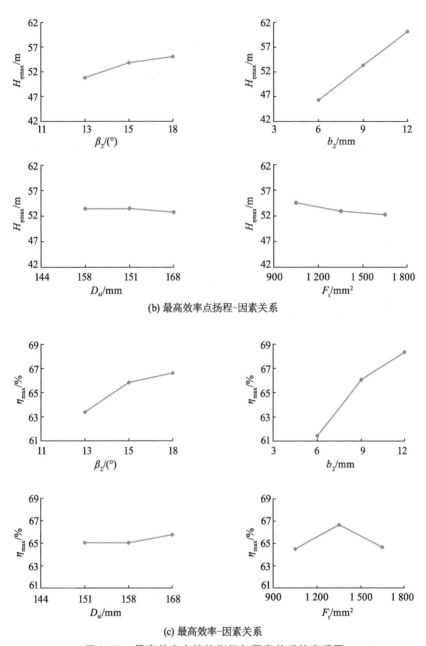

(b) 最高效率点扬程-因素关系

(c) 最高效率-因素关系

图 9-27　最高效率点性能指标与因素关系的直观图

c. 最大轴功率点性能指标与因素关系的分析结果如图 9-28 所示。

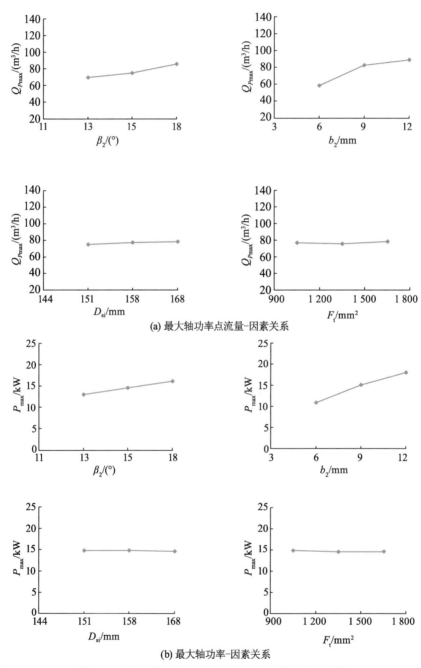

(a) 最大轴功率点流量-因素关系

(b) 最大轴功率-因素关系

图 9-28　最大轴功率点性能指标与因素关系的直观图

将图 9-26 至图 9-28 与图 9-20 至图 9-22 相对照可以看出,模拟结果与试验结果的直观图趋势很相似。由试验直观图可以看出,因素 b_2 对各性能指标的影响最大,因素 b_2 变化时,额定点、最高效率点及最大值轴功率点各性能指标的变化趋势非常明显,各性能指标均随着 b_2 的增大而急剧增大;其次是 β_2 对各性能指标的影响较大,各性能指标值随着 β_2 的增大而增大,β_2 超过 15°后,除最大轴功率点外,各性能指标的增大趋势总体有所减缓;再次之的影响因素是蜗壳喉部面积 F_t,由直观图可以看出,F_t 的变化对扬程和效率的影响较大,而流量及轴功率随 F_t 的变化不是很明显,且由直观图 9-21d 与图 9-26d 可以看出,泵效率值并不是随蜗壳喉部面积增大而一直增大,而是在超过一定面积值后有减小的趋势;对扬程、流量指标影响最小的是分流叶片进口直径 D_{si},但其对效率指标还是有较大的影响。

综合表 9-15 至表 9-17,并对直观图 9-26 至图 9-28 进行分析,得出各因素影响各性能指标的较优水平,初选如表 9-19 所示。

表 9-19 试验结果初选各因素水平

性能指标	因素			
Q	A_1	B_2	C_1	D_1
H	A_3	B_3	C_3	D_2
η	A_3	B_3	C_3	D_2
Q_{Pmax}	A_1	B_1	C_1	D_1
P_{max}	A_1	B_1	C_3	D_2
$Q_{\eta max}$	A_1	B_1	C_2	D_1
$H_{\eta max}$	A_3	B_3	C_2	D_1
η_{max}	A_3	B_3	C_3	D_2

表 9-12 和表 9-19 分别列出了数值模拟和试验结果初选的各因素水平。2 种方法得出的各因素对性能指标影响的主次顺序,除最高效率点流量和效率有所差异外,基本一致。对无过载带分流叶片叶轮离心泵而言,2 种方法得出各因素对性能指标($Q,H,\eta,Q_{Pmax},P_{max}$)影响的顺序均为 $b_2>\beta_2>F_t>D_{si}$,对轴功率极值点的分析结果完全相同,且由极差和直观图得出 b_2 是影响性能指标的最重要的因素;对于各因素水平的初选,2 种方法的选择结果也基本一致。

(4) 最优方案的选择

因素 A:对 $Q,Q_{Pmax},P_{max},Q_{\eta max}$,均是 A_1 最好,A_2 次之;对 $H,\eta,H_{\eta max}$,η_{max},A_3 最好,取 A_2 时的性能指标值与之非常接近,且与数值模拟结果相同,

但取 A_3 时,泵轴功率过大。因此综合考虑各因素,选 A_2 为最优。

因素 B:对 P_{max},Q_{Pmax},$Q_{\eta max}$,均是 B_1 最优,但其规定点扬程非常低;对 Q,B_2 为优;对 H,η,$H_{\eta max}$,η_{max},B_3 最优,取 B_2 时的性能指标值与之非常接近,但取 B_3 时,试验泵轴功率偏大。因此综合考虑因素 A 的选取,选 B_2 为优。

因素 C:对 Q,Q_{Pmax},C_1 为优;对 $Q_{\eta max}$,$H_{\eta max}$,均是 C_2 最优;对 H,η,P_{max},η_{max},C_3 为优。综合考虑各因素且为提高效率、减小轴功率,选 C_3 为优。

因素 D:对 Q,$Q_{\eta max}$,Q_{Pmax},$H_{\eta max}$,均是 D_1 最优;对 H,因素 D_3 的各个水平均达到要求,且 D_2 扬程最高;对 η,P_{max},η_{max},均是 D_2 最优。因此综合考虑各因素,取 D_2 为优。

最终选出的带分流叶片叶轮无过载离心泵最优组合参数为 $A_2B_2C_3D_2$。结合前面章节得出数值模拟的选优结果有 2 种:方案 1 选 $A_1B_2C_2D_2$,即正交试验中的 2 号泵;方案 2 选 $A_2B_2C_3D_2$,与实际试验选优一致。

(4) 数值模拟与实际试验选优结果的试验验证

图 9-29 为 2 组较优组合方案试验性能曲线。与图 9-23 数值模拟结果相对照可以看出,各性能指标的预测结果与试验结果的趋势非常一致,效率的预测结果与试验结果差异略大。由图可以看出,2 种方案的试验轴功率均出现了极值,且最优方案 2 较方案 1 的对应点轴功率偏大,但仍小于配套电动机功率;方案 2 对应点的扬程和效率均高于方案 1 对应点的指标值,2 种方案均有较宽的高效区。

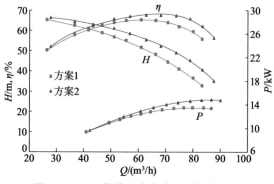

图 9-29 2 组较优组合方案试验性能曲线

表 9-20 列出了 2 种优化方案试验测试性能指标值。从表 9-20 可以看出,2 种方案中额定点扬程均高于设计点要求,而方案 1 中额定点效率为 63.21%,略低于 65% 的设计点要求,方案 2 中额定点效率为 65.33%,满足设计点要求;方案 2 最高效率点及最大轴功率点的位置均较方案 1 偏向于大流

量;方案 2 在 $Q=56.84$ m³/h 时,扬程 $H=58.54$ m,效率高达 67.08%,$P=13.51$ kW,其最大轴功率与额定点功率的比值为 1.14,基本满足设计要求;方案 1 在 $Q=55.01$ m³/h 时,扬程 $H=55.1$ m,效率达 64.82%,$P=12.75$ kW,其最大轴功率与额定点轴功率的比值为 1.08,性能基本满足设计要求。2 种选优方案在较大流量区工作时性能指标更优且可实现无过载。这也说明综合加大流量设计法与无过载水力设计法设计出运行可靠且保持高效的带分流叶片叶轮离心泵是可行的。

表 9-20 2 种选优方案试验测试性能指标值

方案	额定点		最高效率点		最大轴功率点			
	$Q/$ (m³/h)	H/m	$\eta/\%$	$Q_{\eta max}/$ (m³/h)	H_{emax}/m	$\eta_{max}/\%$	$Q_{\eta max}/$ (m³/h)	P_{max}/kW
方案 1	50.00	58.33	63.21	62.01	50.84	65.30	74.82	13.48
方案 2	50.00	61.25	65.33	67.57	53.13	68.28	83.11	14.82

(5) 轴功率极值点预估公式的验证与修订

9.2.1 中对无过载带分流叶片叶轮离心泵最大轴功率和最大轴功率点流量的计算公式进行了推导,对现有的近 20 台无过载带分流叶片叶轮离心泵进行研究,修正得到轴功率极值点的预估计算公式(9-7)和式(9-8)。

若取 $K_1=0.83$ 和 $K_2=0.82$,对 8 台无过载带分流叶片叶轮离心泵进行计算,则得到的最大轴功率和最大轴功率点流量值,以及与试验值的相对误差见表 9-21。由式(9-7)和式(9-8)计算得出的最大轴功率流量点平均相对误差的绝对值为 3.01%,最大轴功率计算值的平均相对误差绝对值为 6.24%,基本可以满足工程需求。

表 9-21 轴功率极值点计算与试验测量结果对比

编号	Z	$b_{si}/$ mm	$b_2/$ mm	$\beta_{si}/$ (°)	$\beta_2/$ (°)	$Q_{计Pmax}/$ (m³/h)	$Q_{测Pmax}/$ (m³/h)	$\Delta Q_{Pmax}/$ kW	$P_{计max}/$ kW	$P_{测max}/$ %	$\Delta P_{max}/$ %
1	4+4	8.85	6	22.00	15.0	61.92	64.99	4.72	11.20	12.86	12.87
2	5+5	11.70	9	28.76	13.5	77.64	76.57	−1.40	13.07	12.89	−1.41
3	5+5	11.52	9	23.50	14.0	78.70	79.50	1.01	13.72	12.91	−6.26
4	5+5	11.67	9	28.76	13.5	77.64	77.95	0.41	13.05	13.07	0.11
5	5+5	11.70	12	28.76	13.5	101.27	96.17	5.31	18.79	15.69	−19.78
6	4+4	11.18	9	22.90	14.0	75.83	74.82	1.35	13.52	13.48	−0.34
7	4+4	10.73	9	23.70	15.0	87.88	82.48	−6.54	16.13	15.15	−6.52
8	4+4	7.70	6	23.80	18.0	70.07	67.83	3.30	11.89	12.20	2.53

因素 A：对 Q，Q_{Pmax}，P_{max}，$Q_{\eta max}$，均是 A_1 最好，A_2 次之；对 H，η，$H_{\eta max}$，η_{max}，A_3 最好，A_2 与之非常接近，但取 A_3 时，泵轴功率过大。因此综合考虑各因素，选 A_2 为最优。

因素 B：对 P_{max}，Q_{Pmax}，$Q_{\eta max}$，均是 B_1 最优，但其额定点扬程非常低；对 Q，B_2 最优；对 H，η，$H_{\eta max}$，η_{max}，B_3 最优，B_2 与之非常接近，但取 B_3 时，试验泵轴功率偏大。因此综合考虑因素 A 的选取，选 B_2 为优。

因素 C：对 Q，Q_{Pmax}，C_1 为优；对 $Q_{\eta max}$，$H_{\eta max}$，均是 C_2 最优；对 H，η，P_{max}，η_{max}，C_3 为优。因此为提高效率、减小轴功率，选 C_3 为优。

因素 D：对 Q，$Q_{\eta max}$，Q_{Pmax}，$H_{\eta max}$，均是 D_1 最优；对 H，因素 D_3 的各个水平均达到要求，且 D_2 的扬程最高；对 η，P_{max}，η_{max}，均是 D_2 最优。因此综合考虑各因素，取 D_2 为优。

最终选出的带分流叶片无过载离心泵最优组合参数为 $A_2B_2C_3D_2$，即正交试验中的 5 号叶轮与 2 号蜗壳的组合。

图 9-30 为试验最优组合方案的性能曲线。由图 9-30 可以看出，最优方案的轴功率出现了极值，最大轴功率小于配套电机功率，在 $Q=56.84\ m^3/h$ 时，扬程 $H=58.54\ m$，效率高达 67.08%，$P=13.51\ kW$，在较大流量区工作时性能指标更优且轴功率无过载，有较宽的高效区。

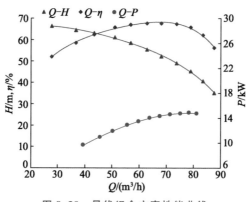

图 9-30　最优组合方案性能曲线

根据式(9-7)和式(9-8)，对已有的实现了无过载的 10 台带分流叶片离心泵进行数值计算，得到最大轴功率和最大轴功率点流量，并与试验值相对比（见图 9-22），计算相对误差，得出的最大轴功率点流量平均相对误差的绝对值为 4.20%，最大轴功率数值计算值的平均相对误差的绝对值为 6.45%，基本可以满足工程需求，可以作为泵最大轴功率及其流量点的估算方法。

表 9-22　轴功率极值点数值计算与试验测量结果对比

编号	D_2/ mm	D_{si}/ mm	Z	b_{si}/ mm	b_2/ mm	β_{si}/ (°)	β_2/ (°)	$Q_{计}$/ /(m³/h)	$Q_{测}$/ /(m³/h)	$P_{计}$/ kW	$P_{测}$/ kW	ΔQ/ %	ΔP/ %
1	238	151	4+4	8.85	6	22.00	15.0	63.60	64.99	11.62	12.86	2.13	9.67
2	224	168	5+5	11.70	9	28.76	13.5	77.44	76.57	13.09	12.89	−1.13	−1.58
3	224	166	5+5	11.52	9	23.50	14.0	79.33	79.50	13.35	12.91	0.21	−3.38
4	240	168	4+4	7.37	5	24.50	13.5	49.10	55.73	9.21	11.37	11.90	19.03
5	224	168	5+5	11.70	12	28.76	13.5	101.53	96.17	17.10	15.69	5.58	9.02
6	230	158	4+4	11.18	9	22.90	13.0	76.96	74.82	13.22	13.48	2.87	1.91
7	230	158	4+4	8.55	6	27.18	15.0	59.97	58.77	10.95	10.28	−2.05	6.16
8	230	168	4+4	10.73	6	23.70	15.0	88.46	82.48	15.14	15.15	−7.25	0.05
9	230	151	4+4	8.55	6	23.76	13.0	51.81	49.59	8.89	9.60	−4.48	7.35
10	230	168	4+4	7.70	6	23.80	18.0	70.84	67.83	13.22	12.20	−4.43	6.39

9.3　多工况高效无过载低比转速离心泵的设计优化

本研究以模型泵 TS65-40-160 为对象,基于无过载设计理论,结合 CFD 技术,设计多工况高效且具有无过载特性的优化方案[9]。

9.3.1　原始设计方案分析

模型泵 TS65-40-160 是典型的单级单吸式离心泵,其装配示意如图 9-31a 所示。设计参数:流量 Q＝30 m³/h,扬程 H＝31 m,转速 n＝2 900 r/min,比转速 n_s＝75.4,配套轴功率 P＝5.5 kW。原始方案叶轮叶片为近似圆柱形叶片,叶轮主要结构参数:叶轮外径 D_2＝168 mm,叶片出口宽度 b_2＝9 mm,叶片数 Z＝6,叶片出口安放角 β_2＝31°,叶片包角 θ＝123°,其结构如图 9-31b 所示。

该原始方案关死点扬程基本达标,但在设计点和大流量点扬程低于设计要求 1～3 m,流量越大,差异越大;效率较低;最大要求流量点的输入功率为 6.68 kW(轴功率约为 5.5 kW),功率特性存在过载倾向。同时应厂家要求,尽可能只改变叶轮结构,降低成本。因此,优化要点在于:通过叶轮的水力优化,提高大流量工况下的扬程及效率,并实现功率的无过载特性。

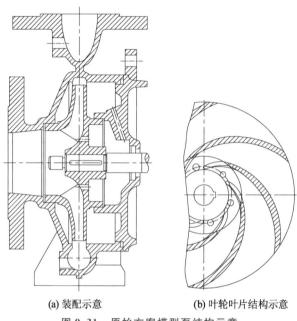

(a) 装配示意　　　　　　　　(b) 叶轮叶片结构示意

图 9-31　原始方案模型泵结构示意

（1）基于无过载理论的设计优化

要实现对低比转速离心泵的高效无过载特性，本例基于无过载理论[6]进行初步设计优化。

① 叶片出口安放角 β_2

为了获得无过载特性，需取较小的 β_2 值，这对泵的其他性能（如扬程 H、效率 η 及工艺性等）是不利的，因而需与其他几何参数相协调。综合考虑效率和无过载性能，取 $\beta_2 = 15°$。

② 叶片出口宽度 b_2

b_2 可根据低比转速离心泵的速度系数法估算，即

$$b_2 = K_{b2} \sqrt[3]{\frac{Q}{H}} \tag{9-10}$$

式中：K_{b2} 为出口宽度放大系数，$K_{b2} = 0.7 \left(\dfrac{n_s}{100}\right)^{0.55}$。将设计参数代入式（9-10）有

$$b_2 = K_{b2} \sqrt[3]{\frac{Q}{H}} = 0.7 \left(\frac{75.4}{100}\right)^{0.55} \times \sqrt[3]{\frac{30/3\,600}{31}} = 0.008\,53\ \text{m}$$

无过载设计应适当增大 b_2，这有利于离心泵的性能提高和制造，因此本

优化设计中 b_2 取值为 11 mm。

③ 叶轮外径 D_2

叶轮外径 D_2 是影响扬程的主要参数,因无过载设计中 β_2 的选取较小,故应适当增大 D_2,可按下式进行估算:

$$D_2 = \frac{60}{n\pi}\left[\frac{v_{m2}}{2\tan\beta_2} + \sqrt{\left(\frac{v_{m2}}{2\tan\beta_2}\right)^2 + gH_{t\infty} + u_1 v_{u1}}\right] \qquad (9\text{-}11)$$

式中:v_{m2} 为叶片出口轴面速度,$v_{m2} = \dfrac{Q}{\eta_v \pi D_2 b_2 \psi_2}$,m/s,其中,$\psi_2$ 为叶轮出口排挤系数,$\psi_2 = 1 - \dfrac{Z s_2}{\pi D_2 \sin\beta_2}$,$s_2$ 为叶片出口厚度,η_v 为容积效率,$\eta_v = \dfrac{1}{1+0.68 n_s^{-2/3}}$;$g$ 为重力加速度,取 9.8 m²/s;$H_{t\infty}$ 为无限叶片数时的理论扬程,m;u_1 为叶轮进口圆周速度,$u_1 = \pi n D_1/60$,m/s;v_{u1} 为进口绝对速度圆周分量,进口无旋时为 0;D_1 为叶轮进口直径,mm。

经过初步计算分析,叶轮的外径取值小于 170 mm(现有泵体止口尺寸)可满足扬程要求,因而重点是在不改变蜗壳的基础上对叶轮水力进行优化设计,故取 $D_2 = 169$ mm。

④ 叶片包角 θ

因为选取了较小的叶片出口角 β_2,为了获得较光顺的叶片型线,需要加大叶片包角,以增强流体的控制能力,并避免流道扩散严重,同时扩大泵的高效区。根据设计过程中方格网上型线的调整,取包角 $\theta = 140°$。

⑤ 叶片进口角 β_1

在无过载叶轮设计中,叶片进口角 β_1 满足下式:

$$\sin\beta_1 = \frac{w_2}{w_1}\frac{v_{m1}}{v_{m2}}\sin\beta_2 \qquad (9\text{-}12)$$

式中:w_1,w_2 分别为叶轮进、出口的相对速度,m/s;v_{m1},v_{m2} 分别为叶轮进、出口的轴面速度,m/s。

对于离心泵的扩散型通道,相对速度比值 w_1/w_2 的取值范围为 1.1~1.3,$\beta_2 = 15°$,v_{m1} 和 v_{m2} 可按初步设计确定。一般 β_1 的取值范围为 20°~35°,本设计取 $\beta_1 = 28°$。

⑥ 叶片数 Z 及叶片形式

本例仍推荐采用原始叶片数 $Z = 6$。考虑到叶轮的进口直径(70 mm)较大,叶片进口应适当扭曲并前伸,且确保不增加铸造难度。这可改善叶轮内部的流动分布,有利于扬程和效率的提高。

⑦ 最大轴功率值及其位置的预测

对于任意单级单吸无旋进水的离心泵,当 $\beta_2 < 90°$ 时,离心泵轴功率曲线有极值,则

$$P_{\max} = \frac{\rho}{4\eta_m} K_3 u_2^3 D_2 b_2 \psi_2 h_0^2 \tan \beta_2 \tag{9-13}$$

$$Q_{P\max} = \frac{1}{2} K_4 h_0 \tan \beta_2 \eta_v \pi D_2 b_2 \psi_2 u_2 \tag{9-14}$$

式中:$P_{\max}$ 为最大轴功率,kW;$Q_{P\max}$ 为出现最大轴功率时对应的流量,m³/h;K_3,K_4 为修正系数,推荐 $K_3 = 1.0 \sim 1.1$,$K_4 = 1.05 \sim 1.15$;u_2 为叶片出口圆周速度,$u_2 = \pi n D_2 / 60$,m/s;η_m 为机械效率,$\eta_m = 1 - 0.07 \left(\dfrac{n_s}{100} \right)^{-7/6}$。

计算得到 $P_{\max} = 5.05$ kW < 5.5 kW,$Q_{P\max} = 63.50$ m³/h,在预期范围内,因而确定优化方案 1 的主要结构参数为 $D_2 = 169$ mm,$b_2 = 11$ mm,$Z = 6$,$\beta_2 = 15°$,$\theta = 140°$。

9.3.2 优化方案的性能预测及试验验证

(1) CFD 模型建立和网格划分

CFD 可以较准确地预测所设计泵的全工况范围内的扬程、功率和效率等特性,从而极大地减少模型试验的次数,缩短研发周期,降低成本。本例基于 CFX 14.0 进行分析,计算区域包括叶轮、蜗壳、进口段、出口段及叶轮前后腔体的水体,如图 9-32a 所示。

采用四面体网格进行网格划分(见图 9-32b,c)并对泵隔舌等处的局部网格加密处理,并进行网格无关性分析[10],最终取网格数为叶轮 372 225、蜗壳 422 490、进口 516 387、前后腔体 438 376。

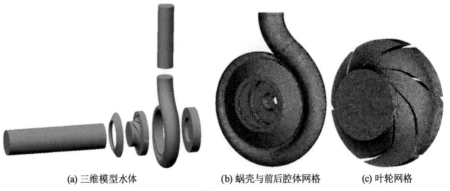

(a) 三维模型水体　　　　　(b) 蜗壳与前后腔体网格　　　　　(c) 叶轮网格

图 9-32　三维模型水体及其网格划分

选用标准 $k-\varepsilon$ 湍流模型,采用速度进口、压力出口的边界条件;进口与叶轮之间、叶轮与蜗壳之间采用滑移网格进行处理,其余壁面采用无滑移边界条件,并设置壁面粗糙度为 $12.5\ \mu m$(产品为铸件)。

(2) 内部流动对比分析

图 9-33 为不同流量工况下叶轮内部流线图(图中左侧为原始方案,右侧为优化方案 1)。从图 9-33 中可清楚地看出改进前后叶轮内部流动的差异。原始方案在小流量工况下靠近隔舌位置的叶轮流道内存在明显的旋涡,大流量工况下蜗壳出口管路也存在明显的回流。优化方案 1 的流线相比于原始方案在各个流量工况下均更为流畅,因此对应的性能更优。

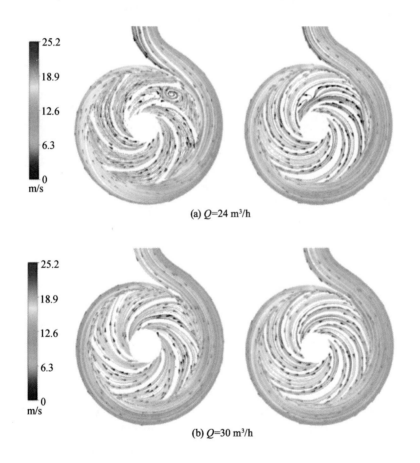

(a) Q=24 m³/h

(b) Q=30 m³/h

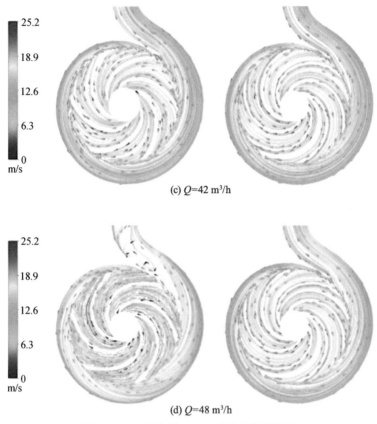

(c) $Q=42$ m³/h

(d) $Q=48$ m³/h

图 9-33　不同流量工况下叶轮内部流线图

（3）CFD 模拟预测性能与快速成型模型试验对比

图 9-34 为优化方案 1 与原始方案 CFD 模拟与试验的性能对比。优化方案 1 通过快速成型工艺加工了叶轮，在开式试验台上完成了对比试验。具体的试验台信息可参考文献[10]。

由图 9-34 可以看出，在模拟的预测性能方面，优化方案 1 在小流量区扬程有所提高，但在大流量区扬程提高不明显；最高泵效率比原始方案提高 3%～4%，功率特性在大流量区出现极值，即优化方案 1 可以实现无过载特性。而通过试验数据对比分析可知，优化方案 1 中的扬程基本达标，机组效率提高了 6%（转换为泵效率约提高 8%），但对比国家标准《离心泵　效率》（GB/T 13007—2011）的 68% 仍有差距，而且在 48 m³/h 流量工况下的实测扬程只有 22.5 m，比设计要求低 2.5 m，所以应该继续进行优化。

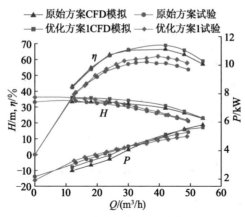

图 9-34　优化方案 1 与原始方案性能对比

对比 CFD 模拟和试验数据可知,预测的性能变化趋势与实测性能基本一致,但预测的扬程和效率曲线偏向大流量。试验测得的泵效率比模拟预测的效率高 4%～5%。这可为后面的研究提供参考。

9.3.3　进一步设计优化

(1) 设计优化思路

经过上述设计优化后,进一步的优化重点在于提高大流量点的扬程和效率,以保证轴功率不过载。在优化方案 1 的基础上增大出口安放角,调整包角以使叶片形状更符合流线型。基于 CFD 技术,反复模拟确定出口安放角为 22°的方案有较好的性能,并估算最大轴功率值及其位置分别为 $P_{max}=5.48$ kW, $Q_{Pmax}=70.35$ m³/h。

该计算值虽然比优化方案 1 的功率略有增加,且极值出现点更偏向大流量点,但仍在可接受范围内。因而确定优化方案 2 的主要结构参数: $D_2=169$ mm, $b_2=11$ mm, $Z=6$, $\beta_2=22°$, $\theta=130°$。

(2) 基于 CFD 的性能预测

优化方案 2 中的模型仅更换了叶轮,其他与优化方案 1 基本一致。CFD 计算区域与设置等均与优化方案 1 一致。各方案预测的外特性对比如图 9-35 所示。由图 9-35 可知,优化方案 2 中扬程在整个流量范围内提高较明显,最高效率比原始方案提高约 8%,功率虽然没有出现类似优化方案 1 的无过载特性,但其增加趋势已经趋于平坦,与理论计算结果(预估在 70 m³/h 后出现极值)相符,即该方案仍可出现功率极值。

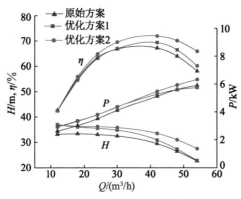

图 9-35　各方案预测的外特性对比

设计工况点内部流动特性分布如图 9-36 所示。从图 9-36 中可以看出，优化方案 2 的内部流动分布比原始方案有改进，但总体来说优化方案 1 拥有最佳的流动分布规律，但受现有泵体尺寸限制，不能加大叶轮外径，因而最基本的扬程指标未达到。综合而言，确定优化方案 2 为最终优选方案。

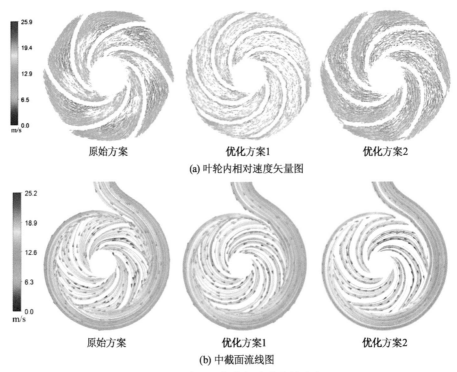

图 9-36　设计工况点内部流动特性分布图

（3）快速成型叶轮试验验证

优化方案 2 中叶轮通过快速成型工艺加工，并进行了同台对比试验，试验数据如表 9-23 所示。对比结果如下：优化方案 2 中，扬程在最大扬程点、最高效率点及最大要求流量点均达到且略高于要求指标；最高机组效率比原始方案提高了 14%（转换为泵效率约为 16%），达到国家标准《离心泵　效率》（GB/T 13007—2011）的要求；在最大要求流量点 48 m³/h 附近的输入功率为 6.782 kW，与原始方案的输入功率接近，即在提高扬程的前提下并没有加大配套功率，能满足厂家要求。因此，最终确定按照优化方案 2 中的叶轮模型进行开模生产。

表 9-23　快速成型叶轮试验数据

方案	最大扬程点		最大要求流量点			最高效率（机组）点		
	$Q_{min}/$ (m³/h)	H_{max}/m	$Q_{max}/$ (m³/h)	H/m	$P_{输入}/$ kW	$Q/$ (m³/h)	H/m	$\eta_{实测}/$%
原始方案	18	32.98	48	21.77	6.686	36.335	27.81	46.19
优化方案 1	18	34.77	48	23.40	6.157	40.082	27.44	51.99
优化方案 2	18	34.74	48	26.27	6.782	42.080	28.78	60.07

总之，无过载理论和 CFD 模拟技术的结合运用，可以实现无过载特性、多工况性能和较高效率的兼顾。但低比转数离心泵多工况设计方法还不完善，目前仍是根据经验对某些参数进行反复调整，CFD 模拟技术的引用大大减少了此部分的工作量。经多方案 CFD 模拟和试验数据对比可知，模拟精度能满足模型优选的要求，可用于实际工程指导设计。

参考文献

［1］Zhang J F, Yuan S Q, Shen Y N, et al. Performance prediction for a centrifugal pump with splitter blades based on BP artificial neural network[C]. LSMS & ICSEE, Wuxi, China, 2010.

［2］赵啸冰，许洪元，王晓东，等. 水力机械蜗壳的研究进展[J]. 农业机械学报，2003，34(2)：136-140.

［3］曹树良，王万鹏，祝宝山. 离心泵压水室内部流动数值模拟[J]. 江苏大学学报（自然科学版），2004，25(3)：185-188.

［4］康伟，祝宝山，曹树良. 离心泵螺旋形压水室内流场的大涡模拟[J]. 农业机械学报，2006，37(7)：62-67.

［5］关醒凡. 现代泵技术手册［M］. 北京：宇航出报社,1995.

［6］袁寿其. 低比速离心泵理论与设计［M］. 北京：机械工业出版社,1997.

［7］Zhang J F,Yuan Y,Yuan S Q,et al. Experimental studies on the optimization design of a low specific speed centrifugal pump［C］. The IAHR Conference,Beijing,2012.

［8］沈艳宁. 带分流叶片叶轮离心泵无过载特性的正交试验研究［D］. 镇江：江苏大学,2009.

［9］张金凤,张云蕾,袁寿其,等. 多工况高效无过载低比转数离心泵的设计优化［J］. 农业机械学报,2014,45(5)：90－95.

［10］胡博. 中低比转速离心泵多工况水力设计［D］. 镇江：江苏大学,2013.

附录

附录Ⅰ   叶轮设计方案细节

1. 1号叶轮出口角大。

$D_2=215$ mm, $b_2=8$ mm, $D_1=92$ mm, $d_h=45$ mm, $Z=5+5$, $\beta_2=30°\sim35°$, $\Phi=105°$, $D_{si}=108$ mm。

2. 2号叶轮扭曲叶片没有进行试验。

3. 3号叶轮直径为215 mm,没有达到性能要求。

(1) $D_2=215$ mm, $b_2=12$ mm, $D_1=92$ mm, $d_h=45$ mm, $Z=5+5$, $\beta_2=15°$, $\Phi=110°$, $D_{si}=108$ mm。

(2) $D_2=215$ mm, $b_2=9$ mm, $D_1=92$ mm, $d_h=45$ mm, $Z=5+5$, $\beta_2=15°$, $\Phi=110°$, $D_{si}=108$ mm。

4. 4号叶轮直径为220 mm。

5. 5号叶轮直径为224 mm,性能较好,具有全扬程特性,但扬程、效率偏低。

(1) $D_2=224$ mm, $b_2=7$ mm, $D_1=92$ mm, $d_h=45$ mm, $Z=5+5$, $\beta_2=13.5°$, $\Phi=100°$, $D_{si}=158$ mm。

(2) $D_2=224$ mm, $b_2=6$ mm, $D_1=92$ mm, $d_h=45$ mm, $Z=5+5$, $\beta_2=13.5°$, $\Phi=100°$, $D_{si}=158$ mm。

6. 6号叶轮直径224 mm,叶轮经过2次精铸、1次沙铸,没有全扬程特性。

(1) $D_2=224$ mm, $b_2=9$ mm, $D_1=92$ mm, $d_h=45$ mm, $Z=6$, $\beta_2=20°$, $\Phi=110°$。

(2) $D_2=224$ mm, $b_2=8$ mm, $D_1=92$ mm, $d_h=45$ mm, $Z=6$, $\beta_2=20°$, $\Phi=125°$。

备注:6号叶轮设计方案(2)相比方案(1)的最大改动是叶片进口前伸(轴向尺寸由21 mm改为27 mm),且叶片扭曲严重,期望通过叶片扭曲实现效率的提高,但效果并不理想。

7. 7号叶轮直径为224 mm,出口角小,b_2 较大,达到1.25倍全扬程,效率达63%～66%。叶轮经再加工后,达到1.1倍全扬程特性,但扬程偏低,效率达63%～64%。

(1) $D_2=224$ mm,$b_2=12$ mm,$D_1=92$ mm,$d_h=45$ mm,$Z=5+5$,$\beta_2=13.5°$,$\Phi=115°$,$D_{si}=168$ mm。

(2) $D_2=224$ mm,$b_2=9$ mm,$D_1=92$ mm,$d_h=45$ mm,$Z=5+5$,$\beta_2=13.5°$,$\Phi=115°$,$D_{si}=168$ mm。

8. 8号叶轮采用快速成型工艺加工,没有全扬程特性。

$D_2=224$ mm,$b_2=12$ mm,$D_1=92$ mm,$d_h=45$ mm,$Z=6$,$\beta_2=13°$,$\Phi=150°$。

9. 9号叶轮采用快速成型工艺加工,达到1.01倍全扬程特性,但扬程、效率低,效率50%,扬程42 m。

$D_2=240$ mm,$b_2=5$ mm,$D_1=80$ mm,$d_h=40$ mm,$Z=4+4$,$\beta_2=15°$,$\Phi=180°$,$D_{si}=168$ mm。

10. 10号叶轮直径为235 mm。

11. 11号叶轮直径为238 mm,采用快速成型工艺加工,效率为63%,达到1.04倍全扬程特性。

$D_2=238$ mm,$b_2=6$ mm,$D_1=80$ mm,$d_h=40$ mm,$Z=4+4$,$\beta_2=15°$,$\Phi=180°$,$D_{si}=151$ mm。

12. 12号叶轮采用快速成型工艺加工,出口角大于7号叶轮的,达到1.11倍全扬程特性,效率为62%～65%。

$D_2=224$ mm,$b_2=9$ mm,$D_1=90$ mm,$d_h=45$ mm,$Z=5+5$,$\beta_2>13.5°$,$\Phi=160°$,$D_{si}=166$ mm。

13. 13号叶轮的进口前伸很多,且叶片全扭曲,期望通过叶片扭曲实现效率的提高。虽然出现了功率极值,但可能由于叶片出口宽度减小过多,影响了泵的通过能力,因而性能差别很大。

$D_2=238$ mm,$b_2=7$ mm,$D_1=80$ mm,$d_h=45$ mm,$Z=6$,$\beta_2\approx11°$,$\Phi\approx200°$。

附录 II　蜗壳设计方案细节

1. 1 号蜗壳喉部面积小。

$D_3 = 220$ mm，$b_3 = 16$ mm，$A_8 = 402.88$ mm^2。

2. 2 号蜗壳喉部面积较大。

$D_3 = 225$ mm，$b_3 = 16$ mm，$A_8 = 813.06$ mm^2。

3. 3 号蜗壳喉部面积偏小，性能较差。

$D_3 = 220$ mm，$b_3 = 16$ mm，$A_8 = 651.78$ mm^2。

4. 4 号蜗壳喉部面积很大，蜗壳基圆直径为 225 mm，叶轮最大安装尺寸为 225 mm，性能较好。

$D_3 = 225$ mm，$b_3 = 20$ mm，$A_8 = 1\ 110.12$ mm^2。

5. 5 号蜗壳没有制作。

6. 6 号蜗壳基圆直径为 235 mm，叶轮最大安装尺寸为 225 mm，蜗壳喉部面积较小，性能较差。

$D_3 = 235$ mm，$b_3 = 20$ mm，$A_8 = 1\ 177.006$ mm^2。

7. 7 号蜗壳基圆直径为 250 mm，叶轮最大安装尺寸为 242 mm，蜗壳喉部面积较小，性能较差。

$D_3 = 250$，$b_3 = 15$，$A_8 = 1\ 057.7245$ mm^2。

8. 8 号蜗壳喉部面积很大，蜗壳基圆直径为 244 mm，叶轮最大安装尺寸为 242 mm，蜗壳喉部面积较大，性能较好。

$D_3 = 244$ mm，$b_3 = 18$ mm，$A_8 = 1\ 283.36$ mm^2。

9. 9 号蜗壳喉部面积非常大，蜗壳基圆直径为 230 mm。

$D_3 = 230$ mm，$b_3 = 22$ mm，$A_8 = 1\ 979.298$ mm^2。

附录Ⅲ 试验数据汇总

1. 1 号叶轮＋1 号泵体

$\eta_{max}=44.5\%$,对应流量:$Q=30$ m³/h,$H=48.3$ m。

规定点:$Q=37.65$ m³/h,$H=41.41$ m,$\eta=42.14\%$。

最大轴功率流量点:$Q_{max}=41.5$ m³/h,$H=33$ m,$P_{max}=10\ 973.3$ W。

η-Q 曲线在流量为 25～40 m³/h 范围内都比较平坦,两端的曲线陡峭;P-Q 曲线没有出现极值。

2. 1 号叶轮＋3 号泵体

$\eta_{max}=56.2\%$,对应流量:$Q=42.2$ m³/h,$H=55$ m。

规定点：$Q=46.6$ m³/h,$H=51.25$ m,$\eta=54.14\%$。

最大轴功率流量点:$Q_{max}=67.4$ m³/h,$H=23$ m,$P_{max}=14\ 662.73$ W。

η-Q 曲线在流量为 28～60 m³/h 范围内都比较平坦,高效区宽;P-Q 曲线没有出现极值。

3. 3 号叶轮＋3 号泵体($b_2=12$ mm)

$\eta_{max}=57.7\%$,对应流量:$Q=45$ m³/h,$H=56$ m。

规定点：$Q=48.66$ m³/h,$H=53.53$ m,$\eta=55.66\%$。

最大轴功率流量点:$Q_{max}=69.2$ m³/h,$H=19.6$ m,$P_{max}=15\ 739.47$ W。

η-Q 曲线在流量为 28～60 m³/h 范围内都比较平坦;P-Q 曲线没有出现极值。

4. 3 号叶轮＋3 号泵体($b_2=9$ mm)

$\eta_{max}=53.41\%$,对应流量:$Q=42.2$ m³/h,$H=48.8$ m。

规定点：$Q=43.47$ m³/h,$H=47.81$ m,$\eta=52.36\%$。

最大轴功率流量点:$Q_{max}=63.08$ m³/h,$H=21.3$ m,$P_{max}=12\ 936.6$ W。

η-Q 曲线在流量为 25～55 m³/h 范围内都比较平坦,在大流量处曲线陡降;P-Q 曲线没有出现极值。

5. 3 号叶轮＋4 号泵体($b_2=9$ mm)

$\eta_{max}=57.6\%$,对应流量:$Q=56$ m³/h,$H=47$ m。

规定点：$Q=46$ m³/h,$H=50.56$ m,$\eta=55.7\%$。

最大轴功率流量点:$Q_{max}=84.56$ m³/h,$H=32.6$ m,$P_{max}=14\ 801.38$ W。

η-Q 曲线和 P-Q 曲线在流量约为 40 m³/h 时变得平坦,高效区向大流量偏移,功率没有出现极值。

6. 5 号叶轮＋3 号泵体($b_2 = 7$ mm)

$\eta_{max} = 56.94\%$,对应流量:$Q = 40.6$ m³/h,$H = 56.16$ m。

规定点:$Q = 48.12$ m³/h,$H = 52.94$ m,$\eta = 56.14\%$。

最大流量点:$Q_{max} = 66.71$ m³/h,$H = 19.92$ m。

在 $Q = 66.41$ m³/h 时功率最大,$P_{max} = 13\ 926.79$ W。

η-Q 曲线在流量为 25~60 m³/h 范围内都比较平坦,在大流量处曲线陡降;P-Q 曲线出现极值。

7. 5 号叶轮＋4 号泵体($b_2 = 7$ mm)

$\eta_{max} = 63.58\%$,对应流量:$Q = 71.28$ m³/h,$H = 46.51$ m。

规定点:$Q = 49.91$ m³/h,$H = 54.91$ m,$\eta = 61.54\%$。

最大流量点:$Q_{max} = 96.46$ m³/h,$H = 11.14$ m。

在 $Q = 91.3$ m³/h 时功率最大,$P_{max} = 15\ 089.47$ W。

η-Q 曲线在 25~60 m³/h 范围内都比较平坦,大流量处曲线陡降;P-Q 曲线出现极值。

8. 5 号叶轮＋4 号泵体($b_2 = 6$ mm)

$\eta_{max} = 59.82\%$,对应流量:$Q = 60.7$ m³/h,$H = 44.55$ m。

规定点:$Q = 46.45$ m³/h,$H = 50.09$ m,$\eta = 57.43\%$。

最大流量点:$Q_{max} = 88.03$ m³/h,$H = 22.39$ m。

在 $Q = 75.62$ m³/h 时功率最大,$P_{max} = 13\ 206.02$ W。

η-Q 曲线在 30~75 m³/h 范围内都比较平坦,曲线变化比较平滑;P-Q 曲线出现极值。

9. 6 号叶轮＋4 号泵体

$\eta_{max} = 63.55\%$,对应流量:$Q = 72.11$ m³/h,$H = 53.9$ m。

规定点:$Q = 55.18$ m³/h,$H = 60.7$ m,$\eta = 63\%$。

最大流量点:$Q_{max} = 99.9$ m³/h,$H = 28.94$ m。

在 $Q = 98.5$ m³/h 的功率最大,$P_{max} = 19\ 952.44$ W。

η-Q 曲线在 40~90 m³/h 范围内都比较平坦,大流量处陡降;P-Q 曲线出现极值。

10. 6 号叶轮＋4 号泵体

$\eta_{max} = 67.2\%$,对应流量:$Q = 69.34$ m³/h,$H = 55.86$ m。

规定点:$Q = 55.28$ m³/h,$H = 60.81$ m,$\eta = 64.82\%$

最大流量点:$Q_{max} = 92.49$ m³/h,$H = 27.93$ m,$P = 17\ 056.39$ W。

在 $Q = 91.92$ m³/h 时功率最大,$P_{max} = 18\ 862.78$ W,但变化得太突兀。

η-Q 曲线在流量为 $40\sim90$ m³/h 范围内都比较平坦,大流量处曲线陡降;P-Q 曲线出现极值。

11. 6 号叶轮＋4 号泵体

$\eta_{max}=62.4\%$,对应流量:$Q=66.87$ m³/h,$H=57.3$ m。

规定点:$Q=56.25$ m³/h,$H=61.87$ m,$\eta=61.05\%$。

最大流量点:$Q_{max}=92.49$ m³/h,$H=27.93$ m,$P=17\ 609.79$ W。

在 $Q=92.05$ m³/h 时功率最大,$P_{max}=20\ 259.75$ W。

η-Q 曲线在流量为 $40\sim90$ m³/h 范围内都比较平坦,大流量处曲线陡降;P-Q 曲线出现极值。

12. 7 号叶轮＋4 号泵体($b_2=12$ mm)

$\eta_{max}=65.94\%$,对应流量:$Q=74.84$ m³/h,$H=48.37$ m。

规定点:$Q=52.6$ m³/h,$H=57.85$ m,$\eta=64.2\%$。

最大流量点:$Q_{max}=102.37$ m³/h,$H=24.95$ m,$P=15\ 593.92$ W。

在 $Q=97.87$ m³/h 功率最大,$P_{max}=15\ 716.03$ W。

η-Q 曲线在 $40\sim90$ m³/h 范围内比较平坦,曲线变化平滑;P-Q 曲线出现极值。

13. 7 号叶轮＋6 号泵体($b_2=12$ mm)

$\eta_{max}=63\%$,对应流量:$Q=64$ m³/h,$H=50.2$ m。

规定点:$Q=50.12$ m³/h,$H=55.13$ m,$\eta=61.14\%$。

最大轴功率流量点:$Q_{max}=97.71$ m³/h,$H=22.78$ m,$P_{max}=15\ 481.71$ W。

η-Q 曲线在 $40\sim90$ m³/h 范围内比较平坦,变化平滑;P-Q 曲线没出现极值。

14. 7 号叶轮＋4 号泵体($b_2=9$ mm)

$\eta_{max}=64.91\%$,对应流量:$Q=57.83$ m³/h,$H=47.06$ m。

规定点:$Q=48.07$ m³/h,$H=52.87$ m,$\eta=63.21\%$。

最大流量点:$Q_{max}=89.78$ m³/h,$H=18.32$ m,$P=11\ 434.28$ W。

在 $Q=77.05$ m³/h 时功率最大,$P_{max}=11\ 852.175$ W。

η-Q 曲线在流量为 $40\sim80$ m³/h 范围内比较平坦,曲线变化平滑;P-Q 曲线出现极值。

15. 8 号叶轮＋4 号泵体

$\eta_{max}=65.58\%$,对应流量:$Q=80.28$ m³/h,$H=48.13$ m。

规定点:$Q=52.73$ m³/h,$H=58.01$ m,$\eta=61.49\%$。

最大流量点:$Q_{max}=93.05$ m³/h,$H=38.7$ m,$P=16\ 695.96$ W。

在 $Q=90.77$ m^3/h 时功率最大,$P_{max}=16\ 878.76$ W。

η - Q 和 P - Q 曲线在流量约为 50 m^3/h 范围内变得更平坦,高效区向大流量偏移,功率出现极值,但偏大流量。

16. 9 号叶轮+7 号泵体(全扬程特性最好,但性能差)

$\eta_{max}=50\%$,对应流量:$Q=43.66$ m^3/h,$H=48.11$ m。

规定点:$Q=43.62$ m^3/h,$H=48.01$ m,$\eta=50\%$。

最大流量点:$Q_{max}=63.74$ m^3/h,$H=23.02$ m,$P=11\ 536.16$ W。

在 $Q=55.61$ m^3/h 时功率最大:$P_{max}=11\ 742.49$ W。

η - Q 曲线比较平滑;P - Q 曲线出现极值。

17. 9 号叶轮+8 号泵体

$\eta_{max}=58.15\%$,对应流量:$Q=52.36$ m^3/h,$H=46.35$ m。

规定点:$Q=46.37$ m^3/h,$H=51.07$ m,$\eta=57.77\%$。

最大流量点:$Q_{max}=75.27$ m^3/h,$H=21.54$ m,$P=10\ 565.28$ W。

在 $Q=52.36$ m^3/h 时功率最大,$P_{max}=11\ 369.37$ W。

η - Q 曲线在流量为 $28\sim60$ m^3/h 范围内都比较平坦;P - Q 曲线没有出现极值。

18. 11 号叶轮+7 号泵体

$\eta_{max}=55.66\%$,对应流量:$Q=46.55$ m^3/h,$H=54.07$ m。

规定点:$Q=47.73$ m^3/h,$H=52.5$ m,$\eta=55.02\%$。

最大流量点:$Q_{max}=72.36$ m^3/h,$H=15.86$ m。

在流量 $Q=62.7$ m^3/h 时功率最大,$P_{max}=13\ 057.84$ W。

19. 11 号叶轮+8 号泵体

$\eta_{max}=63.27\%$,对应流量:$Q=60.77$ m^3/h,$H=49.03$ m。

规定点:$Q=51.13$ m^3/h,$H=56.24$ m,$\eta=63.33\%$。

最大流量点:$Q_{max}=81.39$ m^3/h,$H=29.66$ m。

在流量 $Q=63.11$ m^3/h 时功率最大,$P_{max}=12\ 881.96$ W。

η - Q 曲线在流量为 $40\sim80$ m^3/h 范围内都比较平滑;P - Q 曲线出现极值。

20. 12 号叶轮+4 号泵体

$\eta_{max}=65.29\%$,对应流量:$Q=63.18$ m^3/h,$H=47.45$ m。

规定点:$Q=49.2$ m^3/h,$H=54.15$ m,$\eta=62.19\%$。

最大流量点:$Q_{max}=90.84$ m^3/h,$H=26.05$ m。

在流量 $Q=79.6$ m^3/h 时功率最大,$P_{max}=12\ 964.7$W。

η - Q 曲线在流量为 $40\sim85$ m^3/h 范围内都比较平滑;P - Q 曲线出现

极值。

21. 6 号叶轮＋6 号泵体

$\eta_{\max}=60.50\%$,对应流量:$Q=58.71$ m³/h,$H=46.02$ m。

规定点:$Q=46.84$ m³/h,$H=51.53$ m,$\eta=59.08\%$。

最大流量点:$Q_{\max}=89.81$ m³/h,$H=19.27$ m。

在流量 $Q=88.48$ m³/h 时功率最大,$P_{\max}=13\ 357.09$ W。

η-Q 曲线在流量为 $40\sim80$ m³/h 范围内都比较平滑;P-Q 曲线出现极值。

22. 13 号叶轮＋8 号泵体

$\eta_{\max}=59.21\%$,对应流量:$Q=50.85$ m³/h,$H=51.82$ m。

规定点:$Q=49.15$ m³/h,$H=54.06$ m,$\eta=58.51\%$。

最大流量点:$Q_{\max}=66.56$ m³/h,$H=29.87$ m。

在流量 $Q=61.74$ m³/h 时功率最大,$P_{\max}=12\ 600.33$ W。

η-Q 曲线在流量为 $40\sim60$ m³/h 范围内都比较平坦,然后突然陡降为平滑;P-Q 曲线在流量大于 56 m³/h 后变得平坦,且出现极值。

23. 1 号叶轮＋4 号泵体

$\eta_{\max}=65.42\%$,对应流量:$Q=71.79$ m³/h,$H=50.52$ m。

规定点:$Q=51.9$ m³/h,$H=57.09$ m,$\eta=62.8\%$。

最大流量点:$Q_{\max}=79.87$ m³/h,$H=40.17$ m,没达到实际的最大流量。

在流量 $Q=76.38$ m³/h 时功率最大,$P_{\max}=15\ 550.06$ W。

η-Q 曲线平滑上升,高效区域很小,在大流量处效率突然下降,可能出现空化了;P-Q 曲线一直上升,极值出现趋势不明显。

24. 1 号叶轮＋6 号泵体

$\eta_{\max}=61.05\%$,对应流量:$Q=65.63$ m³/h,$H=49.32$ m。

规定点:$Q=49.42$ m³/h,$H=54.36$ m,$\eta=58.21\%$。

最大流量点:$Q_{\max}=80.85$ m³/h,$H=26.75$ m,在此处扬程、效率突然下降很多,可能汽蚀了。

在流量 $Q=80.50$ m³/h 时功率最大,$P_{\max}=15\ 657.32$ W。

η-Q 曲线在平滑上升,高效区域很小,在大流量处效率突然下降,可能出现空化了;P-Q 曲线一直上升,极值出现趋势不明显。

25. 7 号叶轮(9 mm)＋4 号泵体(第二次实验)

$\eta_{\max}=65.33\%$,对应流量:$Q=57.46$ m³/h,$H=48.81$ m。

规定点:$Q=48.42$ m³/h,$H=53.26$ m,$\eta=63.69\%$。

最大流量点:$Q_{\max}=87.57$ m³/h,$H=23.45$ m,$P=12\ 244.57$ W。

在 $Q=77.13$ m^3/h 功率最大：$P_{max}=12\,399.11$ W。

η-Q 曲线在流量为 $40\sim80$ m^3/h 范围内比较平滑；P-Q 曲线出现极值。

26. 7 号叶轮(9 mm)＋9 号泵体

$\eta_{max}=58.05\%$，对应流量 $Q=63.55$ m^3/h，$H=42.36$ m。

规定点：$Q=45.47$ m^3/h，$H=50.02$ m，$\eta=54.58\%$。

最大流量点：$Q_{max}=87.08$ m^3/h，$H=23.35$ m。

在流量 $Q=81.98$ m^3/h 时功率最大，$P_{max}=13\,043.14$ W。

η-Q 曲线在流量为 $40\sim75$ m^3/h 范围内都比较平滑；P-Q 曲线在大流量处出现极值。